环境保护与水利建设

王佳佳　李玉梅　刘素君◎主编

吉林科学技术出版社

图书在版编目（CIP）数据

环境保护与水利建设 / 王佳佳，李玉梅，刘素君主编 .-- 长春：吉林科学技术出版社，2018.7（2024.8重印）

ISBN 978-7-5578-4912-2

Ⅰ.①环… Ⅱ.①王… ②李… ③刘… Ⅲ.①环境保护—研究②水利建设–研究 Ⅳ.① X ② TV

中国版本图书馆 CIP 数据核字（2018）第 143679 号

环境保护与水利建设

主　　编　王佳佳　李玉梅　刘素君
出 版 人　李　梁
责任编辑　孙　默
装帧设计　韩玉生
开　　本　889mm×1194mm　1/16
字　　数　280千字
印　　张　16.5
印　　数　1-3000册
版　　次　2019年5月第1版
印　　次　2024年8月第3次印刷

出　　版　吉林出版集团
　　　　　吉林科学技术出版社
发　　行　吉林科学技术出版社
地　　址　长春市人民大街4646号
邮　　编　130021
发行部电话/传真　0431-85635177　85651759　85651628
　　　　　　　　　　　　　　　 85677817　85600611　85670016
储运部电话　0431-84612872
编辑部电话　0431-85635186
网　　址　www.jlstp.net
印　　刷　三河市天润建兴印务有限公司

书　　号　ISBN 978-7-5578-4912-2
定　　价　99.00元

前　言
PREFACE

环境问题是当今世界人类面临的最重要的问题之一。为了发展环境保护事业，以实现人类社会的可持续发展，必须让每个人认识环境、了解环境并知道如何保护环境。水利建设在推动人力能源可持续发展的同时，对生态环境，特别是水环境产生了重要影响。本书突出环境保护与水利建设两大方面，对环境及环境保护的基本知识进行了介绍；对水利工程建设相关内容进行了系统阐述；围绕水利工程建设与环境保护之间的关系，对水利工程建设给环境保护带来的影响以及保护措施等进行深入分析；对水资源的合理开发利用和可持续发展前景进行了展望。该书最大特色是将环境保护与水利工程建设有机结合起来进行研究，对于了解掌握环保与建设之间的关系，在推进水利建设的同时做好环境保护工作具有一定的帮助。

环境问题是当今世界人类面临的最重要的问题之一。为了发展环境保护事业，以实现人类社会的可持续发展，必须在全人类范围内开展环境教育工作，把可持续发展的思想充分贯彻到人类的整个教育过程当中；必须让每个人认识环境、了解环境并知道如何保护环境。在工程技术不断发展的今天，水利工程在国家建设和人们物质生活的应用更加广泛，越来越深刻地影响着国家发展和人们的生活水平。伴随着社会的不断进步，水利建设所带来的环保效益也越来越明显，受到更多的关注。

从 20 世纪中叶开始，科学技术以前所未有的速度和规模迅猛发展，使人类征服自然的范畴扩大到了全球范围，由此造成环境问题迅速从地区性问题发展成为深刻影响世界各国的全球性问题，特别是全球水利建设的迅猛发展，与环境问题存在着千丝万缕的联系。保护和改善环境是全人类面临的共同挑战，是当今世界各国日益重视的重大问题。我国政府十分重视环境保护问题，长期坚持将环境保护作为一项基本国策来全面实施。加强环境保护的宣传和教育，提高全社会环境保护意识，是环境保护的重要对策。加强环境保护的专业教育，把它列为相关专业教学改革和课程设置的重要内容，从而促使年青一代大学生树立良好的环境保护意识，并掌握改善环境的基本技能，这是国家经济社会可持续发展的迫切需要。

为了帮助大家更好地学习掌握环境保护和水利建设方面的知识，我们结合当前环境保护科学研究的最新成果和水利建设的最新发展动态，突出环境保护与水利建设两大方面编写了这本书。该书最大特色是将环境保护与水利工程建设有机结合起来进行研究，突出了二者之间的紧密联系。希望这本书对于读者了解掌握环保与水利建设之间的关系，在推进水利建设的同时做好环境保护工作起到一定的帮助作用。

目 录
CONTENTS

第一章 绪论

第一节　环境与环境问题

一、环境的概念与分类

（一）环境的概念

我们今天赖以生存的环境是由简单到复杂、由低级到高级发展起来的。地球上最初的环境只有空气、水、阳光、土壤和岩石，发展至一定阶段才产生了"生命"。地球经过亿万年的进化，出现了包括人在内的各种复杂生物。这些生物经常调节自身以适应不断变化的外界环境。同时，生物的活动也不断改变着外界环境，尤其是人类的生活、生产活动对环境的影响更为显著。今天的环境正是在自然背景的基础上经过人类的改造加工形成的。

环境，作为一个被广泛使用的名词，它的含义是极为丰富的。从哲学的角度来看，环境是一个相对的概念，即它是一个相对于主体而言的客体。环境与其主体是相互依存的，它因主体的不同而不同，随主体的变化而变化。因此，明确主体是正确把握环境的概念及其实质的前提。

环境，作为一个专门术语，当然有比哲学定义更明确、更具体的科学定义。由于不同的学科有着不同的研究对象和研究内容，因此，在不同的学科中，环境的科学定义是不同的，其差异也源于对主体的界定。例如，在社会学中，环境被认为是以人为主体的外部世界，而在生态学中环境则被认为是以生物为主体的外部世界。这一基本概念的不同就导致了学科研究内容的不同。例如，各种各样的人际关系，像家庭关系、婚姻关系等，就都是社会学研究的主要内容，而传统生态学的研究内容则分成物种生态学、种群生态学、群落生态学以及生态系统生态学等几种。

对于环境学而言，环境是一个决定本学科性质和特点、研究对象和内容的基本概念。因此，赋予它一个什么样的科学定义是一个极为重要的大问题。几十年来，环境科学家在这个问题上进行了长时间的探讨，做出了巨大的努力。应该指出，环境问题是在人类异化于自然界并组织成社会的早期就出现了，而环境问题则是在人类社会组织程度、科学技术水平、生产经济水平均较高且对自然界的冲击能力较大的 20 世纪 50 年代提出的；至于环境科学则是在解决环境问题的社会需要的推动下产生和发展起来的。基于上述这些历史事实，就不难得出环境的科学定义应是：以人类社会为主体的外部世界的全体。这里所说的外部世界主要是指人类已经认识到的、直接或间接影响人类生存与社会发展的周围事物。它既包括未经人类改造过的自然界，如高山、大海、江河、湖泊、天然森林以及野生动植物等，又包括经过人类社会加工改造过的自然界，如街道、房屋、水库和园林等。

还有一种因适应某些工作方面的需要，而为环境所下的工作定义，它们大多出现于世界各国颁布的环境保护法规中。例如，我国的环境保护法规中明确指出："本法所称环境是指：大气、水、土地、矿藏、森林、草原、野生动物、野生植物、水生植物、名胜古迹、风景游览区、温泉、疗养区、自然保护区、生活居住区等。"这是将环境中应当保护的要素或对象界定为环境的一种工作定义，它纯粹是从实际工作的需要出发，对环境一词的法律适用对象或适用范围所作的规定，其目的是保证法律的准确实施。

综上所述，环境一词在哲学、科学和工作三个层面上有不同的定义文字，它们之间在本质上是相通的，有紧密的内在联系，但又不可相互取代。

随着人类文明发展和科学技术的进步，环境的范畴也在扩展，概念也进一步深化，例如，宇宙环境就是人类活动进入大气层以外的空间和地球邻近的天体的过程中提出的新概念。它是指大气层外的环境，也称为空间环境或星际环境。现在人类能够触及的宇宙环境仅限于人和飞行器在太阳系内飞行的环境，但是人类能够观测到的空间范围已达100多光年。随着空间科学技术的发展，人类活动的空间范围日益扩大，宇宙环境这一概念也将进一步深化。

（二）环境的分类

环境是一个非常复杂的体系，目前尚未形成统一的分类方法。按照环境要素的属性可分为自然环境和社会环境两种。

1. 自然环境

自然环境是指围绕人们周围的各种自然因素的总和，它包括大气、水、土壤、生物、岩石矿物和太阳辐射等。自然环境是人类赖以生存和发展的物质基础，由生物体系和无机环境组成。

在自然环境中，按其主要的环境要素，可分为大气环境（大气圈）、水体环境（水圈）、地质环境（岩石圈）和生物环境（生物圈）。这些圈层之间没有明显的界面，它们之间相互渗透、相互影响，彼此联系十分紧密。

生物体系及无机环境共同组成自然环境的结构单元——生态系统。由小的生态系统组成大的生态系统，由简单的生态系统组成复杂的生态系统。因此，自然环境实际上是一个结构庞大、复杂，功能完善的生态系统。

2. 社会环境

社会环境是人类在自然环境的基础上，通过长期有意识的社会劳动所创造的人工环境。它由政治、经济和人文等要素构成。其中经济是基础，政治是经济的集中表现，文化是政治和经济的反映。一定的社会有一定的经济基础和相应的政治和文化等上层建筑，社会环境是人类活动的产物，但反过来它又成为人类活动的制约条件，也是影响人类与自然环境关系的决定性因素。社会环境是人类精神文明和物质文明发展的标志，随着人类文明的演化而不断地丰富和发展。社会环境包括聚落环境、农业环境、工业环境、文化环境和医疗休养环境等。社会环境的发展方向既受自然规律制约，也受人类对自然环境利用改造的程度和方式的制约。

二、环境要素和环境结构

（一）环境要素

环境要素是指构成环境整体的各个独立的、性质不同而又服从总体演化规律的基本物质组分。环境要素分为自然环境要素和社会环境要素。目前研究较多的是自然环境要素，故环境要素通常是指自然环境要素。环境要素主要包括水、大气、生物、土壤、岩石和阳光等要素，由它们组成环境的结构单元。环境的结构单元又组成环境整体或环境系统。例如，由大气组成大气层，全部大气层总称为大气圈；由水组成水体，全部水体总称为水圈；由土壤构成农田、草地和林地等，由岩石构成岩体，全部岩石和土壤构成的固体壳层——岩石圈或土壤岩石圈；由生物体组成生物群落，全部生物群落集称为生物圈。阳光则提供辐射能为其他要素所吸收。

环境诸要素虽然在地球演化史上的出现有先有后，但它们具有互相联系、互相依赖的特点。环境诸要素间的联系与依赖，主要通过以下途径。

首先，从演化意义上看，某些要素孕育着其他要素。在地球发展史上，岩石圈的形成为大气的出现提供了条件；岩石圈和大气圈的存在，为水的产生提供了条件；上述三者的存在，又为生物的发生与发展提供了条件。每一个新要素的产生，都能给环境整体带来巨大影响。

其次，环境诸要素的相互联系、相互作用和相互制约，是通过能量流在各个要素之间的传递，或通过能量形式在各个要素之间的交换来实现的。例如，地球表面所接受的太阳辐射能，它可以转换成增加气温的高热。这种能量形式转换影响到整个环境要素间的相互制约关系。

最后，通过物质流在各个环境要素间的流量，即通过各个要素对于物质的储存、释放、运转等环节的调控，使全部环境要素联系在一起。例如，从表示生物界取食关系的食物链中，可以清楚地看到环境诸要素间互相联系、互相依赖的关系。

（二）环境结构

环境要素的配置关系称为环境结构。总体环境（包括自然环境和社会环境）的各个独立组成部分在空间上的配置，是描述总体环境的有序性和基本格局的宏观概念。通俗地说，环境结构表示环境要素是怎样结合成一个整体的。环境的内部结构和相互作用直接制约着环境的物质交换和能量流动的功能。人类赖以生存的环境包括自然环境和社会环境两大部分，各自具有不同的结构和特点。

1. 自然环境结构

从全球的自然环境来看，可分为大气、陆地和海洋三大部分。聚集在地球周围的大气层，约占地球总质量的百万分之一，为 $5 \times 10^5 t$。大气的密度、温度、化学组成等都随着距地表的高度而变化。按大气的温度，运动状态及其他物理状况，由下向上可分为对流层、平流层、中间层、热层和散逸层等。其中，对流层与人类的关系最为密切，地球上的天气变化主要发生在这一层内。陆地是地球表面未被海水浸没的部分，总面积约 14900 万 km^2，约占地球表面积的 29.2%。其中面积广大的称为大陆。全球共有六块大陆，按面积大小依次为欧亚大陆、非洲大陆、北美大陆、南美大陆、南极大陆和澳大利亚大陆，总面积约为 13910 万 km^2。散布在海洋、河流或湖泊中的陆地称为岛屿，它们的总面积约为 970 万 km^2。陆地环境的次级结构为：山地、丘陵、高原、平原、盆地、河流、湖泊、沼泽和冰川；此外，还有森林、草原和荒漠等。海洋是地球上广大连续水体的总称。其中，广阔的水域称为洋，大洋边缘部分称为海。海洋的面积为 36100 万 km^2，约占地球表面积的 70.8%。海与洋沟通组成了统一的世界大洋。全球有四大洋，即太平洋、大西洋、印度洋和北冰洋。海洋的次级结构为海岸（包括潮间带、海滨和海滩）、海峡和海湾，在海洋底部有大陆架、大陆坡、海台、海盆、海沟、海槽和礁石等。

2. 社会环境结构

所谓社会环境是指人类在长期生存发展的社会劳动中所形成的人与人之间各种社会联系及联系方式的总和，包括经济关系、道德观念、文化风俗、意识形态和法律关系等。这里所说的社会环境结构，是指城市、工矿区、村落、道路、桥梁、农田、牧场、林场、港口、旅游胜地及其他人工构筑物。

环境结构直接制约环境要素之间物质交换和能量流动的方向、方式和数量，并且还同时处在不断的运动和变化之中。因此，不同区域或不同时期的环境，其结构可能不同，由此呈现出不同的状态与不同的宏观特性，从而对人类社会活动的支持作用和制约作用也不同。例如，沙漠地区的环境结构基本上是简单的物理学结构，而陆地与海洋、高原与盆地、城市与农村、水网地区与干旱地区之间的环境结构均有很大不同。

3. 环境结构的特点

从全球环境而言，环境结构的配置及其相互关系具有圈层性、地带性、节律性、等级性、稳定性和变异性等特点。

（1）圈层性。在垂直方向上，地球环境的结构具有同心圆状的圈层性。在地壳表面分布着岩石圈、水圈、生物圈和大气圈层。在这种格局支配下，地球上的环境系统，与这种圈层性相适应。地球表面是岩石圈、水圈、大气圈和生物圈的交汇之处。这个无机界与有机界交互作用且集中的区域，为人类的生存和发展提供了适宜的环境。此外，球形的地表，使各处的重力作用几乎相等，使所获得的能量及向外释放的能量处于同一数量级，因此使地球表面处于能量流动和物质循环被耦合在一处的特殊位置上。这对于植物的引种和传播、动物的活动和迁移以及环境系统的稳定和发展，均可产生积极的作用。

（2）地带性。在水平方向上，由于球面的地表各处位置、曲率和方向的不同，使地表各处得到的太阳辐射能量密度不同，因而产生了与纬线相平行的地带性结构格局。例如，从赤道到两极的气候带依次为：赤道带（跨两个半球）、热带、亚热带、温带、亚寒带和寒带。其相应的土壤和植被带为：砖红壤赤道雨林带、红壤热带雨林带、棕色森林土亚热带、常绿阔叶林带、灰化棕色森林土暖温带、落叶阔叶林带、棕色灰化土温带针叶林和落叶林混交带、寒温带明亮针叶带、苔原带等。

（3）节律性。在时间上，任何环境结构都具有谐波状的节律性。由于地球形状和运动的固有性质，在随着时间变化的过程中，都具有明显的周期节律性，这是环境结构叠加时间因素的四维空间的表现。例如，地表上无论何处都有昼夜交替现象，这种往复过程的影响，使白日生物量增加，而夜晚减少；白日近地面空气中二氧化碳含量减少，而夜晚增加。太阳辐射能、空气温度、水分蒸发、土壤呼吸强度、生物活动的日变化等，都受这种节律性的控制。在较大的时间尺度上，有一年四季的交替变化。

（4）等级性。在有机界的组成中，依照食物摄取关系，在生物群落的结构中具有阶梯状的等级性。例如，地球表面的绿色植物利用环境中的光、热、水、气、土和矿物元素等无机成分，通过复杂的光合作用过程，形成碳水化合物。这种有机物质的生产者被高一级的消费者草食动物所取食，而草食动物又被更高一级的消费者肉食动物所取食。动植物死亡后，又由数量众多的各类微生物分解成为无机成分，形成了一条严格有序的食物链结构。这种结构制约并调节生物的数量和品种，影响生物的进化以及环境结构的形态和组成方式。这种在非同一水平上进行的物质能量的统一传递过程，使环境结构表现出等级性。

（5）稳定性与变异性。环境结构具有相对的稳定性、永久的变异性和有限的调节能力。

任何一个地区的环境结构，都处于不断的变化之中。在人类出现以前，只要环境中某一个要素发生变化，整个环境结构就会相应地发生变化，并在一定限度内自行调节，在新条件下达到平衡。人类出现以后，尤其是在现代生产活动日益发展、人口压力急剧增长的条件下，环境结构的变动，无论在深度上、广度上，还是在速度上、强度上，都是空前的。从环境结构本身来看，虽然具有自发的趋稳性，但环境结构总是处于变化之中。

（三）环境系统

地球表面各种环境要素或环境结构及其相互关系的总和称为环境系统。环境系统概念的提出，是把人类环境作为一个统一的整体看待，避免人为地把环境分割为互不相关的、支离破碎的各个组成部分。环境系统的内在本质在于各种环境要素之间的相互关系和相互作用过程。揭示这种本质，对于研究和解决当前许多环境问题具有重大的意义。

地球环境系统本身是一个动态平衡体系，有其独特的产生、发展和形成历史。经过亿万年的变化，目前地球环境已与原始地球环境有了很大的差别。地球上各种环境要素彼此相互依赖，其中任何一个要素发生变化便会影响到整个系统的平衡，然后必会开始新的发展，建立新的平衡。

地球环境系统中，各种物质之间，由于成分不同和自由能的差异，在太阳能和地壳内部放射能的作用下，进行着永恒的物质交换和能量流动。各种生命元素如氧、碳、氮、硫、磷、钙、镁、钾等在地表环境中不断循环，并保持恒定的浓度。所有这些都是生命发展和繁衍必不可少的条件。环境系统是一个开放系统，但能量的收入和支出保持平衡，因此地球表面温度可以稳定。环境系统在长期演化过程中逐渐建立起自我调节系统，维持它的相对稳定性。环境系统的稳定性在很多情况下取决于环境要素与外界进行物质交换和能量流动的容量。容量越大，调节能力也越大，环境系统也越稳定；反之，则不稳定。

环境系统的范围可以是全球性的，也可以是局部性的，例如，一个海岛或者一个城市都可以是一个单独的系统。全球系统是由许多亚系统交织而成，如大气海洋系统、大气海洋岩石系统、大气生物系统、土壤植物系统等。局部与整体有不可分割的关系。区域性变化积累起来，就会影响全球。例如，热带森林因为过量采伐，面积日益缩小，将会影响全球气候。

三、环境功能与环境效应

（一）环境功能

环境功能是环境要素及其构成的环境状态对人类生产和生活所承担的职能和作用。环境功能是非常广泛的，主要包括以下三种。

1. 环境是人类的栖息地

各种环境要素是人类生存繁衍的必要条件。人类的生存离不开环境。地质环境为人类的栖息提供了场所，为人类活动提供了空间。人呼吸的氧气是大气环境的要素，人体所需的各种营养成分都来自地质环境的各种要素。英国地球化学家 E·哈密尔顿等人通过对人体脏器样品的研究分析发现，除了原生质中主要组分（碳、氢、氧、氮）和岩石中的主要组分（硅）外，人体组织（特别是血液）中的元素平均含量与地壳中这些元素的平均含量具有明显的相关性。这说明人体是地壳物质演化的产物。没有地质环境，人类既不可能产生，也不能生存和繁衍。空气、水、土地和生物这些环境要素，是人类生存和繁衍不可缺少的条件。

2. 环境是人类生产劳动的对象

生产劳动是人类获取生产资料和生活资料的手段。农民的劳动对象是农田，矿工的劳动对象是矿山。这些劳动对象都是构成环境的要素。人类的生产劳动改造着周围的环境，也就是我们所赖以生存的大自然。所以说，环境是人类社会存在和发展的依托。整个人类社会正是在这些劳动生产过程中不断发展进步的。

3. 环境是人类生存发展的制约因素

环境仅具有相对的稳定性，它的系统结构会由于人类的社会活动而不断发生变化。当人类选择与环境持续协调发展相适应的活动方式时，环境系统结构就稳定不变。相反，当人类选择与环境持续协调发展不适应的活动方式时，环境系统结构就会朝着不稳定的方向发展，从而制约人类的生存和发展。例如，当前的环境污染和生态破坏就不同程度地制约人类社会的发展。

（二）环境效应

环境效应就是在自然过程或人类活动中，各物质间通过物理、化学和生物效应在环境诸要素的综合影响下，对环境系统结构和功能上所造成的变化。

环境效应按起因可划分为自然环境效应和人为环境效应。自然环境效应是指以地能和太阳能为主要动力而引起的环境变化，它是环境中各种物质相互作用的结果；人为环境效应则是指由于人为活动所引起的环境变化。

环境效应按变化可划分为环境生物效应、环境化学效应和环境物理效应。

1. 环境生物效应

环境生物效应是指各种环境因素变化所导致的生态系统变异。例如，中生代恐龙的突然灭绝，就是当时气候变化引起的生物效应；现代大型水利工程建设，切断了鱼、虾、蟹的回游途径，使这些水生生物的繁衍受到影响；工业污水大量排入江河、湖泊和海洋，改变了水体的物理、化学和生物条件，致使鱼类受害，甚至灭绝；森林锐减，水土流失，干旱和风沙等自然灾害增多，鸟类减少，虫害增多。这些都是环境生物效应的例子。

2. 环境化学效应

环境化学效应是指在各种环境条件影响下，由物质间化学反应而引起的环境变化，如环境酸化。环境酸化是酸雨造成的，它会使地面水体和土壤酸度增大，降低土地的肥力，使石刻、大理石建筑、金属物、桥梁和铁路都受到侵蚀。再如，环境碱化也是一种环境化学效应。它主要是由于大量的可溶性盐、碱物质，在水体和土壤中长期积累，或受到海水长期浸渍造成的。长期利用含盐碱的工业废水灌溉农田也会造成土壤碱化。土壤碱化，农田就会减产，地下水硬度也会升高。光化学烟雾也是环境化学效应的一种。机动车辆排放的尾气经过光照，就会变为光化学烟雾，其中的臭氧、甲醛和丙烯醛对动物和植物都有害，对人的眼睛、咽喉有强烈的刺激作用，会使人头疼、呼吸道疾病恶化，严重的会造成死亡。20世纪50年代后，日本、加拿大、德国、澳大利亚、荷兰等国的一些大城市和我国的兰州都曾先后发生过光化学烟雾污染。

3. 环境物理效应

环境物理效应是指由于物理作用引起的环境变化效果。像热岛效应、温室效应、噪声和地面沉降等都是环境物理效应。城市和工业区由于大量燃料燃烧，释放出大量热量，再加上建筑群和街道的辐射热量，使城市气温高于周围地带，这就是热岛效应。大气中二氧化碳增加，就会产生温室效应。工业烟尘和风沙增加，引起大气混浊，能见度降低，它和二氧化碳一起影响地区的辐射平衡。工矿区机械振动和交通车辆产生的噪声影响人们思维，危害人体健康。建在冲积平原上的城市大量开采地下水，会导致地面沉降。这些现象都是常见的环境物理效应。

四、环境问题

（一）环境问题的产生

环境问题指人类与环境这一对矛盾体在相互依存、相互制约中产生的问题。环境问题是自人类产生以来就存在的，远古人类为了生存辟洞而居，钻木取火，制造工具，采集狩猎，造成了食物减少和疾病流行等问题。沿着人类社会的进程，从原始农业社会、传统农业社会到工业社会，人类干预自然的能力逐渐增强，环境问题也随之增多。但是，环境问题成为人类社会生活中的重大问题还是在20世纪工业革命以后才开始的。20世纪以来，尤其是后50年，环境污染与生态破坏成为普遍的严重问题，并不断恶化，甚至演变为相关的经济、政治矛盾及危机，而威胁人类的生存。

在人类社会不同历史时期，环境问题经历了三个阶段。

第一阶段是原始狩猎阶段。在这一阶段，人类只是自然食物的采集者和捕食者，是以生产活动和生理代谢过程与环境进行物质交换和能量流动，主要是盲目利用环境，很少有意识改造环境。这一阶段的环境问题，主要是由于人口的自然增长、无知而乱采滥捕，或因用火不慎，使大片草地森林被毁，破坏了生物资源引起饥荒。

第二阶段是农业阶段。随着农业和畜牧业的产生和发展，人类利用和改造自然的能力越来越大，这一时期发生的环境问题主要表现在：因大量砍伐森林和破坏草原引起的水土流失和土地沙漠化、盐碱化；因不适当兴建水利而引起土壤沼泽化、血吸虫病流行等。

第三阶段是现代工业阶段。第一次工业革命以后，随着大工业的出现和城市化，除了上述自然资源破坏加重以外，还伴随工业产品的生产和消费过程出现了"三废"污染。

"三废"是指废气、废水和废渣。这些物质是主要的环境污染物。工业社会中的生产过程从单纯的生活资料的生产发展到生活资料与生产资料的生产，生产过程向环境排放的物质，有许多是人类和生物所不熟悉的，难以接受甚至是有害的，人们称之为"废物"（按今日可持续发展的观点来看，这些"废物"是可以循环、转化再生为有用之物的）。其中最突出的是向大气中排放的烟尘和有毒气体 SO_2、NOx（NO 和 NO_2 等氮氧化物），向水体中排放的各种工业污水，向土壤中排放的各种工业废渣，因而产生了"三废"这个名词。当今，"三废"这个名词不绝于耳。再加上噪声，被人们并称为城市四大公害。

工业化起步最早的国家和地区，如英国和美国等，在20世纪初相继出现了有关环境污染的报道。第二次世界大战后的日本，经济发展速度迅猛，日本人民在享受由此而带来的物质需要及生活富足之后，也开始尝到了环境污染的苦果，并为此付出了沉痛的代价，创造了公害这个名词。公害是指环境污染对公众所造成的伤害。

除了烧煤污染之外，随着石油的消费在能源中所占比例的加大，又增加了新的污染源。同时相继出现农药污染和放射性污染。此外，噪声、振动、恶臭和地面沉降等其他公害陆续出现。当前环境的污染和破坏，已经成为威胁人类生存和发展的世界性重大社会问题之一。

（二）环境灾害

由于人类对环境的改造超过自然的承受能力，破坏了环境系统的结构和功能，导致人类与环境不能维持和谐发展，最终产生了环境问题。但是，人们往往通过一些环境灾害才能意识到人类对大自然破坏的严重程度。

环境灾害是由于受人类活动影响，并以自然环境作为媒介，反作用于人类的灾害事件。这种灾害并不限于各种自然现象，同时包括那些被打上人类活动烙印的类似事件以及有损于人类自身利益的社会现象，它也不同于一般环境污染现象，在某种程度上具有突发性，而且在强度与所造成的经济损失方面远远超过一般环境污染，对人类身心健康与社会安定的影响不亚于自然灾害。此外，环境灾害不同于自然灾害，是因为它不仅具有灾害的共性，还具有特性，在于它的发生不仅取决于自然条件，在很大程度上更是人为因素造成的。探索环境灾害的发生、发展与演变的客观规律，研究其成因机理与致灾过程，并据此确定科学有效的防灾、减灾和抗灾对策，最终将达到减轻环境灾害所造成的损失、造福人类的目的。

从20世纪中期开始，工业化进程的加快引发多起严重的环境污染事件，这些痛苦的经历直接促成了人们对环境问题的觉醒以及环境保护意识的产生。越来越多的人们认识到环境污染的严重性以及保护环境的重要性，这样就使环境保护的问题从社会生活的边缘走向社会的中心。环境问题的发展呈现出更复杂、更重要的局面。

20世纪以来，人类所面临的环境问题主要有：沙漠化日益严重、森林遭到严重破坏、野生动物和植物大量灭绝、世界人口急剧增加、水资源日渐匮乏、渔业资源逐渐减少、河流遭到严重污染、危险药品污染和越境转移、日趋严重的酸雨危害、全球温室效应和臭氧层空洞等。

第二节　环境科学分类

一、环境科学的产生与发展

（一）环境科学

自环境问题产生以来，人类就不断地为认识和解决环境问题而进行努力。人与自然的关系历来是哲学家和思想家关心的基本问题，在20世纪人类对大自然的索取超过了限度而得到报复的时候，科学家就开始认真地研究环境问题，并希望予以解决。

在人类改造自然的过程中，为使环境向有利于人类的方向发展，避免向不利于人类的方向发展，就必须了解环境变化的过程，包括环境的基本特性、环境结构的形式和演化机理等。对环境问题的系统研究，要运用地学、生物学、化学、物理学、医学、工程学、数学以及社会学、经济学、法学等多种学科的知识。因此产生了环境科学这一新兴学科。

环境问题促成了环境科学的诞生及发展，环境科学主要是探索全球范围内环境演化的规律；揭示人类活动同自然生态之间的关系；探索环境变化对人类生存的影响；研究区域环境污染综合防治的技术措施和管理措施等。时至21世纪的今天，环境科学已形成庞大的跨学科的研究系统。

（二）环境科学的产生与发展

1.早期的环境科学萌芽

数千年前，我国已在烧制陶瓷的瓷窑上安装了烟囱，使燃烧产生的烟气能迅速排出，这既提高了燃烧速度又改善了周围的空气环境。公元前6世纪，古罗马已修建了地下排水道。公元前3世纪，春秋战国时期，我国的思想家就已开始考虑对自然的态度，例如，老子说："人法地，地法天，天法道，道法自然"，意为人应该遵循自然的规律。公元1661年，英国人丁·伊林写了《驱逐烟气》一书，献给英王查理二世，书中指出了空气污染的危害，提出了一些防治烟尘的措施。公元1775年，英国著名外科医生P.波特发现扫烟囱的工人患阴囊癌的较多，认为这种疾病与接触煤烟有关。

18世纪后半叶，随着蒸汽机的出现，产生了工业革命的浪潮，在工业集中的地区，生产活动逐渐成为环境污染的主要原因。工业文明的发展，迄今为止大多是以损害生态环境为代价的。恩格斯早在100多年前就指出："不要过分陶醉于我们对自然界的胜利。对于每一次这样的胜利，自然界都报复了我们。"在工业发源地英国，工业城市曼彻斯特的树木、树干被煤烟熏黑后，生活在树干上的昆虫，如尺蠖和多种蛾类、蜘蛛、瓢虫和树皮虱等70种昆虫，几乎全部从灰色型转变成黑色型。科学家把这称为"工业黑化现象"，并写进了教科书。

2.环境科学的产生

19世纪以来，地学、化学、生物学、物理学、医学及一些工程技术学科开始涉及环境问题。当今公认的第一部具有重要影响的环境科学著作是1962年出版的《寂静的春天》一书（其作者是蕾切尔·卡逊，一个美国海洋生物学家），书中用生态学的方法揭示了有机氯农药对自然环境造成的危害，有人认为这本书的出版标志着环境科学的诞生。事实上，1954年美国研究宇宙飞船内人工环境的科学家首次提出环境科学的概念。同时，美国首先成立"环境科学协会"，并出版《环境科学》杂志。

20世纪中期，环境问题成为社会的中心问题。这对当代科学是个挑战，要求自然科学、社会科学和技术科学都来参与环境问题的研究，指出环境问题的实质，并寻求解决环境问题的科学途径，这些就是环境科学产生的社会背景。

3.环境科学的成熟发展

现代科学技术在研究环境问题时取得了惊人的成果，促使了环境科学中各分支学科的形成。例如，分析化学在仪器分析和微量分析方面的进展，直接应用于分析、检测和监测环境中的污染物质。现代分析手段已可以测定痕量污染物质，进而可以查清污染物的来源，在环境中的分布、迁移、转化和积累的规律，还可以研究其对生物体和人体的毒害机理，环境化学由此应运而生。应用现代工程技术来解决大气、水体、固体污染问题及噪声等物理污染的防治，从而产生了环境工程学这一新兴学科。在社会科学方面，哲学家从人、社会与自然是统一整体的观点来看待环境问题，产生了生态哲学的世界观和方法论。它既是环境科学的分支学科，又是环境科学的指导思想。环境物理学、环境生物学、环境医学、环境经济学、环境法学等也相继产生。

一批研究环境问题的环境科学机构也如雨后春笋般地涌现。1962年成立了国际水污染研究协会（IAWRR）。1963年世界气象组织第四次大会批准了世界天气监测网计划，调查城市、工业区及较远地区的污染扩散和变化情况，并进行相应的气候研究。1964年成立了防止大气污染协会国际联合会（IUAPPA）。同年，国际科学联合会理事会通过了《国际生物学大纲》，这是《人与生物圈计划》的前身，呼唤科学家们重视生物圈所面临的威胁和危险。《国际水文十年》和《全球大气研究方案》，也促使人们重视水和气候变化问题。1968年国际科学联合会理事会设立了环境问题科学委员会。同年联合国教科文组织制订了《人与生物圈计划》，还在第21届国际地理学大会上成立了国际性的"人与环境"学术委员会。

在环境工程技术的基础上发展出的环境保护产业，是以防治环境污染、改善环境质量和保护自然生态为目标的新兴产业部门。现在全世界每年用于环境保护工业的投资在2000亿美元以上，环保产品的商品市场每年达3000亿~6000亿美元，并以每年5%~20%的速度增长。

为解决环境问题，尤其是全球性环境问题的需要，20世纪50年代以来，环境科学中的多学科合作进一步发展。其主要特点是以环境问题为中心，形成不同的科学共同体，以跨学科研究的形式推动环境科学和环境保护工作向多学科和多行业合作的方式全方位地展开研究。

国际学术界在《人与生物圈计划》研究的基础上，在自然科学领域开展《全球变化研究：国际地圈——生物圈计划》；在社会科学领域开展《全球变化的人类因素：一项关于人类和地球相互作用的国际研究计划》。1972年英国经济学家B.沃德和美国微生物学家R.沃博斯主编了《只有一个地球：对一个小小行星的关怀和维护》，这是受联合国委托作为1972年第一次世界人类环境会议的背景材料而编写的，他们从整个地球的前途出发，从社会、经济和政治的角度阐述了环境问题的主要方面、严重性及对人类的影响，号召人类科学地管理地球，并探讨了解决环境问题的途径。

4. 环境科学的未来

随着人类在控制环境污染方面所取得的进展，环境科学这一新兴学科也日趋成熟，并形成了自己的基础理论和研究方法。它将从分门别类研究环境和环境问题，逐步发展到从整体上进行综合研究。

环境科学的方法论也在发展。例如，在环境质量评价中，逐步建立起一个将环境的历史研究与现状研究结合起来，将微观研究与宏观研究结合起来，将静态研究与动态研究结合起来的研究方法；并且运用数学统计理论、数学模式和规范的评价程序，形成一套基本上能够全面、准确地评定环境质量的评价方法。

环境科学现有的各分支学科，正处于蓬勃发展时期。这些分支学科在深入探讨环境科学的基础理论与解决环境问题的途径和方法的过程中，还将出现更多新的分支学科。例如，环境生物学在研究污染对微生物生命活动和种群结构的影响，以及由于微生物种群的变化而引起的环境变化方面，将导致环境微生物学的出现。这种发展情况将使环境科学成为一个枝繁叶茂的庞大学科体系。

二、环境科学系统

由于环境科学是一门新兴的、充满活力和综合性的学科，所以环境科学学者队伍的建设也具有自己的特色。对环境问题的关注吸引了一大批原来从事传统自然科学、社会科学及技术科学的专门人才，其中不乏著名的专家学者。他们自觉不自觉地转入环境科学领域后，从科学知识基础、思维方式和研究方法等方面给环境科学研究带来多样性的活力。由于转入新的研究方向，这些方向又是科学的新生长点和前沿，许多人很快取得新成果，成为新兴学科的开拓者，进入环境科学家的队伍。各高等院校和研究机构也在加紧培养环境科学方面的专门人才，他们将成为环境科学研究的接班人和主力军。环境科学不仅成为发展最为迅速、吸引科学人才最多的学科，而且是整个 20 世纪 90 年代带动世界科学、技术、经济进步的最重要的领域之一。

环境科学跨学科研究整体化发展的主要特点是：围绕环境科学的统一模式，就解决某一重大环境问题，联合不同学科的专家，组成科学共同体，开展共同课题的合作研究。这种共同体和合作研究并不是机械的"拼盘式"，也不是简单的"大杂烩"。参加共同体的学者都具有自己的专长和学科方面的优势，他们以自己专业的理论和方法参与问题的解决，它们在合作研究中的作用是不可替代的；参加共同体的学者也不是各干各的，他们为了解决总的课题，围绕共同的目标，发挥各自专业在理论和方法方面的优势，相互渗透，启发和补充，起到了真正的协同效应。这种合作研究共同体不仅在解决环境问题中推动环境科学的整体化发展，而且又对传统学科提出了新的问题和挑战，成为科学发展中新的生长点，使一些古老的学科焕发出新的活力。环境科学跨学科研究整体化发展的成就对整个世界的科学文化、技术经济的发展起到了推动作用。在环境科学蓬勃发展的同时，其他科学技术领域也在发生着一场新的科学技术革命，这就是科学技术的研究和发展必须符合生态保护的方向，为保护地球生态环境服务。

三、环境科学分类

环境科学是交接于自然科学、社会科学和技术科学的综合性基础学科。环境科学主要是运用自然科学、社会科学和技术科学等有关学科的理论、技术和方法来研究环境问题。在与有关学科相互渗透、交叉中形成了许多分支学科。包括环境地理学、环境生物学、环境化学、环境物理学、环境医学、环境工程学、环境管理学、环境经济学和环境法学等。

环境科学与自然科学中的数理化天地生、社会科学中的经政法文史哲、技术科学中的机电冶控等一样，属一级学科。环境科学的学科分支很多，并且各学科之间相互关联，从而形成了一个庞大的多层次、相互交错的网络结构系统。由于环境科学是 20 世纪 70 年代才形成的新兴学科，所以其学科系统尚未形成一致的看法。不同的学者从不同的角度提出各种不同的分科方法。

人类所处的生态环境是多维结构的，因而对应的研究内容也是多维的。

第三节　环境保护

环境是人类生存和发展的基本前提。环境为我们的生存和发展提供了必需的资源和条件。随着社会经济的发展，环境问题已经作为一个不可回避的重要问题提上了各国政府的议事日程。保护环境，减轻环境污染，遏制生态恶化趋势，成为政府社会管理的重要任务。对于我们国家，保护环境是我国的一项基本国策，解决全国突出的环境问题，促进经济、社会与环境协调发展和实施可持续发展战略，是政府面临的重要而又艰巨的任务。

一、环境保护的意义

（一）保护环境是人类的共同责任

环境保护（以下简称环保）是由于工业发展导致环境污染问题过于严重，首先引起工业化国家的重视而产生的，利用国家法律法规和舆论宣传而使全社会重视和处理污染问题。

自 20 世纪中期以来，随着科学技术的突飞猛进，人类以前所未有的速度创造着社会财富与物质文明，但同时也严重破坏着地球的生态环境和自然资源，如由于人类无节制地乱砍滥伐，致产生森林锐减、土地沙漠化加剧、生物多样性减少和地球增温等一系列全球性的生态危机。这些严重的环境问题给人类敲响了警钟。目前世界各国已认识到生态恶化将严重影响人类的生存，不仅纷纷出台各种法律法规以保护生态环境和自然资源，而且开始思考如何谋求人类与自然的和谐统一。

20世纪中后期，公害事件的频频发生使公众的生命健康受到严重威胁。环境保护运动蓬勃兴起，广大民众的不满与愤怒化为无形的力量，对政府和企业形成巨大的压力，要求企业治理公害、控制污染，要求政府加强环境立法及管理。公众的行动、媒体的宣传、环保措施的落实都极大地提高了人们的环保意识，更多的人认识到环境保护事业不是少数人的事，而是社会中所有成员共同的事业。

（二）保护环境是我国的一项基本国策

在1983年年底国务院召开的第二次全国环境保护会议上宣布："保护环境是中国的一项基本国策。"所谓国策就是立国、治国之策，是那些对国家经济社会发展和人民物质文化生活提高具有全局性、长久性和决定性影响的重大战略决策。坚持这一基本国策，就可以很好地解决人口、发展与环境之间的相互关系。环境保护作为一项基本国策的重要意义主要有如下几方面：

1. 防治工业污染，维护生态平衡，是保障农业发展的基本前提。我国人口众多，人均国土资源贫乏，解决十几亿人口吃饭问题显然是一个极为重要的大问题。此外，我国在这有限的耕地上除种植粮食作物外，还要种植经济作物，为工业提供原料。因此，必须精心保护国土资源，保护好耕地。

由于我国的国情，我们改善人民生活和发展国民经济都必须立足于国内，立足于本国资源。我国人均国土资源不丰富这一特点，决定了我们必须十分重视环境保护工作，把有限的土地资源充分合理地利用起来，以保证人民的食物供应。

2. 制止环境进一步恶化，不断改善环境质量，是我国持续发展的重要条件。我国环境污染严重，影响着人们的生产和生活，这已成为一个突出的社会问题，而且把宝贵的能源、资源浪费掉，造成重大的经济损失。据1990年估算，仅水污染一项就损失掉650多亿元。如果把其他损失都加在里面，那损失还要大得多。我国自然环境和自然资源遭受污染和破坏的严重性，已成为社会经济可持续发展的一大障碍。如果不尽快改变这种状况，我国现代化建设就不可能得到持续、快速、健康的发展。

3. 创建一个适宜的、健全的生存和发展环境，是科学发展观的重要目标之一。科学发展观的核心是以人为本，基本要求是全面协调可持续。保护环境，维持人民适宜的生活环境，必须建立起全民意识上的可持续发展观念。这就意味着中国在新时代的发展方式和目标上就必须走一条新的路子，就是既要发展经济，又要保护环境；既要取得良好的经济效益和社会效益，又要取得良好的环境效益，使经济、社会和环境得以持续协调的发展。走可持续发展的道路。

保护环境就是保护生产力。保护环境既保护了人体健康，保护了生产力最活跃的因素——人；保护环境也保护了自然资源，保护了生产力的另一要素——劳动对象。保护环境有利于生产力充分发展，促进经济的繁荣。保护环境既要满足当代人的需要，也要满足后代人的需要。环境是全人类共同的财富，当代人的生存发展需要它，后代人的生存发展也需要它。因此，一切环境保护工作者、生产部门的领导者和广大管理干部、工程技术人员，都要深刻认识环境保护作为我国一项基本国策的重要意义，在发展生产过程中搞好环境保护，做到经济效益与环境效益的统一，在建设具有中国特色社会主义过程中，为当代人创造一个美好的环境，为后代人留下一个美好的环境。

二、国际环境保护发展历程

1962 年，美国海洋生物学家蕾切尔·卡逊出版了《寂静的春天》，书中阐释了农药杀虫剂滴滴涕（DDT）对环境的污染和破坏作用，由于该书的警示，美国政府开始对剧毒杀虫剂问题进行调查，并于 1970 年成立了环境保护局，各州也相继通过了禁止生产和使用剧毒杀虫剂的法律。该书被认为是 20 世纪环境生态学的标志性起点。

1972 年 6 月 5～16 日，由联合国发起，在瑞典斯德哥尔摩召开的"第一届联合国人类环境会议"，提出了著名的《人类环境宣言》，是环境保护事业正式引起世界各国政府重视的开端。这次会议第一次把环境问题提到全球议事日程，开启了关于环境问题的国际性的对话、合作和讨论，环境问题正式进入国际事务。该会的开幕日定为"世界环境日"。

欧洲和北美国家经受多年的酸雨危害之后，认识到酸雨是一个国际环境问题，单独靠一个国家解决不了问题，只有各国共同采取行动，减少二氧化硫和氮氧化物的排放量，才能控制酸雨污染及其危害。1979 年 11 月，在日内瓦举行的联合国欧洲经济委员会的环境部长会议上，通过了《专程越界空气污染公约》，1983 年，欧洲各国及北美的美国、加拿大等 32 个国家在公约上签字，公约生效。1985 年，联合国欧洲经济委员会的 21 个国家签署了《赫尔辛基议定书》，规定到 1993 年年底，各国需将硫氧化物排放量削减到 1980 年排放量的 70%，即比 1980 年年水平削减 30%。议定书于 1987 年生效。

1987 年，世界环境与发展委员会（WCED）通过了《东京宣言》，并公布《我们共同的未来》报告书，提出了许多以"可持续发展"为中心思想的建议。同年 9 月 16 日，46 个国家在加拿大蒙特利尔签署了《关于消耗臭氧层物质的蒙特利尔议定书》，开始采取保护臭氧层的具体行动。

联合国于 1989 年在瑞士的巴塞尔通过的《控制危险废物越境转移及其处置巴塞尔公约》，对危险废物跨国境的转移和处置作出了较为全面的规定。这是关于通过控制危险废物跨越国境的转移和处置来防止危险废物对环境和人体健康造成危害的全球性国际公约。该公约于 1992 年 5 月 5 日开始生效。

1991 年，世界银行、联合国环境规划署（UNEP）、联合国开发计划署（UNDP）设立"全球环境基金会"（GEF）。同年，41 个发展中国家环境与发展部长级会议在北京举行，发表了《北京宣言》，表达了发展中国家保护环境、谋求发展的共同愿望。

1992 年 6 月 3～14 日，在巴西里约热内卢举行了"联合国环境与发展大会"。这是联合国成立 47 年来规模最大、级别最高、参加人数最多、筹备时间最长的一次历史性绿色盛会。全球 183 个国家参加，其中 178 个联合国成员国派出了高级政府代表团出席这个会议，有 102 位国家元首或首脑参加这次大会。这次会议以环境与发展为主题，审查全球环境的新形势，研究新问题，在环境与发展的问题上寻求共同点，形成可持续发展的新的共识，促进这种发展的实施。这次大会通过了《里约环境与发展宣言》《21 世纪议程》和《关于森林问题的原则声明》，开放签署了《气候变化公约》（又称《气候变化框架公约》）和《生物多样性公约》。

为了人类免受气候变暖的威胁，1997 年 12 月，在日本京都召开的《联合国气候变化框架公约》缔约方第三次会议通过了旨在限制发达国家温室气体排放量以抑制全球变暖的《京都议定书》。《京都议定书》规定，到 2010 年，所有发达国家二氧化碳等 6 种温室气体的排放量，要比 1990 年减少 5.2%。2005 年 2 月 16 日，《京都议定书》正式生效，这是人类历史上首次以法规的形式限制温室气体排放。

2009 年 2 月 11 日，美、俄卫星相撞事故引起了全球的关注，由此引发一系列问题迫使人们不得不关注随着人类科技进步产生的一些新的环境问题。只有清除太空轨道上的垃圾才能避免对未来航天事业的潜在威胁，但无论是技术上还是经济上，目前仍无切实可行的方案对此进行处理。因此，如何清除太空垃圾，维护宇宙环境安全将成为今后科研人员探索研究的新课题。

2012 年 8 月 26 日～9 月 4 日，第二次地球峰会，联合国可持续发展世界首脑会议在南非约翰内斯堡举行，这是继 1992 年巴西里约热内卢联合国环境与发展会议之后的又一次盛会，是关乎人类前途与地球未来的又一次里程碑式的会议，标志着全球的可持续发展由共同的未来走向共同的行动，对未来的环境与发展产生巨大而深远的影响。

2014 年 6 月 3～5 日，"世界粮食安全与气候变化及生物能源的挑战"高级别会议在意大利举行，并通过了《气候变化和生物能源的挑战宣言》。联合国秘书长潘基文说，到 2030 年，全球粮食产量必须提高 50% 才能满足因人口增长等因素而不断增加的需求。

2015 年 12 月 7 日，联合国气候变化大会在哥本哈根揭幕，各方将致力于就《京都议定书》第一承诺期到期后的全球温室气体减排做出安排。

三、我国环境保护发展历程

中华民族是具有悠久历史文化的伟大民族，在古代文明史上长期处于世界的前列。在开发和利用自然环境和自然资源的过程中，逐步形成了一些环境保护的意识，在《周礼》《左传》《尚书》《孟子》《荀子》《韩非子》和《史记》等书中均有记载和反映。在近代，由于封建制度的腐朽和帝国主义的侵略，我国的经济和社会发展都比较落后。就全国而言，主要的环境问题是生态破坏问题。在旧中国，洪涝、干旱、虫害频繁，各种传染病蔓延，人均寿命很低，根本谈不上保护和改善环境。

中华人民共和国成立后，在"一五"计划期间建设的 156 项大型工程，注意了全面规划，合理布局，并在选址、设计和施工时，考虑了风向、水源地等环境因素，部分工程还设置了治理污染的设施。在农村，开展了大规模的农田水利基本建设，进行了淮河、黄河、海河和长江等大型水利工程的建设，加强了植树造林和水土保持工作，从而改善了农业生产条件，并增加了农业抗御自然灾害的能力。

20 世纪 70 年代初，国家领导人敏锐地觉察到环境问题的严重性。在 1970 年 8 月曾提出："要消灭废水、废气对城市的危害，并使其变为有利的东西。"1971 年 2 月，全国计划会议："我们一定能够解决工业污染，因为我们是社会主义计划经济，是为人民服务的。我们在搞经济建设的同时，就应该抓紧解决这个问题，绝对不做贻害子孙后代的事。"

1972 年 6 月，我国派代表团出席了联合国人类环境会议。自此，我国把环境保护工作正式列入政府工作议程。

1973 年 8 月 5～20 日，国务院委托国家计委在北京第一次召开了全国环境保护会议。这是一次中国环境保护事业上具有重大和深远历史意义的大会。会上提出了"全面规划、合理布局、综合利用、化害为利、依靠群众、大家动手、保护环境、造福人民"的环境保护工作方针。会议还制订了《关于保护和改善环境的若干规定（试行草案）》。

1974 年 5 月，国务院批准成立国务院环境保护领导小组及其办公室。随后，各省、自治区、直辖市和国务院有关部局也相应设立了环境保护管理机构。

1978 年 3 月 5 日，五届人大一次会议通过的《中华人民共和国宪法》明确规定：国家保护环境和自然资源，防治污染和其他公害。

1979 年 9 月 13 日，五届人大常委会第十一次会议原则通过《中华人民共和国环境保护法（试行）》，并予以颁布。它是我国环境保护的基本法，为制订环境保护方面的其他法规提供了依据。它标志着我国环境保护工作开始步入法制的轨道。在"六五"计划中，保护和改善环境被列为国民经济和社会发展的十大任务之一，加强了环境保护的计划指导，解决了环境保护的资金渠道。从此，环境保护工作正式列入我国国民经济和社会发展的五年计划和年度计划之中。

1983年12月31日～1984年1月7日，国务院在北京召开了第二次全国环境保护会议，这次会议在总结过去十年环境保护工作经验教训的基础上，提出了到20世纪末我国环境保护工作的战略目标、重点、步骤和技术政策。制订了我国环境保护事业的战略方针：经济建设、城乡建设、环境建设同步规划、同步实施、同步发展，实现经济效益、环境效益、社会效益的统一。

1989年召开的第三次全国环境保护会议上，政府提出开拓具有中国特色的环境保护道路的号召，并正式提出了环境管理的新五项制度。

1992年8月，在联合国环境与发展大会以后不久，党中央、国务院又批准了我国环境与发展的十大对策。这十大对策吸取了国际社会的新经验，总结了我国环保工作20年的实践经验，集中反映了当前和今后相当长的一个时期我国的环境对策。

1994年3月通过的《中国21世纪议程》提出了我国可持续发展的战略和对策。研究把自然资源和环境因素纳入国民经济核算体系；把自然资源和环境保护工作作为各级政府的一项基本职能；污染防治逐步从浓度控制转变为总量控制，从末端治理转变到全过程防治。

1996年，举行了第四次全国环境保护会议，会议部署落实跨世纪的环保任务，贯彻环境保护基本国策，实施可持续发展战略。促进经济社会的全面进步。国务院出台《关于环境保护若干问题的决定》，该《决定》标志着我国进入了大规模环境污染防治的实质性阶段。

2002年，通过了《清洁生产促进法》和《环境影响评价法》。它们对实现我国经济和社会可持续发展意义重大。自此，环境评价和"三同时"制度执行进入了新阶段，环境管理从末端治理转向前期预防。

2004年5月19日，国务院第50次常务会议通过《危险废物经营许可证管理办法》，自2004年7月1日起施行。同年12月29日，第十届全国人民代表大会常务委员会第13次会议修订通过《中华人民共和国固体废物污染环境防治法》，自2005年4月1日起施行。

2005年，国务院出台《关于落实科学发展观加强环境保护的决定》，这是一个系统创新、全面推进、重点突破的环境保护攻坚时期的纲领性文件。确定了今后一个时期环保工作的七项重点工作，污染防治成为重中之重，其中包括：以饮水安全和重点流域治理为重点，加强水污染防治；以强化污染防治为重点，加强城市环境保护；以降低二氧化硫排放总量为重点，推进大气污染防治；以防治土壤污染为重点，加强农村环境保护；以促进人与自然和谐为重点，强化生态保护；以核设施和放射源监管为重点，确保核与辐射环境安全；以实施国家环保工程为重点，推动解决当前突出的环境问题。

2006年3月，全国人大通过的"十一五"规划纲要，把节能减排作为必须完成的约束性指标。同年4月，第六次全国环境保护会议召开，提出做好新形势下的环保工作，要加快实现"三个转变"。

2007年，全国化学需氧量排放量比2006年下降3.14%，二氧化硫排放量比2006年下降4.66%，这是我国主要排放物首次出现双下降，表明我国环保事业取得历史性转变。

2008年1月，我国对境内排放污染物的工业源、农业源、生活源单位以普查对象，开始了第一次全国污染源普查。这次全国普查有助于实施主要污染物排放总量控制计划，切实改善环境质量，促进经济结构调整，推进资源节约型、环境友好型社会建设。

2008年1月，国务院发出"限塑令"，并于当年6月1日起正式实施，这将有效缓解"白色污染"。同时实施的还有《中华人民共和国水污染防治法》，该法是为了防治水污染，保护、改善环境，保障饮用水安全，促进经济社会全面协调可持续发展，对我国水环境保护具有重大意义。同年3月，十一届全国人大一次会议决定组建环境保护部，加大环境改革、规划和重大问题的统筹协调力度。同年10月29日，中国发布了《中国应对气候变化的政策与行动》白皮书，全面介绍了气候变化对中国的影响、中国减缓和适应气候变化的政策与行动以及中国对此进行的体制机制建设。

2009年1月1日起施行由中华人民共和国第十一届全国人民代表大会常务委员会四次会议于2008年8月29日通过的《中华人民共和国循环经济促进法》。将对促进循环经济发展，提高资源利用效率，保护和改善环境，实现可持续发展起到重大作用。

2009年11月26日，中国政府宣布，到2020年中国单位国内生产总值二氧化碳排放比2005年下降40%~45%，非化石能源占一次能源消费的比重达到15%左右，森林面积和森林蓄积量分别比2005年增加4000万 hm^2 和13亿 m^3。这是中国根据国情采取的自主行动，也是为应对全球气候变化做出的巨大努力。

中华人民共和国成立以来，我国的环境保护事业，尽管起步较晚，但发展较快，取得了很大的成绩，例如，我国2007年提出了节能环保八大措施，从抓污染源的单项治理，扩大到加强环境管理，以防为主，防治结合，综合防治；从抓"三皮"治理扩大到自然保护领域，狠抓了自然环境和自然资源的合理开发和利用；从防治工业污染为主扩大到保护农业生态环境和建设生态农业系统；从以城市、流域环境保护为主，发展到乡镇、海洋环境保护，从局限于环境污染防治扩展到经济发展、社会进步等范围。2012年，党的十八大将环境保护作为全面建设小康社会的重要方面之一，确立了五位一体的战略布局，2017年10月召开的党的十九大上，将生态文明建设作为新时代中国特色社会主义的重要方面之一。总之，我国的环境保护事业方兴未艾，正在迅猛地、稳步地向前发展。

第二章　环境与健康

第一节　人与环境

一、人与环境的辩证关系

（一）人体和环境的物质统一性

物质的基本单元是化学元素，地球化学家们分析了空气、海水、河水、岩石、土壤、蔬菜、肉类和人体的血液、肌肉及各器官的化学元素含量，发现与地壳岩石中化学元素的含量具有相关性。例如，人体血液中60多种化学元素的平均含量与地壳岩石中化学元素的平均含量非常近似。由此看出，化学元素是把人体与环境联系起来的基础。这种人体化学元素组成与环境化学元素组成高度统一的现象充分证明了人体与环境的统一。

（二）人体与环境的动态平衡

人体通过新陈代谢作用与周围环境进行能量传递和物质交换。人体吸入氧气，呼出二氧化碳；摄入水和营养物质，如蛋白质、脂肪、糖、无机盐和维生素等，排出汗、尿和粪便。从而维持人体的生长和发育。

人类赖以生存的自然环境是经过亿万年演变而形成的，而人类是自然环境的产物。在正常情况下，人体与环境之间保持一种动态平衡的关系。一旦人体内某些微量元素含量偏高或偏低，打破了人体与自然环境的动态平衡，人体就会生病。例如，研究人员发现，脾虚患者血液中铜含量显著升高；肾虚患者血液中铁含量显著降低；氟含量过少会发生龋齿病，过多又会发生氟斑牙。所谓人体与环境之间处于一种动态平衡，主要是指这些微量元素必须排出体外和补充到体内达到一种平衡状态。一般情况下，各种食物如肉类、鱼类、蔬菜和粮食等都含有一定量的微量元素，只要不偏食，注意饮食科学化，在体内是不会缺乏微量元素的。

环境如果遭受污染，致使环境中某些化学元素或物质增多。如汞、镉等重金属或难降解的有机污染物污染了空气或水体，继而污染土壤和生物，再通过食物链或食物网侵入人体，在人体内积累达到一定剂量时，就会破坏体内原有的平衡状态，引起疾病，甚至贻害子孙后代。为此，保护环境，防止有害、有毒的化学元素进入人体，是预防疾病、保障人体健康的关键。

通过对人体与环境在组成上的相关性以及人体与环境相互依存关系的分析说明，人体与环境是不可分割的辩证统一体，在地球长期历史发展进程中，形成了一种相互制约、相互作用的统一关系。

二、环境致病因素

（一）环境致病因素

人类生存环境的任何异常变化，都会在不同程度上影响人体的正常生理功能。但是，人类又具有调节自己的生理功能来适应环境变化的能力，这种适应能力是生物在进化过程中逐步获得的，医学上称为"免疫反应"。而人体的适应能力是有一定限度的，如果环境的异常变化不超过这个限度，人体是可以适应的。例如，人体通过体温调节来适应环境中气象条件的变化，天气很热时人体会出汗。但是，如果环境的异常变化超出人体正常生理调节的限度，则可能引起人体某些功能和结构发生异常，甚至造成病理性的变化。这种能使人体发生病理变化的环境因素称环境致病因素。人类生存环境中很多化学、物理和生物因素常常会影响机体的正常调节功能，使人体发生病理变化。因此，各种环境污染物，只要当它的剂量达到一定的程度，都可以成为致病因素。

（二）环境致病因素对人体的主要作用及特征

1. 主要作用

急性作用：污染物一次大量或24h内多次接触机体后，在短时内使机体发生急剧的毒性损害。

慢性作用：污染物浓度较低，长期反复对机体作用时所产生的危害。致突变作用：突变指机体的遗传物质在一定条件下发生突然的变异。突变类型包括基因突变——DNA分子上一个或几个碱基对发生变异；染色体畸变——染色体数目、结构异常；染色体分离异常。其中生殖细胞突变会导致不孕、早产、死胎、畸形；体细胞突变则可能致癌；胚胎体细胞突变可能导致畸胎。

致癌作用：人类肿瘤的85%~90%是由环境因素引起的。其中物理因素占5%，如放射线可以引起白血病、肺癌，紫外线可以引起皮肤癌；生物因素占5%，如EB病毒引起鼻咽癌、肝吸虫引起肝癌、乙肝病毒引起肝癌、血吸虫引起结肠癌；化学因素占90%，化学致癌物又可以分为三类：对人致癌物如苯并[a]芘、氯乙烯、石棉、α萘胺和β萘胺等；可疑致癌物如亚硝胺、砷和苯等；潜在致癌物（动物实验证实，但缺乏人群流行病学调查资料）。

致畸作用：很多环境因素都具有致畸作用，如X射线、γ射线、高频电磁辐射、超声波；抗生素类、抗凝药物、激素类药物、反应停等药物；除草剂 2，4D、2，4，5T 等有机化学物；甲基汞等重金属化合物。此外，部分病毒也具致畸作用，如风疹病毒可导致胎儿"兔唇"。

2. 疾病的发生发展过程

疾病是机体在致病因素作用下，功能、代谢及形态上发生病理变化的一个过程。这些变化达到一定程度会表现出疾病的特殊临床症状和体征。人体对致病因素引起的功能损害有一定的代偿能力。在疾病发展过程中，有些变化是属于代偿性的，有些变化则属于损伤性，两者同时存在。当代偿过程相对较强时，机体还可以保持相对的稳定，暂不出现疾病的临床症状，这时如果致病因素停止作用，机体便向恢复健康的方向发展。由于代偿能力是有限度的，如果致病因素继续作用，代偿功能逐渐发生障碍，机体就会以病理变化的形式表现出各种疾病特有的临床症状和体征。

从医学的角度对"健康"的人有特定的看法。疾病的发生发展一般可分为潜伏期（无临床表现）、前驱期（有轻微的不适）、临床症状明显期（出现疾病的典型症状）、转归期（恢复健康或恶化死亡）。在急性中毒的情况下，前两期可以很短，很快会出现明显的临床症状和体征。在致病因素（如某些化学物质）的微量长期作用下，疾病的前两期可以相当长，病人没有明显的症状和体征，看上去是健康的。但是，在致病因素继续作用下终将出现明显的临床症状和体征，而且这时候对其他致病因素（如细菌、病毒）的抵抗能力也减弱。对处于潜伏期或处于代偿状态的人来说，即使暂时未出现临床症状，实际上应被认为是受到某种程度损伤的"病人"，而不能认为是"健康"的人。医学上认为，这应属于疾病的早期即临床前期或亚临床状态。因此，从预防医学的观点来看，不能以人体是否出现疾病的临床症状和体征来评价有无环境污染及其污染程度，而应当观察多种环境因子对人体正常生理及生化功能的作用，及早发现临床前期的变化。尤其需要通过定期体检，及早发现潜伏期、前驱期的"病人"，以便及时治疗。

3. 环境致病作用的特征

影响范围广，环境污染涉及的地区广、人口多。接触污染的对象，除从事工矿企业的青壮年外，也包括老、弱、病、幼，甚至胎儿。作用时间长，接触者长时间不断地暴露在被污染的环境中，每天可达 24h。污染物浓度变化大，作用复杂，往往是多种毒物同时存在，联合作用于人体，污染物进入环境后，受到大气、水体等的稀释，一般浓度很低。污染物浓度虽然低，但由于环境中存在的污染物种类繁多，它们不仅通过生物或理化作用发生转化、代谢、降解和富集，改变其原有的性状和浓度，产生不同的危害作用，而且多种污染物可同时作用于人体，产生复杂的联合作用。例如，有的是相加作用，即两种污染物的毒性作用近似，作用于同一受体，而且其中一种污染物可按一定比例为另一种污染物质代替；有的是独立作用，即混合污染物中每一污染物对机体作用的途径、方式和部位均有不同，各自产生的生物学效应也互不相关，混合污染物的总效应不是各污染物的毒性相加，而仅是各污染物单独效应的累积；也有的是拮抗作用或协同作用，即两种污染物联合作用时，一种污染物能减弱或加强另外一种污染物的毒性。

此外，污染因素的作用受到很多因素的影响，尤其是机体状况，如个体的饮食营养状况、年龄、性别等。蛋白质营养较差时，对于经生物转化可达到解毒或降低毒性作用的大多数外源化学物质转化速度减慢，对机体的毒性增强；膳食中多不饱和脂肪酸不足或过多，均可引起肝细胞色素 P450 单加氧酶活力下降；维生素缺乏一般会使生物转化速度减慢，但具体情况有所不同；无机盐营养成分（如钙、镁、铜、铁、锌等）的缺乏均可影响到细胞色素 P450 单加氧酶的活力。随着年龄的增加，人体某些代谢酶的活力会发生变化。雌雄生物在生物转化上的差异主要是由雌、雄激素所决定。大多数情况下雄性动物在代谢转化能力和代谢酶活力上均高于雌性，故一般外源化学物质对雄性毒性作用较低。

三、典型环境因素对人体的作用

（一）重金属

1. 汞（Hg）

汞污染主要来自以汞为原料的工业生产中产生的废水、废气和废渣，以及曾经被广泛使用的含汞农药。汞在体内形成二价汞离子与蛋白质、多肽、酶蛋白以及细胞膜中一些组成成分的巯基牢固结合，从而破坏其结构和功能。金属汞易溶于脂质，易通过血脑屏障进入脑组织，且形成二价汞离子后水溶性增强，难以逆向通过血脑屏障从脑组织回到血液。因此其对脑的损伤先于肾，慢性汞中毒首先出现的是神经系统症状。无机汞化合物对脑的危险性较小，且不易被吸收，一般不易造成肝、肾的损害；但短期大量摄入会导致急性中毒。苯基汞和烷氧基汞在体内易降解为汞离子，毒理作用类似于无机汞化合物；烷基汞属脂溶性，其中甲基汞为高神经毒性物质，主要侵犯中枢神经系统，同时还可随血流通过胎盘进入胎儿，具有致畸作用。

2. 铅（Pb）

铅主要来自汽车尾气和制造、冶炼以及使用铅制品的工矿企业。铅可与体内一系列蛋白质、酶和氨基酸内的官能团，主要是巯基相结合，从多方面干扰机体的生化和生理功能。其毒性作用对骨髓造血系统（通过影响卟啉代谢造成）和神经系统损害最厉害，从而引起贫血和脑病。钙对无机铅的中毒具缓解作用。铅的急性中毒一般较少见。铅的慢性中毒可引起血液系统、神经系统和消化系统的各种症状。铅还具有生殖毒性与致畸作用。

3. 镉（Cd）

环境中镉污染主要来源于有色金属矿开发冶炼的"三废"排放。煤和石油燃烧的烟气以及含镉肥料也是镉污染源之一。餐饮具和食品包装也存在镉污染问题。镉的部分作用机理可能是与含羧基、氨基，特别是与巯基的蛋白分子相结合，从而使许多酶活性受到抑制。此外，还会干扰铜、钴和锌在体内的代谢而产生毒性作用。其毒性作用主要损害肾小管、抑制维生素 D 的活化，妨碍肠对钙的吸收和钙在骨质中的沉着；引起贫血，抑制骨髓内血红蛋白的合成。同时，镉也具有致癌及致畸作用。

4. 铬（Cr）

铬污染主要来自钢铁生产以及化工生产中的"三废"。二价铬容易被氧化，在生物体内不存在。三价铬参与正常糖代谢，有激活胰岛素的作用。六价铬容易被吸收，一方面，可以氧化生物大分子和其他生物分子使生物分子受到损伤；另一方面，在其还原为三价铬的过程中对细胞具有刺激性和腐蚀性，导致皮炎和溃疡发生。铬具致癌变、致畸变、致突变作用。六价铬、三价铬都具有致癌作用。六价铬具有较强的致突变作用；三价铬可以透过胎盘屏障，抑制胎儿生长，并产生致畸作用。

5. 砷（As）

自然界的砷多为五价，污染环境的砷多为三价的无机化合物，动物体内的多为有机砷化合物。生活性急性砷中毒较常见，如误食砷污染的食品、饮料，或误服含砷农药。一般急性砷摄入 24h 内，由于休克，可使患者惊厥、昏迷，甚至死亡。砒霜是公认的剧毒物质，由口摄入的急性中毒剂量为 5 ~ 50mg。长期持续摄入低剂量砷化合物会导致慢性中毒。慢性砷中毒会引起皮肤、指甲、头发的改变。砷化合物可促进紫外线（UV）照射和一些化学致突变物的致突变作用，是一种辅致突变剂或辅突变剂。它是第 V 主族元素中唯一可以致畸的元素。

（二）有机污染物

1. 芳香族碳氢化合物

芳香族碳氢化合物大多为液体，部分为固体，几乎不溶于水，而溶于各种溶剂。按照苯环的数量以及连接方式，可分为单环芳香族碳氢化合物和多环芳香族碳氢化合物。

由于苯加入汽油具有抗爆性，所以加苯汽油被广泛使用，从而使许多人深受汽油和汽车尾气中苯的危害。苯还广泛用于其他燃料的添加剂并被许多工业用作溶剂，如涂料、塑料及橡胶。

苯对中枢神经系统产生麻痹作用，引起急性中毒。吸入 20000ppm 的苯蒸气 5 ~ 10min 便会有致命危险。长期接触苯会引起神经衰弱综合症；对血液造成极大伤害，引起慢性中毒。苯可以损害骨髓，使红血球、白细胞、血小板数量减少，并使染色体畸变，从而导致白血病，甚至出现再生障碍性贫血。苯可以导致大量出血，从而抑制免疫系统的功用，使疾病有机可乘。

多环芳香烃可来自自然灾害，如火山爆发、森林大火；当化石燃料、木材、垃圾或其他有机物如烟草、烧焦的肉类在不完全燃烧时也会生成多环芳香烃。目前多环芳香烃化合物超过 100 种，部分是天然化合物，其余是经合成得来的。其中苯并 [a] 蒽、苯并 [a] 芘、苯并 [b] 荧蒽、苯并 [k] 荧蒽、二苯并 [a，h] 蒽及茚并 [1，2，3—cd] 芘等的多环芳香烃已被证实为致癌物。其中苯并 [a] 芘诱发突变的能力很高，能诱发原核细胞和真核细胞发生基因突变，使哺乳动物细胞进行非预期的 DNA 合成。现已证实，高浓度的苯并 [a] 芘是若干类型恶性肿瘤的主要成因。虽然大部分的多环芳香烃最终经大小便排出，但部分残留在体内的多环芳香烃，会逐渐积累并引起疾病。多环芳香烃代谢后倾向生成立体最稳定的异构体，具有最高的诱发突变性和激发肿瘤生长的活性。这些致癌的最稳定异构体与体内的 DNA 分子容易形成 DNA 加合物。在长期吸烟者体内的乳房动脉内皮层中可找到多环芳香烃 DNA 加合物。多环芳香烃还可与其他化学品，如空气中的二氧化氮、臭氧、硝酸和二氧化硫等起光化学反应，生成硝基多环芳香烃和羟基多环芳香烃。某些硝基多环芳香烃具有高度的诱发突变性，不必经代谢作用已具生物活性。

2. 多氯联苯

多氯联苯（PCB）是一种无色或浅黄色的油状物质，半挥发或不挥发，难溶于水，但是易溶于脂肪和其他有机化合物中，具有较强的腐蚀性。多氯联苯结构稳定，自然条件下不易降解。研究表明，多氯联苯的半衰期在水中大于 2 个月，在土壤和沉积物中大于 6 个月，在人体和动物体内则为 1～10 年。因此，即使是 10 年前使用过的多氯联苯，在许多地方依然能够发现残留物。其生物毒性体现在以下几个方面：

致癌性——国际癌症研究中心已将多氯联苯列为人体致癌物质，致癌性影响代表了多氯联苯存在于人体内达到一定浓度后的主要毒性影响。

生殖毒性——多氯联苯能使人类精子数量减少、精子畸形的人数增加；人类女性的不孕现象明显上升；有的动物生育能力减弱。

神经毒性——多氯联苯能对人体造成脑损伤、抑制脑细胞合成、发育迟缓、降低智力。干扰内分泌系统——例如，使得儿童的行为怪异，使水生动物雌性化。早期的多氯联苯被用在电容器、变压器、可塑剂、润滑油、农药效力延长剂、木材防腐剂、油墨和防火材料等。此外，它还是热交换器的热媒体，我国台湾在 1979 年发生的多氯联苯中毒事件，就是因为生产米糠油时，热交换器管线破裂，多氯联苯漏出污染了米糠油，之后毒害了 2000 多人，发病症状有长疮、皮肤过敏、指甲变黑、呼吸和免疫系统受损、痛风和贫血等。

（三）农药

农药的急性中毒主要是职业性中毒以及误服所引起。农药的慢性接触主要来自饮水以及食品中农药残留。农药的长期临床效应与农药的种类有关，例如，烷基汞可引起运动、感觉与中枢神经系统损害；铵盐可引起多种神经病与中枢神经系统损害；含砷农药引起皮炎；开蓬引起脑以及末梢神经和肌肉的综合征；有机磷杀虫剂引起神经毒性；六氯苯引起卟啉症。

有机氯农药可以通过胃肠道、呼吸道和皮肤进入机体，经消化道吸收后主要分布于脂肪组织中。在体内代谢后经过尿、粪、乳汁等排出体外。此外，还会经过胎盘传递给婴儿。有机氯农药急性毒性作用主要表现为对中枢神经系统的作用，慢性毒性作用主要表现为对肝、肾的损害。此外，还会影响神经系统；影响酶活性诱导（细胞色素 P450 酶等）；影响类固醇激素的代谢；影响生殖机能。

有机磷农药在体内发生氧化及水解等代谢过程。人体对有机磷农药比较敏感，并且易从皮肤吸收。有机磷杀虫剂对人畜的急性毒性主要是对乙酰胆碱酯酶的抑制；在少量有机磷农药长期影响下，同样干扰体内胆碱酯酶的活力。

氨基甲酸酯类农药可以经过消化道、呼吸道和皮肤吸收。在体内可经过水解、氧化和结合转化，在哺乳动物体内其代谢产物趋向于排泄，降解速率较快。除个别之外，一般在代谢过程中，很少形成毒性增强的产物。氨基甲酸酯类农药是一种胆碱酯酶抑制剂，它不需要经过体内代谢活化，即可直接抑制胆碱酯酶。在慢性毒性上，目前已逐渐关注其致癌变、致畸变、致突变作用。此外，还会引起中枢神经系统的病理改变、生殖能力下降等。

（四）环境激素

环境激素种类繁多，广泛存在于杀虫剂、农药、电绝缘体、界面活性剂、塑胶原料、除污剂等之中。此外，许多塑胶用品，如塑胶袋、保丽龙等，若焚烧处理的温度不够高，产生的戴奥辛亦属于环境激素。目前，已列入"环境激素"的化学物质有 72 种，包括二噁英、苯乙烯、多氯联苯、三苯锡涂料、DDT 等，不少锄草剂和用于塑料、树脂原料及洗涤剂的化学物质也在此列。

其主要危害表现为：一是由于食物、饮水中大量存在环境激素物质，正在造成男性的精子减少，雄性退化，乃至男性不育症的高发；二是导致怀孕胎儿的致畸；三是干扰和降低人体免疫机能，导致神经系统功能障碍、智力低下，严重的还会引发某些癌症。

消费习惯对环境激素的摄入量影响颇大。例如，我国台湾的一项研究结果显示，台湾地区怀孕妇女尿液中的环境激素——邻苯二甲酸酯，比美国孕妇的高出近20倍；而孕妇体内的环境激素干扰，可能导致早产及产下多动症、自闭症的儿童。该研究分析指出，此现象主要原因与台湾人爱用塑胶制品，且民众饮食习惯偏好热食、外食族众多，经常使用塑胶制品盛装热食，食用微波热食比率偏高，且免洗餐具使用泛滥有关。邻苯二甲酸酯类多使用在塑胶制品添加的塑化剂，在温度高的情况下，特别容易释出。我国台湾的另一项研究结果发现，只要在60℃塑胶袋即会溶出邻苯二甲酸酯；当温度升高到80℃时，溶出量可暴增为原来的14倍。而一般的热汤等小吃，加上了油脂烹煮，温度很容易达100℃以上，消费者吃下去的环境激素可能更多。除了塑胶袋、塑胶碗之外，免洗纸碗、纸杯为了防透水，多半内侧都有塑胶淋膜，其成分复杂，盛装热食的可靠性亦值得怀疑。

（五）微量元素

在漫长的地球演变过程中，生物作为一个整体除了摄入满足需要的基本营养外，还必须从周围的环境中摄取微量养分。对于人而言，机体的功能、机体的修复以及机体的整体性除了依赖于常量元素之外，还依赖于各种必需微量元素。必需微量元素虽然在人体内含量极少，但它积极参与了生命活动过程以及其他蛋白质、维生素等的合成和代谢等，因而显示其突出的重要性。

微量元素在人体内的正常含量均小于人体重的0.01%。对于必需微量元素，如果环境摄入量超出人体适应的变动范围，体内不同元素之间的固有比例被破坏，就会对人体健康产生危害，引起疾病。如锰是抗体形成的先决条件，但锰过多反而抑制抗体的形成；铁和硒过多也对免疫功能有影响。对于非必需的甚至有毒的元素，由于它们在生命起源和生命演化早期阶段，未被选择利用，生物体对它们的适应性更差。当它们由污染环境进入人体后，对人体危害更大。

有致癌作用的元素有镍、铬、铁、砷，如过量的铁可使铁在细胞内的隔室封闭大量破坏，诱发肿瘤；可疑的有铍、镉、钴、钛、锌等；有促癌作用的是铜、铬等。但对于它们的作用机制及条件目前尚未清楚。硒、锌、钼和铜又有抑制癌症的作用。在我国启东肝癌高发区用硒防癌已获得实际效果。含硒的谷胱甘肽过氧化物酶具有破坏体内过氧化物从而保护细胞膜免受损伤的作用；锌则是参与超氧化物歧化酶的组分，阻滞细胞膜过氧化而防癌。

硒（Se）与人体健康的关系越来越受到关注。硒在体内的重要生理功能在于它的抗氧化作用，它可以加速清除人体细胞内所含有的杂质并延缓衰老。硒能与人体内许多酶相结合，对这些酶可起抑制或激活作用，如GSHPX。在能量代谢中，硒参与辅酶Q、辅酶A的合成，可促进氧化磷酸化及电子传递过程。硒与维生素E在生化方面有着复杂的补偿作用。

硒与人类疾病的关系有明显的双向性。硒摄入不足能引起很多疾病，当人们长期生活在缺硒环境中，每天摄入硒不足 5 μg 时，就能引起心肌损害、贫血和癌症等。流行病学调查表明，大骨节病、克山病等的发生、发展与硒的摄入不足有关。缺硒地区或血硒水平低的人群，癌症发病率高。硒能缓解有毒金属银、铅、镉和汞等的毒性作用。

硒摄入过量会发生硒中毒，对人的生长发育、智力和心血管系统有严重的影响。高硒区营养不良、智力低下、贫血率很高。高硒人群还时常出现头昏、眼花、头疼、心慌等不适症状，并伴有心电图、脑电图异常改变等。湖北省恩施地区是我国第一个高硒区，当地土壤、水和食物硒含量均高于其他地区，当地不少人有脱发、指甲脱落及麻痹、偏瘫等症状。采食高硒植物可导致家畜急性中毒，所谓动物的"蹒跚病"和"碱病"均与硒中毒有关。急性中毒剂量的硒对机体某些血液成分有影响，如血红蛋白、血细胞比容、谷丙转氨酶升高，非蛋白氮和谷胱甘肽、血糖降低等。

中国预防医学科学院营养与食品卫生研究所指定每日每人硒的适宜摄入量为 50 ~ 250 μg。成人膳食硒的每日最大安全量为 400 μg。提高人体的硒含量主要通过食用含硒丰富的食物进行补充，一般黑色食品较其他食品含硒量多，肉类、鱼类、大蒜、洋葱、蘑菇和各种干果都是含硒多的食物。对于硒中毒的病人，只要中断食用高硒食物，脱离高硒环境，同时加强营养，一般都能够自愈。多吃高蛋白的食物可降低硒的毒性，口服大量微生素 C 和维生素 E 可以加速硒的排泄，此外，利用蛋氨酸等可预防、减轻或降低硒的毒性能力。

（六）环境物理因素

1. 电离辐射

电离辐射能使生物分子发生各种反应，如 DNA 分子的降解、核酸的破坏等。电离辐射还可对细胞膜产生各种直接或间接的辐射效应。如氧化 SH，氧化不饱和脂肪酸等的不饱和键、使羰基断裂；使水分子产生自由基，这些自由基与膜组分发生多种反应。电离辐射可诱发基因突变以及染色体畸变。电离辐射可引起细胞各组分的改变。例如，导致细胞核溶解、肿胀、固缩、破碎等；诱发染色体畸变；引起细胞器改变，主要是引起线粒体和溶酶体的改变；导致形成多倍体和巨柱细胞。电离辐射的细胞损伤效应与细胞生长、增殖和更新的速度以及细胞所处的周期有关。一般分裂速度大、细胞周期短、不断增殖的细胞受损伤的程度比较严重；分裂期的细胞比较敏感。

对人和动物而言，剂量很小时，出现血象的轻微变化；剂量增加时，机体效应增强，出现放射性病；高剂量，引起死亡。但电离辐射对植物和动物具有一定刺激效应，低剂量电离辐射对植物的刺激主要是打破休眠，促进发芽；刺激有利于动物的生长发育、生殖、增进健康、延长寿命，对于其生理机能的很多方面有改善。

2. 紫外辐射的生物效应

紫外辐射对机体影响的剂量存在阈值，在阈值之下不发生任何效应。其对躯体的损伤效应主要表现为：使皮肤出现红斑或者皮肤色素沉积；引起光感性角膜炎与光感结膜炎；引起白内障 [晶状体或晶状体中透明部分完全丧失，一般认为由 UVA（320～400nm）和 UVB（280～320nm）]；长期接触紫外辐射，会使被照射组织发生肿瘤，如表皮肿瘤等。

3. 环境电磁辐射的生物效应

电磁波辐射到生物体中，使其温度升高，由此引起的生理和病理变化的作用称为热效应。其主要表现为：体温升高，呼吸、心率加快。微波功率过大，组织产热大于组织散热能力，体温调节失去平衡，以至于死亡。电磁场通过使生物体温升高的热作用以外的方式改变生理生化过程的效应叫作非热效应。其诱发的症状表现为：中枢神经系统症状、心率过缓或血压不稳等。

环境电磁辐射对人体健康有多方面的影响。例如，导致晶体水肿，晶体混浊以致形成白内障；引起神经系统的功能性改变；导致心率过缓、心律不齐；通过神经系统使内分泌发生改变。

电磁辐射还具有致畸、致突变作用。动物实验表明微波可导致精子畸形、染色体畸变、微核增加；导致大鼠的胎鼠具有致畸作用，使胚胎吸收率、弯尾、短尾发生率增大；导致蚕豆根尖微核率增加；长期在较低场强下工作人员可以发生染色体畸变。

4. 环境噪声的生物效应

对听觉的影响：导致听力下降、耳聋；高强度急性暴露引起鼓膜破裂出血，甚至双耳完全失聪。

其他生理效应：作用于中枢神经系统，使大脑皮层兴奋和抑制失调，导致神经衰弱；导致胃肠功能阻滞、消化不良；增加冠心病和动脉硬化的发病率；影响内分泌机能，使女性性机能紊乱，孕妇流产率增高。

心理效应（主要是对行为的影响）：干扰睡眠；使人注意力不集中；产生耳鸣多梦、记忆力衰退等症状。

第二节　典型环境疾病

一、地方病

（一）概述

1. 概念

发生在某一特定地区，与一定的自然环境有密切关系的疾病称地方病。地方病多发生在经济不发达，与外地物资交流少以及保健条件不良的地区。地方病在一定地区内流行年代比较久远，而且有一定数量的患者表现出共同的病症。

2. 分类

地方病按病因可分为自然疫源性和化学元素性两类：自然疫源性（生物源性）地方病的病因为微生物和寄生虫，是一类传染性的地方病，如鼠疫、布鲁菌病、乙型脑炎、血吸虫病、疟疾等。化学元素性地方病又称为地球化学性地方病，是由于地壳表面各种化学元素分布不均匀，造成地球上某一地区的水和土壤中某种化学元素过多或不足或比例失常，再通过食物和饮水作用于人体而引起的疾病。常见的有元素缺乏性地方病（如碘缺乏病）和元素中毒性地方病，如地方性甲状腺肿、地方性克汀病、地方性氟中毒、地方性砷中毒、地方性硒中毒、地方性钼中毒等。

在我国各地都有不同的地方病发生，严重危害人民的身心健康。20世纪70年代以来列为我国国家重点防治的地方病有地方性甲状腺肿、地方性氟中毒、地方性克汀病、鼠疫、布鲁菌病、克山病和大骨节病7种。

3. 地方病病（疫）区的基本特征

发生生物源性地方病的地区称为地方病疫区，发生化学元素性地方病的地区称为地方病病区，两者的基本特征相同：地方病病（疫）区内，该地方病发病率和患病率都显著高于非地方病病（疫）区，或在非地方病病（疫）区内无该病发生；地方病病（疫）区的自然环境中存在着引起该种地方病的自然因素，如地方病的发病与病区环境中某些元素的过剩、缺乏或失调密切相关，或在该区存在着某种病原微生物、寄生虫及其昆虫媒介和动物宿主的生长繁殖条件；健康人进入地方病病（疫）区，同样有患该病的可能，属于危险人群；从地方病病（疫）区迁出的健康者（潜伏者除外）不会再患该种地方病，迁出的患者其症状也不再加重，并可能逐渐减轻甚至痊愈；地方病病（疫）区内的某些易感动物也可罹患某种地方病；除去某种地方病病（疫）区自然环境中的致病因子，地方病病（疫）区可转变为健康化地区。

（二）地方性甲状腺肿、地方性克汀病

地方性甲状腺肿是世界上流行广泛的一种地方病，俗称"大粗脖""瘦袋"，以甲状腺肿大为主要病症。克汀病又称呆小病，是甲状腺肿最严重的并发症，胎儿和婴儿在发育期缺碘，导致甲状腺素缺乏，引起大脑、神经、骨骼和肌肉发育迟缓或停滞，主要病症是呆小、聋哑和瘫痪。

碘是人体合成甲状腺素的主要成分。当人体缺碘时，甲状腺得不到足够的碘，甲状腺素及甲状腺球蛋白的合成将会受到影响，使甲状腺组织产生代偿性增生，腺体出现结节状隆凸，形成甲状腺肿大症。

值得注意的是，人体摄入碘过多也会患甲状腺肿（高碘甲状腺肿）或甲状腺功能亢进，这主要是由于患病者长期服用或注射含碘药物、或长期食用高碘食物造成的。故不要认为高碘食品多吃则好，更要防止盲目滥用含碘药物，以免造成碘中毒。

正常情况下，人每公斤体重需碘 $1\mu g$。按我国碘盐的标准，成人每天摄入标准碘盐 $6\sim 8g$ 即可获得 $120\sim 150\mu g$ 碘，完全可满足大多数成年人的生理需要量。对一些特定对象更是要按标准摄入足量的碘，日摄入量一般孕妇或乳母为 $200\sim 250\mu g$，婴幼儿为 $20\sim 30\mu g$，儿童为 $50\sim 80\mu g$，青少年为 $160\sim 200\mu g$。人体缺碘会引起缺碘性甲状腺肿，人体摄入过量的碘会引起高碘性甲状腺肿。缺碘性甲状腺肿多见于山区、丘陵地带，主要是自然环境缺碘引起。岩石、土壤中含碘少，使粮食、蔬菜、饲料中含碘少，人体从动植物中摄入的碘就少，从而形成缺碘性甲状脓肿。高碘性甲状腺肿多见于海滨地区，如渔民食用含碘丰富的海藻，饮用高碘水，食用高碘食物均会引起高碘性甲状腺肿。缺碘性和高碘性甲状腺肿外观上并无区别，主要靠化验尿碘确定。缺碘性甲状腺肿的防治方法是补碘，如食用碘盐或高碘食物（海带、紫菜、海鱼），高碘性甲状腺肿可通过停用高碘食物或服用甲状腺素治疗。

（三）克山病

克山病是一种以心肌坏死为主要症状的地方病。因 1935 年最先发现在我国黑龙江省克山县，故命名为克山病。患者发病急，以损害心肌为特点，引起人体血液循环障碍，心律失常，心力衰竭，死亡率较高。

克山病的分布以我国为主（从兴安岭、太行山、六盘山到云贵高原的山地和丘陵一带，重病区多在海拔 $200\sim 2000m$，绝大部分分布在从东北到西南的缺硒地带），国外仅见

于朝鲜和日本。东北和西北发病多在冬季，西南发病多在夏季。发病人群多见农村中的青年妇女和儿童。目前病因尚未完全查明，初步认为克山病与缺硒关系较大，多发生在低硒地区，克山病区居民的头发和血液中硒含量均显著低于非病区，而其他元素（Ca、Mg、K、Na 等）过低和饮水、食物中离子总量低也可能有一定关系。可以通过以下几种方法进行预防。

1. 硒预防。服用硒片或食用硒盐、硒粮、高硒食品。

2. 膳食预防。经常食用大豆及其制品；平衡膳食，纠正偏食。

3. 综合性预防。保护水源、改良水质——修井台、井盖，设公共水桶，消除水井周围的污染源，定期掏井；改善居住条件——防寒、防烟、防潮；改善环境卫生——开展卫生运动，搞好室内外卫生；改善营养——合理搭配主副食，纠正偏食，改变膳食单一状况；消除发病诱因——防寒、防暑，预防控制感染，防止过度疲劳、防止精神刺激、防止暴饮暴食；治理生态环境——制订长远治理病区环境规划，加强水土保持，改善生态结构，不断提高生态环境中硒及人体所需的化学元素水平。

（四）大骨节病

大骨节病是一种以软骨坏死为主要改变的地方性变形性骨关节病。本病常常多发性、对称性侵犯软骨内成骨型骨骼，导致软骨内成骨障碍、管状骨变短和继发的变形性关节病。主要发生于儿童和少年，临床表现为关节疼痛、增粗变形，肌肉萎缩，运动障碍。本病在我国分布于由东北斜向西南的宽带状地域内，包括黑龙江、吉林、辽宁、内蒙古、山西、河北、北京、河南、山东、陕西、甘肃、青海、四川、西藏共 14 个省、市、区的 302 个县，主要发生在农村。大骨节病病因尚未阐明。我国科学家发现大骨节病与环境低硒有密切关系：

1. 我国本病病区分布与低硒土壤地带大体上一致，大部分病区土壤硒含量在 0.15mg/kg 以下，粮食硒含量多低于 0.020mg/kg。

2. 病区人群血、尿、头发硒含量低于非病区人群，病人体内可查出与低硒相联系的一系列代谢变化。

3. 病区人群头发硒水平上升时，病情下降。

4. 于认为低硒只是本病发病的一种条件因素。此外，与病区谷物被镰刀菌污染、饮水被腐殖质污染也有一定关系。

对于早期病人，可针对可能的病因与发病机制采用相应药物，阻断病情发展，促进病变修复。

（五）地方性氟中毒

地方性氟中毒是与地理环境中氟的丰度有密切关系的一种世界性地方病，它的基本病症是氟斑牙和氟骨症。

氟是人体所必需的微量元素之一，地方性氟中毒是由于当地岩石、土壤中含氯量过高，造成饮水和食物中含氟量高而引起的。人体摄入过量的氟，在体内与钙结合形成氯化钙，沉积于骨骼和软组织中，使血钙降低，甲状旁腺功能增强，溶骨细胞活性增高，促进溶骨作用和骨的吸收作用。氟化钙的形成会影响牙齿的钙化，使牙齿钙化不全，牙釉质受损。此外由于氟离子与钙、镁离子的结合，会使钙、镁离子数量减少，使一些需要钙、镁离子的酶的活性受到抑制。

氟中毒的患病率与饮水中含氟量有密切关系。通常每人每日需氟量为 $1.0 \sim 3.5mg$，其中 65% 来自饮水，35% 来自食物。饮水中含氟量如果低于 $0.5mg/L$，龋齿患病率会增高；饮水中含氟量高于 $1.0mg/L$，氟斑牙患病率会随含氟量增加而上升；如饮水中含氟量达到 $4.0mg/L$ 以上，则出现氟骨病。氟骨病为患氟斑牙病者同时伴有骨关节痛，重度患者会出现关节畸形、造成残疾。地方性氟中毒的防治方法是降低水中含氟量，并使用钙制剂治疗，铝和硼对氟也有一定的解毒作用。

二、公害病

（一）概述

环境污染与破坏是社会公害的一个主要方面。公害病是由环境污染引起的地方性疾病。公害病不仅是一个医学概念，而且具有法律意义，须经严格鉴定和国家法律正式认可。公害病对人群的危害比职业病危害更为广泛，凡处于公害范围内的人群，不分年龄大小，都会受到影响，甚至胎儿也不例外。

日本是研究公害病最早的国家之一，也是发生公害病最严重的国家之一。世界上著名的八大公害事件，有四件就发生在日本。1974 年日本施行《公害健康被害补偿法》，确认与大气污染有关的四日市哮喘、与水污染有关的水俣病、痛痛病，以及与食品污染有关的慢性砷中毒等为公害病，并规定了这几种病的确诊条件和诊断标准及赔偿法，同时还设立专门的研究、医疗机构，对患者进行治疗和追踪观察，以探明发病机制，寻求根治措施。

（二）水俣病

水俣病是由于无机汞对当地水域的污染和转化导致甲基汞的形成和在鱼体的富集，最后引起食鱼居民甲基汞慢性中毒所导致。由于 1950 年发生在日本熊本县水俣湾，故称为水俣病。其污染原因是水俣湾附近的氮肥公司向水俣湾海域排放大量含无机汞的废水，这些无机汞沉积在底泥中，经过一些含有甲基钴胺素的微生物的酶促生物转化作用或非酶促化学反应生成甲基汞，后者再通过食物链富集到大鱼体内，使食鱼者发生水俣病。主要危害患者中枢神经系统。患者症状发展为：感觉障碍→失调→语言障碍→视野缩小→听力下降。

1965 年在日本新潟县的阿贺野河下游再次发现水俣病，称第二水俣病或阿贺野河水俣病。至 1982 年共发现水俣病人 684 人。其原因是昭和电工鹿濑工厂向阿贺野河上游排放甲基汞。

（三）痛痛病（骨痛病）

20 世纪 50 年代日本富市县神通川流域发生的痛痛病（又称骨痛病）是由镉污染引起的公害病。由神通川上游锌矿冶炼排出的含镉废水污染了神通川，河水灌溉使镉进入了稻田而被水稻吸收。居民长期食用含镉米（每日仅从大米便可摄入 $300 \sim 480 \mu g$ 镉），并直接饮用神通川的水，导致骨痛病流行。

骨痛病的主体是骨软化症的一系列病理变化。由于镉慢性中毒首先引起肾脏与肝脏受损害，然后引起骨骼软化，若此时又有妊娠、分娩、哺乳、内分泌失调、衰老、营养不良、钙不足等诱导或促进因素，便会出现骨痛病。患者主诉症状为疼痛。起初只是劳累时腰、手、脚关节疼痛，休息即消失，之后疼痛逐渐严重，步行困难，步态摇摆；骨质软化萎缩，可在极轻微活动时产生多发性病理性骨折，导致骨骼畸形，身躯显著缩短（重症可缩短 $20 \sim 30 cm$）；患者运动受限而长期卧床不起，疼痛难忍，睡眠不安，营养不良，最后消耗至死。

镉引起骨痛病的原因可能是由于镉对肾功能损害使肾中维生素 D3 的合成受到抑制，影响人体对钙的吸收和成骨作用。同时，镉使骨胶原肽链上的羟脯氨酸不能氧化产生醛基，妨碍骨胶原的固化与成熟。

第三节　生活与健康

一、食品污染

（一）生物性食品污染

生物性食品污染包括：1.微生物污染——主要指细菌及其毒素、真菌及其毒素等。细菌包括致病菌与只能引起食品腐败变质的非致病菌。2.寄生虫和虫卵的污染——通过肉类、水产食品和蔬菜传播寄生虫及虫卵造成。3.昆虫污染——主要为粮仓害虫，会造成疾病的传播，并能降低食品的营养价值。

黄曲霉毒素是典型的微生物毒素污染之一。黄曲霉毒素是由黄曲霉和寄生曲霉产生的一类代谢产物，具有极强的毒性和致癌性，主要污染粮油及其制品。黄曲霉毒素对健康的损害中暴发性黄曲霉毒素中毒性肝炎最为严重，症状是发烧，呕吐，厌食，黄疸，之后出现腹水、下肢浮肿，死亡；慢性毒性主要表现为生长障碍，肝脏出现亚急性或慢性损伤；黄曲霉毒素与人类肝癌发生有密切联系。

防霉去毒措施：防霉，霉菌的生长繁殖需要一定的气温、气湿、粮食、含水量及氧气，如能有效地控制其中之一，即可达到防霉目的。去毒，挑除霉粒，碾轧加工、加碱去毒及加水搓洗；破坏食品中的黄曲霉毒素需加热至280℃；加强食品卫生监测，限制各种食品中黄曲霉毒素的含量。

（二）化学性污染

1. 生产、生活和环境中的污染物及其残留。如农药、有害金属及非金属、多环芳烃和亚硝基化合物。氨基甲酸酯类农药可形成亚硝基化合物而呈现诱变性和致癌性。长期摄入有机砷农药可致慢性砷中毒。用作除草剂及植物生长剂刺激剂的苯氧羧酸类农药有明显的致畸和致突变作用，并引起人类的流产和死胎。食品中的亚硝基化合物可诱发多种动物的不同组织器官发生肿瘤，以肝癌、食道癌、胃癌、肠癌较多见。铅是脑细胞的一大"杀手"。当血铅浓度达到 $5 \sim 15 \mu g/100ml$ 时就会引起儿童发育迟缓和智力减退，年龄越小，神经系统受损程度越大。因此，应注意减少含铅食品的摄入。含铅高的食品有爆米花、皮蛋、罐装食品、软饮料等。铝对脑细胞有很强的亲和力，食入过多含铝食品会造成智力减低。油条、粉丝、凉粉等都会增加铝的摄入。PAHs（多环芳烃化合物）具有遗传毒性及致癌性，食源性污染主要的暴露途径是消费受多环芳烃污染的食物、工业性加工食品及某些家庭烹饪食物（如烧烤）。

2. 食品盛器。如含铅、含铝餐具、器皿的使用会导致铅、铝的摄入。塑料器皿不合理使用导致内分泌干扰物以及其他有机有害物的摄入等。

3. 食品添加剂。食品添加剂的问题，是出在"人工合成的化学品"上，如着色剂、防腐剂等。正是由于人工化学合成食品添加剂在食品中的大量应用，甚至是滥用，20世纪初，人们发现不少食品添加剂对人体有害，还发现有的甚至可以使动物致畸、致癌。

二、吸烟的污染

吸烟是居室的主要污染源之一。吸烟不仅对吸烟者本人有害，而且危及周围的其他人。有关专家进行大量的科学研究，获得了一些有说服力的资料，认为吸烟不仅是部分人的嗜好而且是社会一大公害。

烟草中含有一种特殊的生物碱——尼古丁，对人的神经细胞和中枢神经系统有兴奋和抑制作用，人在吸入一定量的尼古丁后就会产生"烟瘾"。烟草中尼古丁的含量在88%～5%，毒性很大，是吸烟致病的主要物质之一。吸烟者皮肤组织中的角质形成细胞、成纤维细胞和血管中都有尼古丁受体的表达。尼古丁可以促进皮肤血管收缩，造成局部皮肤缺血，破坏角质形成细胞内环境的稳定，引起皮肤老化，延缓皮肤创伤愈合，引发一些皮肤疾病。烟草在燃烧过程中产生大量烟雾，烟雾中含有多环芳烃类，如苯并 [a] 芘等焦油物质，一支纸烟能收集 10～40mg 的焦油，烟气中除焦油外还有各种气体，如一氧化碳、二氧化碳、氮氧化物、氰氢酸、氨、烯、烷、醇和醚等气体。

烟草自 1492 年被哥伦布的两个船员带回西班牙后，至今 500 多年，抽烟人数越来越多，烟民的年龄逐渐年轻化，青少年和妇女吸烟者增多，这一现象已引起世界各国和社会各方面的关注。我国卷烟消费量现在已占世界总消费量的 1/3。世界卫生组织为了引起各国对吸烟问题的重视，将每年 5 月 31 日定为"世界无烟日"。

许多疾病的死亡率被认为与吸烟有关。专家们认为，肺癌死亡率的 90%、慢性支气管炎死亡率的 75%、心血管病死亡率的 25% 均与吸烟有关。吸烟可加快衰老的进程，从 30 岁开始，每天吸两包烟，那么寿命将减少 8～9 年。多年来科学家一直在寻找诱发肺癌的原因，现发现吸烟是最重要的因素。日本学者指出，吸烟、大气污染和职业因素诱发肺癌的比例关系大致是 7：2：1，即吸烟比职业接触致癌物质的危险性要高 6 倍。大量事实证明，吸烟与肺癌死亡率之间有明显的因果关系。即使香烟加了过滤嘴，也很难把有毒物质过滤掉。无论什么样的过滤嘴，其滤除效率仅在 20% 左右，因而不能消除吸烟带来的危害。

不吸烟的人在吸烟污染的室内，同样会受到烟气的危害，这是通常所说的被动吸烟。吸烟者吸入体内的主烟流仅占整个烟气的 10%，90% 的侧烟流弥漫在室内。人们还发现，有害物质在主烟流和侧烟流中并不是平均分布的，侧烟流中许多物质含量高于主烟流，特别是危害较大的焦油、尼古丁和一氧化碳等在侧烟流中的平均含量均高于主烟流。由此看来，吸烟对周围的人危害甚大。凡吸烟者可能引起的疾病在被动吸烟者身上都可能发生。吸烟不仅损害自己的健康，还会使家庭中其他成员被动吸烟，遭受吸烟的种种危害。为了保持健康，还是不要吸烟。特别是在公共场所，应该严禁吸烟。

三、居室内的污染

居室内的污染主要有三大类。第一大类为化学污染，主要来自装修、家具、玩具、煤气热水器、杀虫喷雾剂、化妆品、抽烟和厨房的油烟等；第二大类为物理污染，主要来自室外及室内的电器设备产生的噪声、光和建筑装饰材料产生的放射性污染等；第三大类为生物污染，主要来自寄生于室内装饰装修材料、生活用品和空调中产生的螨虫及其他细菌等。

（一）居室内化学因素及影响

1.生活燃料污染

生活燃料污染的主要污染物包括 SO_2、CO、CO_2、NOx、悬浮颗粒物、多环芳烃、氟；油烟（亚硝胺、苯并[a]芘）。NOx 可进入呼吸道深部，形成亚硝酸、硝酸，刺激、腐蚀肺组织，造成肺水肿。NO 可诱发高铁血红蛋白症，使组织缺氧，NO_2 还会导致支气管哮喘。醛类化合物和 PAN 会对眼、上呼吸道黏膜产生刺激作用。CO 可与血红蛋白结合，降低其携氧能力，导致组织缺氧。SO_2 吸附于颗粒物可作为变态反应原，引起支气管哮喘。悬浮颗粒物本身含有毒物（铅、汞、镉等），同时吸附有害气体、Fe 和 Mn 等金属氧化物、苯并[a]芘和石棉等致癌物以及病原微生物。

2.家具、装修

家具、装修的主要污染物是甲醛等挥发性有机物。甲醛易与细胞内亲核物质反应形成加合物，并引起 DNA 蛋白质交联。造成 DNA 复制过程中某些重要基因丢失，导致 DNA 损伤。长期接触甲醛者的鼻腔中或鼻咽部发生肿瘤增多。国际癌症研究组织（IARC）1995 年将甲醛列为对人体（鼻咽部）可能的致癌物。甲醛进入人体后可引起肺水肿，肝、肾充血及血管周围水肿。并有弱麻醉作用。长期皮肤接触可引起接触性皮炎。口服中毒者表现为胃肠道黏膜损伤、出血、穿孔，还可出现脑水肿、代谢性酸中毒等。

（二）居室内物理因素及影响

1.室内小气候

人与环境之间通过吸热和散热保持热平衡。环境小气候的各要素，如温度、湿度、风速和日照等对人体的热平衡都有影响。随着人们生活水平的提高，空调、暖气等普遍进入家庭。一年四季都有适宜的温度，给人一个舒适、温暖的家。一般说来，室内外温度不宜相差太大，否则人们进出容易感冒。夏季室温一般以 24～26℃较适宜，冬季北方地区室温以 21～22℃为宜，南方地区以 17～18℃为宜。在同一居室内，房间各处的温度相差不宜过大，昼夜之间温度也以不超过 4～6℃为宜。

空气的湿度对人体的热平面和温热感有重大作用。在高温条件下，随着湿度的增加，人的体温和脉搏也相应增高。低温条件下，湿度越高，使人散热加快，感觉更冷，由此会引起毛细血管收缩、代谢降低、组织营养失调和冻伤等现象。北方冬季采暖季节室内空气比较干燥、易引起皮肤以及口、鼻和气管黏膜开裂出血，使用加湿器可以调节室内湿度。

夏季人们常在居室使用电风扇，风速对室内气温的调节有一定作用。适宜的风速还可以减少室内空气的污染。但切不可贪凉爽在电风扇下睡觉，以免引起中风。

室内自然采光完全取决于房间窗户的大小和方向，充足的日照对人的机能状态，尤其是视觉有着重要的生理学意义。室内光线过暗，会降低人的明视持久力，容易引起近视。室内日照增加，不仅改善采光条件，影响室内温度，还在生物学效应上有重要意义。太阳光中有波长较短的紫外线，能够透过普通玻璃进入室内起到灭菌作用，灭菌率与进入室内的紫外线强度有关，且随日照时间的增加而增加。紫外线照射还可以增强机体的免疫作用，对预防和治疗佝偻病有独特作用。

2. 噪声

居室是人们休息的场所，周围的噪声会妨碍休息，长期作用会出现神经衰弱、头痛和失眠等。尤其是居住在楼房里，更要注意邻居之间的关系，不要将本室的声音传到别的室内，影响别人休息和学习。为了减少居室所受的噪声干扰，可以采用双层和隔声性能好的建筑材料，门缝隙尽可能严密。至于外界噪声的控制是一个相当复杂的社会问题，需要有关部门积极合作，配合环保部门解决外界的噪声。

3. 辐射

电磁辐射：随着现代技术的发展，大功率高频电磁场和微波在广播、通信以及家用电器中，得到越来越广泛的应用，为人们的生活带来了方便的同时，也给生活环境造成了电磁辐射污染。电磁波具有一定的生物效应，长期接触使机体组织温度上升，继而引起蛋白变性、酶活性改变、心率改变、工作效率降低和记忆力减退等症状。脱离电磁波的作用后几小时，症状就会消失。但是长期受低强度的电磁辐射，中枢神经系统会受到影响，产生许多不良生理反应，如头晕、嗜睡、无力和记忆力减退等。还可能对心血管系统造成有害影响。

放射性辐射：居室内受到的放射性辐射主要来自氡（222，Rn）。氡是一种天然放射性气体，无色、无臭、无味，它是铀衰变的产物。氡很不稳定，很快又衰变为人体能够吸入的同位素，使人的肺部受到辐射的危害。氡在呼吸系统中滞留和沉积，破坏肺组织，从而诱发肺癌。导致肺癌的潜伏期很长，有的可长达20年。氡在居室的积累主要来源于建筑材料。据统计，一般的砖瓦、水泥和石灰等建筑材料，可使室内氡浓度高达室外的 2～20 倍。居室内所受到的放射性辐射还来自电视机屏幕。电视机屏幕可发出 X 射线，彩色电视比黑白电视发出的 X 射线多20倍。长期接触小剂量的 X 射线，可使细胞核内的染色体受到损伤，可能引起流产、早产，可能导致胎儿中枢神经系统、眼和骨等畸形。因此，妇女在怀孕期间最好不看或少看电视，以避免辐射所造成的危害。

4. 负离子

空气中氧气、氮气受紫外线、宇宙线作用，电子被激发出来成为自由电子，失去电子的原子原来的电中性受破坏，呈现正电性，变成正离子。跃出的电子被另外的中性分子俘获后呈负电性，变成负离子。带有电荷的气体离子具有一定的吸附作用，吸附中性分子或颗粒物等形成直径较大的轻、重正离子或负离子。轻离子在清洁空气中可以停留 4～5min，在污浊的空气中仅能停留1min；重离子在清洁空气中可停留 15～20min，在污浊空气中可存在 1h。在污浊的空气里，悬浮颗粒物污染明显，凝结核数量多，负离子的浓度会相应降低。在阴雨天，空气湿度大，水汽、雾气凝结核增多，负离子的浓度也随之降低。

空气中正、负离子对人体健康的影响存在极大的差异。一般来说，负离子对人体健康有利，能够起到镇静、催眠、镇痛、止痒、止汗、镇咳、利尿、增进食欲、降低血压等作用。而正离子恰恰相反，会引起失眠、头痛、心烦、寒热、血压升高等不良反应。在雷雨过后天空放晴时，人们感到空气格外清新，心情舒畅，这是由于雷电作用使空气中负离子的数量骤然增加。相反在狂风飞沙的时候，人们感到格外烦闷，是因为空气中正离子的数量增加。在人多拥挤的公共场合，因为呼吸、抽烟和各种活动，使得空气中负离子数下降、正离子数大大增多，人们会感到疲乏、头痛和恶心等。此外，负离子还有改善肺换气机能的作用。吸入负离子后，肺吸氧功能可增加20%，二氧化碳的排出量可增加14.5%。负离子还可以调节造血系统，促进机体的新陈代谢，加速机体的氧化、还原过程，增强免疫力。

四、生活用品的污染

（一）化妆品

化妆品是由遮盖、吸收、黏附、怡爽、抑汗和散香等各种不同作用的原料，经过配方加工复制而成的。化妆品已经从奢侈品发展为生活必需品。我国目前日用化妆品已发展到20多类、900多个品种。国内广泛使用的粉类、霜类、膏类和染发剂等化妆品中，所用的色素、防腐剂、增白剂、染料和香料等都不同程度地含有各种有害物质，例如，祛斑霜和增白剂中含氯化铵汞，抽样测定汞含量为 0.047～7800mg/kg，均值为 2652mg/kg，卫生标准规定汞含量不得超过 1mg/kg，此外在雪花膏中砷含量为 0～131mg/kg，超标率79%。据测定，百货商店的化妆品柜台空气中甲醛含量远远高于其他柜台。化妆品中由于加工制作或原料不洁常发现有细菌，这些细菌既使化妆品腐败变质，又妨碍使用者的健康。化妆品中的营养品，如蜂王浆、球蛋白、人参等又为细菌的生长繁殖提供了养料，据抽样测定，细菌检出率高达93.5%，可见某些化妆品是不够卫生的。尽管我国有化妆品卫生标准，对有害物质有所限制，但化妆品仍存在对人体不利的因素，因此必须慎用化妆品，以保障身体健康。

（二）铝和铝制品

早期人们认为铝不被人体吸收，没有毒性，被列为无害微量元素，后来随着铝制品的广泛使用，人体摄入过多的铝，特别是有机铝的吸收率比无机铝高数十倍。人体摄入的铝99.7%来自食品、饮水和饮料，例如，铝制食品罐头、铝箔包装的食品、铝制炊具和食品添加剂等。铝对人体组织中三磷酸腺苷活性有抑制作用，对胆碱转移的蛋白酶类，特别是乙酰胆碱酶抑制作用明显。长期过量摄入铝，可抑制胃液和胃酸分泌，使蛋白酶活性明显下降。还可导致继发性甲状旁腺机能亢进、干扰钙磷代谢等。在震颤麻痹性患者、老年性痴呆症患者的神经元中，铝的含量比健康人多2~3倍。铝在体内积蓄量超过正常值5倍以上时，胃蛋白酶活性受破坏，从而引起人体消化功能紊乱，因此，认为铝对人体是有害的，是人体非必需元素。

（三）其他日用品

家庭常用的生活用品，如洗衣粉、洗发剂和餐具洗涤剂等，主要是各类表面活性剂的污染，表面活性剂有较强的去污能力，如果漂洗不干净，进入人体会抑制人体内的多种酶，降低对疾病的抵抗能力，残留在衣服上可引起皮肤过敏；不小心进入眼睛会造成不同程度的损害。

化纤织物中残留的增塑剂、树脂整理剂等，在高温高湿条件下会释放出游离的甲醛，商店里针织品柜台的甲醛含量也比较高。人们常用的漆筷、塑料筷在使用过程中也可能造成污染。漆筷上的漆容易剥落误吞入肚里。有的塑料筷以脲醛树脂为原料制作，往往释放出甲醛对使用者造成危害。此外，各种塑料制品、涂料和杀虫剂等均可能对人体造成不同程度的危害。

第三章　重大环境问题

第一节 当前人类面临的全球重大环境问题

近代工业革命使人与自然环境的关系发生了巨大变化。特别是从 20 世纪中叶开始，科学技术的发展和世界经济的迅速增长，使人类"征服"自然环境的足迹踏遍了全球，人类成为主宰全球生态系统的至关重要的一支力量。世界著名科学刊物《科学》（*Science*）1997 年刊出了《人类主宰地球生态系统》一文，文章中列出的一组数据表明，人类活动正在改变全球的生态系统。确实，在第二次世界大战后短短的几十年历程中，环境问题迅速从地区性问题发展为波及世界各国的全球性问题，从简单问题（可分类、可定量、易解决、低风险、近期可见性）发展到复杂问题（不可分类、不可量化、不易解决、高风险、长期性），出现了一系列国际社会关注的热点问题，如气候变化、臭氧层耗竭、酸沉降、水资源危机与海洋污染、土地退化与荒漠化、生物多样性锐减、有毒有害化学品污染、能源危机、粮食安全等。围绕这些问题，国际社会在经济、政治、技术和贸易等方面形成了负载的对抗或合作关系，并建立起了一个庞大的国际环境条约体系，正越来越大地影响着全球经济、政治和技术的未来走向。

一、全球气候变化

2009 年 12 月 7 日，联合国气候变化大会在哥本哈根揭幕，各方将致力于就《京都议定书》第一承诺期 2012 年到期后的全球温室气体减排作出安排。大会将针对下述几个问题加以澄清：发达国家的废气减排目标；发展中国家对减少废气排放的承诺；对发展中国家的财政与技术支持，以鼓励它们减少废气排放与适应气候变化的冲击；成立有治理能力的有效体制架构，以处理发展中国家对气候变化的财政需要。据大会组织方提供的数字，全球约 1.5 万人将出席此次会议，其中仅媒体记者就多达 5000 人，如此庞大的规模史上罕见。毫无疑问，从 7 日到 18 日，全球目光将聚集在这里。据统计，此次会议将有 190 多个国家和地区的代表参加，其中仅国家、地区和国际组织领导人就超过 100 人，包括中国总理温家宝和美国总统奥巴马。因此，会议期间的首脑级会晤尤其引人注目。

绝大多数科学家认为，全球气候变化是由于人类活动过度排放二氧化碳（CO_2）、氯氟烃（CFC）、甲烷（CH_4）、氮氧化物（NO_x）等温室气体，使大气过度吸收长波辐射，在近地层形成与玻璃温室相似的温室效应，对全球生态环境造成了深刻的影响，使全球气候变暖引起冰川崩塌消融、海平面上升、粮食减产、物种灭绝。

温室效应大气中的某些微量物质无阻挡地让太阳的短波辐射到达地球，并能够部分吸收地面发生的长波辐射从而产生使大气增温的作用，称为"温室效应"。主要温室气体有 CO_2、CFC、CH_4、NOx 等在人为因素干扰大气组成之前，温室效应和温室气体就已经存在。拥有一定数量的温室气体是有益的。没有它们，地球表层的平均温度只有 $-23℃$，那将不是一个适合人类居住的地方。温室气体可以帮助地球表面温度保持在一个宜人的水平——$15℃$。但是人类活动，尤其是大量化石燃料、森林砍伐和工业生产等，使大气层的组成发生了很大变化，温室气体在大气中的浓度快速增加，导致全球气候变暖，因此，现在普遍所说的"温室效应"实际上是"人为温室效应"。1995 年 8 月联合国政府间气候变化专业委员会（IPCC）提出的一份报告第一次明确指出，地球变暖主要是人为原因造成的。

喜马拉雅冰川正在因全球变暖而急剧"消瘦"。2016 年 4 月，绿色和平考察队在喜马拉雅拍摄了冰川消融的严峻状况，情况十分危急。冰川是地球上最大的淡水水库。资料表明，全球冰川正在因全球变暖而以有记录以来的最大速度在世界越来越多的地区融化着，到 20 世纪 90 年代，全球冰川更呈现出加速融化的趋势，冰川融化和退缩的速度不断加快，意味着数以百万的人口将面临着洪水、干旱以及饮用水减少的威胁。2007 年，联合国政府间气候变化专门委员会第四次评估报告第二工作组亚洲区域研究最新进展通报会上的报告指出，预估如果气温升高 3℃，降水没有变化，长度不足 4km 的青藏高原冰川将消融。

在将近 40 年间，冰塔林大幅后退、稀疏变矮清晰可见，冰川消融是全球变暖的佐证，但不只是喜马拉雅的冰川在锐减，世界各地冰川的体积和面积都有明显的减少，甚至消失。非洲肯尼亚山冰川失去了 92%；而西班牙在 1980 年时有 27 条冰川，现在减少至 13 条；欧洲的阿尔卑斯山脉在过去一个世纪里已失去了一半的冰川；在加拿大努纳武特区埃尔斯米尔岛的北部海岸附近，3000 岁高龄的北极冰架"老大"沃德·亨特不复存在；占世界冰储量 91% 的南极冰盖，1998 年以来占总面积 1/7 的冰体已经消失。

正在加速消融的冰川的严峻态势，必将带来海平面上升。全世界大约有 1/3 的人口生活在沿海岸线 60km 的范围内，经济发达，城市密集。全球气候变暖导致的海洋水体膨胀和两极冰雪融化，可能在 2100 年使海平面上升 50cm，危及全球沿海地区，特别是那些人口稠密、经济发达的河口和沿海低地。这些地区可能会遭受淹没或海水入侵，海滩和海岸遭受侵蚀，土地恶化，海水倒灌和洪水加剧，港口受损，并影响沿海养殖业，破坏给排水系统。

1994 年，绿色和平组织指出，全球变暖正在引起严重的气候变化并造成世界的环境灾难。他们根据 500 多起全球气候极端变化的实例得出这样的结论。近年来，全球极端气候在世界各地频频上演，暴雪、飓风、洪水、干旱……全球平均气温略有上升，可能带来频繁的气候灾害——过多的降雨、大范围的干旱和持续的高温，造成大规模的灾害损失。有的科学家根据气候变化的历史数据，推测气候变暖可能破坏海洋环流，引发新的冰河期，给高纬度地区造成可怕的气候灾难。

2004 年，需要改写科学教科书？教科书过去说："在南大西洋不可能发生飓风。"但就在 2004 年，巴西有史以来第一次遭到一场飓风的袭击。气候变暖还有可能加大疾病危险和死亡率，增加传染病。高温会给人类的循环系统增加负担，热浪会引起死亡率的增加。由昆虫传播的疟疾及其他传染病与温度有很大的关系，随着温度升高，可能使许多国家疟疾、淋巴腺丝虫病、血吸虫病、黑热病、登革热、脑炎增加或再次发生。在高纬度地区，这些疾病传播的危险性可能会更大。

20 世纪 70 年代，科学家把气候变化作为一个全球环境问题提了出来。80 年代，随着对人类活动和全球气候关系认识的深化，随着几百年来最热天气的出现，这一问题开始成为国际政治和外交的议题。气候变化问题直接涉及经济发展方式及能源利用的结构与数量，正在成为深刻影响 21 世纪全球发展的一个重大国际问题。

气候变化是一个最典型的全球尺度的环境问题，是整个人类社会面临的挑战，因此需要世界各国的共同努力，需要有效的国际合作才能解决。应对气候变化问题不可避免地要涉及社会经济利益，需要建立政策框架和立法，这使它成为一个复杂的涉及科学、经济和政治的综合性问题，解决这个问题无疑是一个庞大的系统工程。目前人类社会所达到的文明以及人们的生活方式，是以高强度的能源消费为基础的，而正是以能源为主要排放源的温室气体造成了全球气候变化。在不降低人们生活水平和社会福利的前提下，进行温室气体减排，难度非常大，需要付出一定的经济代价。

两个重要的国际公约：《联合国气候变化框架公约》和《京都议定书》是国际社会应对气候变化挑战的两个非常重要的国际公约。

《联合国气候变化框架公约》是 1992 年 5 月 22 日联合国政府间谈判委员会就气候变化问题达成的公约。它是世界上第一个为全面控制二氧化碳等温室气体排放，应对全球气候变暖给人类经济和社会带来不利影响的国际公约。该公约目的在于控制大气中二氧化碳、甲烷和其他造成"温室效应"的气体的排放，将温室气体的浓度稳定在使气候系统免遭破坏的水平上。公约于 1994 年 3 月 21 日正式生效。截至 2004 年 5 月，公约已拥有 189 个缔约方。公约对发达国家和发展中国家规定的义务以及履行义务的程序有所区别。公约要求发达国家作为温室气体的排放大户，采取具体措施限制温室气体的排放，并向发展中国家提供资金以支付它们履行公约义务所需的费用。而发展中国家只承担提供温室气体源与温室气体汇的国家清单的义务，制订并执行含有关于温室气体源与汇方面措施的方案，不承担有法律约束力的限控义务。公约建立了一个向发展中国家提供资金和技术，使其能够履行公约义务的资金机制。

1997年12月，由160个国家在日本京都召开的联合国气候变化框架公约第三次缔约方大会上通过了著名的《京都议定书》。《京都议定书》规定，到2008~2012年，所有发达国家的温室气体的排放量要在1990年的基础上平均削减5.2%，明确了各发达国家削减温室气体排放量的比例，并且允许发达国家之间采取联合制约的行动。《京都议定书》需要占全球温室气体排放量55%以上的至少55个国家批准，才能成为具有法律约束力的国际公约。中国于1998年5月签署并于2002年8月核准了该议定书。欧盟及其成员国于2002年5月31日正式批准了《京都议定书》。2004年11月5日，俄罗斯总统普京在《京都议定书》上签字，使其正式成为俄罗斯的法律文本。截至2005年8月13日，全球已有142个国家和地区签署该议定书，其中包括30个工业化国家，批准国家的人口数量占全世界总人口的80%。2005年2月16日，《京都议定书》正式生效。

这是人类历史上首次以法规的形式限制温室气体排放。为了促进各国完成温室气体减排目标，议定书允许采取以下四种减排方式：两个发达国家之间可以进行排放额度买卖的"排放权交易"，即难以完成削减任务的国家，可以花钱从超额完成任务的国家买进超出的额度；以"净排放量"计算温室气体排放量，即从本国实际排放量中扣除森林所吸收的二氧化碳的数量；可以采用绿色开发机制，促使发达国家和发展中国家共同减排温室气体；可采用"集团方式"，即欧盟内部的许多国家可视为一个整体，采取有的国家削减、有的国家增加的方法，在总体上完成减排任务。

其他对策：从当前温室气体产生的原因和人类掌握的科学技术手段来看，控制气候变化及其影响的主要途径是制订适当的能源发展战略，逐步稳定和削减排放量，增加吸收量，并采取必要的适应气候变化的措施。

控制温室气体排放的途径主要是改变能源结构，控制化石燃料使用量，增加核能和可再生能源使用比例；提高发电和其他能源转换部门的效率；提高工业生产部门的能源使用效率，降低单位产品能耗；提高建筑采暖等民用能源效率；提高交通部门的能源效率；减少森林植被的破坏，控制水田和垃圾填埋场排放甲烷等。以此来控制和减少二氧化碳等温室气体的排放量。

增加温室气体吸收的途径主要有植树造林和采用固碳技术，其中固碳技术是指把燃烧气体中的二氧化碳分离、回收，然后深海弃置和地下弃置，或者通过化学、物理以及生物方法固定。固碳技术的原理是清楚的，但能否成为实用技术还是未知数。

适应气候变化的主要措施是培养新的农作物品种，调整农业生产结构，规划和建设防止海岸侵蚀的工程等。

中国在应对气候变化方面的立场和努力作为世界第三大经济体和最大的发展中国家，中国在应对气候变化方面负责任的举动向国际社会发出积极信号。中国政府宣布，到2020 年中国单位国内生产总值二氧化碳排放比 2005 年下降 40%～45%，非化石能源占一次能源消费的比重达到 15%左右，森林面积、森林蓄积量分别比 2005 年增加 4000 万 hm^2 和 13 亿 m^3。这是中国根据国情采取的自主行动，也是为应对全球气候变化做出的巨大努力，充分体现了中国对中华民族和全人类高度负责的精神。实现这些目标，需要付出艰苦卓绝的努力，我们要下更大的决心，采取更有力的行动，实施更有效的政策来履行我们的承诺。

二、臭氧层耗竭

20 世纪 80 年代以来，南极发现的臭氧洞震惊了世界，为此，克鲁森教授、莫利那博士和罗兰教授获得了 1995 年诺贝尔化学奖，以表彰他们为解决当今世界臭氧层破坏的重大环境问题做出的重要贡献。

为什么我们要担心臭氧层呢？在高浓度下，臭氧是一种有害污染物，毁坏庄稼、建筑材料和人体健康，然而在大气层中，它能吸收太阳光中的紫外线，是一种不可替代的资源，没有了这道屏障，地球上的生物将受到放射线的威胁。

臭氧层是大气中臭氧（O_3）相对集中的层面，距离地面 22～27km。在 30km 以上的高空，短波长紫外辐射把氧分子解离为活泼的氧原子，氧原子与氧分子结合生成臭氧，分布在平流层的臭氧能吸收大量由太阳放射出的对人类及动植物有害的短波长紫外线（即UVB：280～320nm），把紫外辐射转换为热能，用于加热平流层大气，同时保护着地球上的生命和生态系统。

卫星观测资料表明，自 20 世纪 70 年代以来，全球臭氧总量明显减少，1979～1990年，全球臭氧总量大致下降 3%。南极附近臭氧量减少尤为严重，低于全球臭氧平均值30%～40%，出现了"南极臭氧洞"。自 1985 年发现"臭氧洞"以来，到 1987 年它变得既宽又深，1988 年虽然有所缓解，但 1989 年后至 20 世纪 90 年代的前几年里，每年南半球春季都出现很强的"臭氧洞"，1994～1996 年南极臭氧洞在扩大。臭氧层问题专家吉尔·布罗滕说："虽然南极臭氧层空洞自 20 世纪 90 年代后期后就没有继续扩大，但在未来几十年里，可能会出现其他臭氧层大空洞。"

臭氧层的破坏，太阳紫外线中以往极少能到达地面的短波紫外线也将增加，使得皮肤病和白内障患者将会增加。据统计，臭氧层减少 1%可使有害的波长为 280～320nm 的紫外线增加2%，其结果是皮肤病的发病率将提高2%~4%。紫外线增强，还会引起虾、蟹幼体及贝类大量死亡，削弱光合作用，妨碍农作物及树木的正常生长。臭氧层的破坏除了影响人类健康之外，对生物也会产生影响，虽然植物已发展了对抗 UVB 高水平的保护性机制，但实验研究表明，它们对波长为 280~320nm 水平增加的应变能力差异甚大。迄今为止，已对 200 多种不同的植物进行了波长为 280~320nm 的紫外线敏感性试验，发现其中 2/3 产生了反应。敏感的物种如棉花、豌豆、大豆、甜瓜和卷心菜，都发现生长缓慢，有些花粉不能萌发。它还能损伤植物激素和叶绿素，从而使光合作用降低。

平流层中的臭氧还可以调节气候，对气候调节具有两种相反的效应。一方面，如果平流层中臭氧浓度降低，在这里吸收掉的紫外线辐射就会相应减少，平流层自身会变冷，这样释放出的红外辐射就会减少，因此会使地球变冷；另一方面，因辐射到地面的紫外线辐射量增加，会使地球增温变暖。如果整个平流层中臭氧浓度的减少是均匀的，则上述两种效应可以互相抵消，但是如果平流层的不同区域的臭氧层浓度降低不一致，两种效应就不会相互抵消。现在的状况是，平流层臭氧层减少呈不均匀减少趋势，这种变化的净效应如何，还有待科学研究进一步证实。

目前，人类认识到的直接破坏臭氧层的基团主要有以下几种类型：

（一）可产生自由基ClOx·（如Cl、ClO·）的物质，如氟利昂

可产生自由基 BrOx·（如 Br、BrO·）的物质，如哈龙。

（二）氮氧化物NOx（如NO、NO$_2$）以及可生成氮氧化物的物质

在所有破坏臭氧层的物质中，氟利昂首当其冲。氟利昂是一种含氟、氯饱和烃类的总称。氟利昂的应用一度十分广泛，其年产量超过百万吨，是重要的致冷剂、气雾剂、发泡剂和清洗剂。

1974 年美国加州大学欧文分校的莫利那（Morio Molina）博士和罗兰（F Sherwood Rowland）教授提出了氟利昂类人造物质会在平流层造成臭氧层破坏的假说，这一假说引起了科学界的重视，大量研究结果证实了这一假说。对于氟利昂破坏大气臭氧层的机制，目前一般认为：氟利昂在对流层大气中不易被分解，随大气的运动而上升到平流层后，在紫外光辐射作用下首先分解出 Cl，与臭氧发生链反应产生氧气，导致臭氧急剧损耗。

哈龙是一类含溴卤代甲、乙烷的商品名，主要用作灭火剂。哈龙破坏臭氧层的机制与氟利昂类似。研究结果表明，进入大气平流层后，哈龙比氟利昂更危险，因为哈龙消耗臭氧潜能值（ODP）远远大于氟利昂。

此外，火山爆发所产生的大量火山灰被认为会促进破坏臭氧的光化学反应，超音速飞机排出的氧化氮气体也会造成臭氧的减少。

自 20 世纪 70 年代提出臭氧层正在受到耗蚀的科学论点以来，联合国环境规划署意识到，保护臭氧层应作为全球环境问题，需要全球合作行动，并将此问题纳入议事日程，召开了多次国际会议，为制订全球性的保护公约和合作行动作了大量的工作。1977 年，通过了《臭氧层行动世界计划》，并成立"国际臭氧层协调委员会"。1985 年和 1987 年分别签署了《保护臭氧层维也纳公约》和《关于消耗臭氧层物质的蒙特利尔议定书》。

议定书最初的控制时间表是分阶段地减少特定氟利昂的生产和消费量。到 20 世纪末减至 1986 年水平的一半。1990 年、1992 年和 1995 年，在伦敦、哥本哈根、维也纳召开的议定书缔约国会议上，对议定书又分别作了 3 次修改，提出到 2000 年要全面禁止特定氟利昂的使用，同时将四氯化碳和三氯乙烷增列为新的破坏臭氧层物质，提出这些物质也要在 2000～2005 年之间全面禁止使用。鉴于全世界对环境保护的日益重视，1995 年在维也纳公约签署的 10 周年之际，150 多个国家参加的维也纳臭氧层国际会议规定，将发达国家全面停止使用 CFC 的期限提前到 2000 年；发展中国家则在 2016 年冻结使用，2040 年淘汰。我国积极参与了国际保护臭氧层合作，并制订了《中国逐步淘汰消耗臭氧层物质国家方案》。

目前，向大气排放的消耗臭氧层物质已经逐年减少，但是，由于氟利昂相当稳定，可以存在 50～100 年，即使议定书完全得到履行，臭氧层的消耗也只能在 2050 年以后才有可能完全复原。在南极洲的洛克鲁瓦港，气象学家桑希尔利用氦气球对 25km 的高空研究天气和臭氧层的变化，他发现臭氧层空洞的面积与过去 10 年的平均值相比，已经缩小，但面积仍然差不多是澳大利亚的 3 倍。

三、酸沉降

在美国、加拿大以及欧洲和亚洲部分地区有一种严重的环境问题，它会造成湖泊中鱼类数量日益减少及其他动植物的死亡，会使土壤、湖泊、地下水酸化，会腐蚀森林、建筑，并危害人体健康。从而引起了各国对其研究的关注，这就是酸沉降。

酸沉降是一个具有综合性和概括性的名词，它指的是通过大气中的硫氧化物和氮氧化物一系列复杂的化学变化后，产生的酸性化合物的沉降。它包括湿沉降和干沉降。湿沉降指的是 pH < 5.6 的降水过程，包括酸性雨、雪、雾、露和霜等；干沉降指的是各种污染物质按其物理与化学特征和本身表面性质的不同，以不同速率与下方的物质表面碰撞而被吸附沉降下来的全部过程，包括酸性气体、气溶胶及颗粒物。而目前对世界环境和人类造成危害的主要是湿沉降，其中又以酸雨为主。

欧洲和北美洲东部是世界上最早发生酸雨的地区，但近 10 多年来，亚太地区因其经济的迅速增长和能源消耗量的迅速增加，酸雨问题也十分严重，特别是中国已成为硫氧化物、氮氧化物等酸性物质的排放大国。由于酸雨可以发生的酸性物质排放地为 500～2000km 内，因此会造成越境污染，现在酸雨已经成为一个主要的全球环境问题。目前，全球形成了三大酸雨区，其中之一就是我国长江以南地区。这一地区覆盖了四川、重庆、贵州、广东、广西、湖北、江西、浙江和江苏等省市自治区，面积达 200 多万 km^2。世界上另外两个酸雨区是以德国、法国、英国等国为中心，波及大半个欧洲的酸雨区，以及包括美国和加拿大在内的北美酸雨区。这两个酸雨区的总面积达 1000 多万 km^2，降水的 pH 甚至降到 4.5 以下，降水的酸化程度之剧烈、危害面积之广远远超出了人们的想象。

酸沉降给地球生态环境和人类社会经济都带来了严重的影响和破坏，科学家将酸沉降称为"空中死神""看不见的杀手"。

通常，鱼类的繁殖期是鱼生命周期中最为敏感的阶段。当水的 pH 降为 5.0 左右时，大部分鱼类的卵和幼鱼就会死亡。这个水平的酸度还会通过杀死鱼类所依赖的水生植物、昆虫和无脊椎动物来瓦解食物链。pH 在 5.0 以下成年鱼也会死亡。鳟鱼、大马哈鱼及其他鲑鱼是最敏感的品种，鲤鱼、雀鳝和其他较弱品种次之。酸能够改变鱼体内的化学反应，损坏腮而阻止其摄取氧，使之骨质疏松，肌肉硬化。此外，酸雨还会将土壤和岩石中的有毒物质（如汞和铝）溶出。

这种现象也许有许多相关的因素，但空气污染和大气酸雨被认为是造成大部分地区森林破坏的首要原因。北美设有对森林生态系统的长期监测，在新罕布什尔州的哈伯德布鲁克试验森林的研究员们发现，森林土壤由于多年暴露于酸雨下，已经变得丧失了对钙、镁等阳离子的缓冲能力。氢离子和铝离子取代了这些阳离子可能是植物毙命的主要原因之一。

全世界所有的城市，一些最古老辉煌的建筑物和艺术珍品正遭受空气污染物的损坏。化学烟雾和煤烟雾笼罩着建筑物、油画和织物。大气中的酸雨正以惊人的速度侵害石灰石和大理石。雅典神庙、印度的泰姬陵、罗马的雕像、欧洲中世纪教堂、华盛顿的林肯纪念馆等逐渐被空气中的酸雾腐蚀。德国科隆市中世纪哥特式教堂的彩色玻璃窗被大气中的酸性物质侵蚀得千疮百孔，以至于色调几近消失，玻璃破烂不堪。单单恢复一个建筑物就需要花费 40 亿马克（1.5 亿～2.0 亿美元）。酸雨还破坏一般建筑物，对混凝土结构中钢铁的侵蚀使建筑物、道路、桥梁变得脆弱，石灰石、大理石和一些砂岩变得蓬松进一步分解。

酸沉降还威胁人类健康，一方面，酸性气体引发人类呼吸系统的损伤疾病；另一方面，饮用水的污染让人类面临生命之源的殆尽。酸沉降带来的酸性大气，会严重影响人的呼吸系统，在酸污染严重的地区，呼吸系统病人死亡率增大，老人、儿童的生命难以保障。即使普通人的身体也会遭到很大的损伤。受酸沉降污染的水对人类的危害更大。饮用水的超标酸性直接损害人类的健康；地下水的酸化造成了土壤中和管道系统的金属溶出。使很多地区的重金属含量已接近临界范围。瑞典曾发生过儿童因饮用了含铜量高的酸性水而腹泻的事件。

目前，防治酸沉降的措施有很多，大概包括以下几种：

（一）主动削减污染物排放，调整能源结构，改进燃煤脱硫技术

首先，应该积极调整能源结构，发展无污染的清洁能源，如风能、太阳能、潮汐、地热和沼气等。其次，使用低硫优质煤、天然气和燃料油代替燃煤也是有效的措施，还可以用碱液、活性炭等吸附二氧化硫。此外，在城市中应采取集中供热，以减少污染。控制汽车尾气的排放，可用甲醇、燃气等代替汽油；开发并大量使用电动公共汽车，适度限制私人汽车的使用。

（二）对已被污染的环境进行改造和恢复

改造修复被酸化的湖泊和土壤，现在人们大多采取洒石灰的办法。这样做可以提高环境的 pH 值，有一定的效果，但是在加过石灰的土壤上，森林的生长不好，水中的生物也受到影响，是一个不得已而为之的消极办法。或许可以在恢复酸化水体的时候，对上游水库进行石灰处理，然后选择适当的水位放水；在林地上，可以选择抗酸化能力比较强，并且能够中和酸性的落叶树木；在城市中，种植抗污染城市林网也是防治酸沉降的一种有效补充手段。

（三）国际合作

由于大气环流的存在，各地的酸沉降并不都是全由本地的大气污染造成的，为了更有效地解决酸沉降问题，各国需要联合起来共同承担解决酸沉降的任务。1979 年，以欧洲各国为中心缔结了《长程越界空气污染公约》；1980 年，美国发起了"国家酸沉降计划（LRTAP）"；1985 年，联合国欧洲经济委员会的 21 个国家签订了《赫尔辛基议定书》……实施国际合作是一项重大的进步。目前世界上很多国家的法律中都写入了减少排放、控制尾气等内容。有了法律的支持，使防治酸沉降有了更多的途径和手段。

（四）对环境保护的大力宣传

提高人民的认识程度也是有效减少酸性污染的措施之一。

四、水资源危机与海洋污染

水是一种宝贵的自然资源，它是生命的源泉，是社会经济发展的命脉，是可以更新的自然资源，能通过自身的循环过程不断地复原。随着全球经济的迅速发展，人类对全球淡水资源的需求在不断增长，给陆地水域与海洋也施加了越来越大的环境压力。淡水短缺、

水生资源破坏和陆地水域与海洋污染已成为国际社会当前所关注的重大环境问题。

(一)淡水危机

地球表面虽然 2/3 被水覆盖,但是 97% 以上为无法饮用的海水,只有约不到 3% 是淡水,其中又有约 2% 封存于极地冰川之中。目前,世界许多国家淡水资源不足,出现用水危机,其主要原因是:淡水资源消耗量大、水质污染严重和地下水超采普遍。20 世纪以来,全世界农业用水增长了 7 倍,工业用水增长了 20 倍。许多国家取水和耗水都在迅速增长:从 1980~2010 年,美国每年用水比往年增长约 50%,日本在 2015 年全国总需水量为 $1.146 \times 10^{11} \mathrm{m}^3/$ 年,比 1995 年增长约 30%。意大利 2015 年总用水量达到 $5.86 \times 10^{10} \mathrm{m}^3$,比 20 世纪 90 年代增加了 $3.57 \times 10^{10} \mathrm{m}^3$。目前,全世界每年约有 $4.2 \times 10^{11} \mathrm{m}^3$ 的污水排入江河湖海,污染了 $5.5 \times 10^{12} \mathrm{m}^3$ 的淡水,占全球径流总量的 14% 以上。估计今后 25~30 年内,全世界污水量将增加 14 倍。由于用水量剧增和水质污染严重,水资源的开发渐渐的由地上转为地下,造成了地下水位下降和海水倒灌等严重后果。目前世界上 100 多个国家和地区缺水,其中 28 个国家被列为严重缺水的国家和地区,预计再过 20~30 年,严重缺水的国家和地区将达到 46~52 个,缺水人口将达到 28 亿~33 亿人。

缺水的状况主要分为两种,一种是资源型缺水,另一种是水质型缺水。

资源型缺水是指水资源分布不均或可利用水资源总量不足而导致的缺水。许多国家和地区用水甚缺,例如北非、中东、南撒哈拉地区和海湾地区是年降雨长期平均变化最大的区域,其变化的幅度超过 40%,美国西南部、墨西哥西北部、非洲西南部、巴西最东端以及智利部分地区也是如此。我国华北和西北处于干旱或半干旱气候区,季节性缺水很严重。

水质型缺水是指由于水体受到污染,致使水质恶化、可利用的水资源量减少而导致的缺水。水体污染破坏了有限的水资源。水污染有三个主要来源分别是:生活废水、工业废水和含有农业污染物的地面径流。此外,固体废弃物渗漏和大气污染物沉降也造成对水体的交叉污染。水体污染大大减少了淡水的可供量,加剧了淡水资源的短缺。

20 世纪 50 年代以后,全球人口急剧增长,工业发展迅速,全世界每天约有 200t 垃圾倒入河流、湖泊和小溪,1L 废水会污染 8L 淡水;所有流经亚洲城市的河流均被污染;美国 40% 的水资源流域被加工食品废料、金属废料和杀虫剂污染。由于管理不善、资源匮乏、环境变化及基础设施投入不足,全球约有 1/5 的人无法获得安全的应用水,40% 的人缺乏基本卫生措施。每年有 310 万人因不洁饮用水引发相关疾病而死亡,其中近 90% 是不满 5 岁的儿童。如果提供安全饮用水、改善卫生措施,其中约 170 万人的生命原本是可以挽救的。

面对水资源日益紧张的形势，1993年1月18日，第47届联合国大会通过了一项决议：将每年的3月22日定为"世界水日"。旨在使全世界都关心并解决淡水资源短缺这一日益严重的环境问题，要求世界各国根据本国的国情，开展相应的活动，以提高公众的水环境开发与保护意识。为了引起国际社会对宝贵水资源的关注，2003年，联合国第58届大会通过决议，宣布从2005~2015年为生命之水国际行动十年，主题是"生命之水"，从2005年3月22日正式实施，该活动由时任联合国秘书长科菲·安南亲自发起。他敦促国际社会对全世界范围内的水需求做出"好的对的"反应。"国际十年行动"成效显著，2005~2015年，约10亿无法获得安全饮用水和基本环卫服务的人口比例减少一半。各国政府在此前为了安全饮用水每年花费300亿美元的基础上，额外再增加140亿~300亿美元。其他目标还包括水资源保护和管理，在水资源方面进行国际间合作；在农业领域，政府开展了可持续用水的计划。

（二）海洋资源破坏和环境污染

海洋环境和海洋生态系统在维持全球气候稳定和生态平衡方面起着重要的作用。海洋生物资源及海洋鱼类是人类食物的一个重要组成部分，据估计，全世界有9.5亿人，大部分在发展中国家，是把鱼作为蛋白质的主要来源。但近几十年来，海洋生物资源过度利用和海洋污染日趋严重，有可能导致全球范围的海洋环境质量和海洋生产能力退化。

海洋生物资源的过度利用世界渔业生产由海洋捕捞、内陆捕捞和水产养殖（包括淡水和海水养殖）组成。2013年，在全世界捕获的1.01亿t鱼中，海洋捕捞占7~77%，内陆捕捞占6.8%，水产养殖占15.5%，在1950~2010年，海洋捕捞量差不多翻了五番，达到8600万t。联合国粮农组织2013年估计，2/3以上的海洋鱼类被最大限度或过度捕捞，特别是由数据资料的25%的鱼类，由于过渡捕捞，已经灭绝或者濒临灭绝，另有44%的鱼类的捕捞已达到生物极限。从世界各主要捕捞区的情况看，大西洋和太平洋11个重要捕捞区中的6个捕捞区，占所有商业渔业资源的60%，不是已经枯竭就是捕捞超过了极限。

近几十年来，由于陆地上大量的污水、废弃物、石油和其他不易分解的有毒物质进入海洋，超过了海水的自净能力，海洋被污染了。从20世纪开始到21世纪初海洋污染导致人类生命死亡的事件屡见不鲜。

较之于地面污染，海洋污染更有着自身"先天"的特点。主要表现在：污染源广、持续性强、扩散范围广和防治难、危害大这几个方面。人类在海洋、陆地或其他地方活动产生的污染物都会通过江河径流、大气扩散和雨雪等降水形式最终都将汇入海洋。但作为地球上地势最低的区域，海洋却并不能像江河一样通过暴雨和汛期将污染物转移或消除，一旦污染物进入海洋后就很难转移；并且作为地球上面积最大的连通水域，海洋污染有很长的积累过程，在初期不易及时发现，而形成后又难以治理，这些污染对人类和其他生物危害更难以彻底清除。

海洋污染所造成的直接后果就是海水的混浊，这将严重影响海洋植物，如浮游植物和海藻的光合作用。此外，浮游生物的大量死亡也将使海洋吸收二氧化碳的能力降低，在一定程度上加速温室效应。而另一种更为严重的危害是由直接排入海中的工业废水和生活废水造成的，当这些富含有机物的污水进入海水并达到一定程度的积累后，在一定的条件下极易发生某一种或某几种浮游生物的爆发性繁殖或高度聚集，从而引起海水变色，最终形成影响和危害其他海洋生物正常生存的灾害性海洋生态异常现象。这就是我们平常所说的赤潮。它将直接导致海洋生物的大量死亡，有些赤潮生物体内或代谢产物中还含有大量的生物毒素，能直接毒死鱼、虾和贝类等生物。

海洋中的污染物被海洋生物摄取后，就会在生物体内富集。而且污染物还可以通过海洋生物的食物链进行传递和富集。每传递一次，浓度就会升高，甚至达到产生毒效的程度。日本在20世纪50年代就发生了食用海产品中毒的事件。2011年3月28日，我国广东大亚湾因食用贝类致使4人中毒，2人死亡。

五、土地退化与荒漠化

在人类当今诸多的环境问题中，荒漠化是最为严重的灾难之一。对于受荒漠化威胁的人们来说，荒漠化意味着他们将失去最基本的生存基础——有生产能力的土地的消失。全球现有12亿多人受到荒漠化的直接威胁，其中有1.35亿人在短期内有失去土地的危险。荒漠化已经不再是一个单纯的生态环境问题，而是演变为经济问题和社会问题，它将给人类带来贫困和社会不稳定。

简单地说，土地荒漠化就是指土地退化，又称为"沙漠化"。1992年联合国环境与发展大会对荒漠化的概念作了这样的定义：荒漠化是由于气候变化和人类不合理的经济活动等因素，使干旱、半干旱和具有干旱灾害的半湿润地区的土地发生了退化。1996年6月17日第二个世界防治荒漠化和干旱日，联合国防治荒漠化公约秘书处发表公报指出：当前世界荒漠化现象仍在加剧。到2016年，全球荒漠化的土地已达到360万km^2，占整个地球陆地面积的1/4，相当于俄罗斯、加拿大、中国和美国国土面积的总和。全世界受荒漠化影响的国家有100多个，尽管各国人民都在同荒漠化进行着抗争，但荒漠化却以每年5万~7万km^2的速度扩大，相当于爱尔兰国土的面积。土地荒漠化是自然因素和人为活动综合作用的结果。自然因素主要是指异常的气候条件，特别是严重的干旱条件，由此造成植被退化，风蚀加快，引起荒漠化。人为因素主要指过度放牧、乱砍滥伐、开垦草地并进行连续耕作等，由此造成植被破坏，地表裸露，加快风蚀或雨蚀。就全世界而言，过度放牧和不适当的旱作农业是干旱和半干旱地区发生荒漠化的主要原因。同样，干旱和半干旱地区用水管理不善，引起大面积土地盐碱化，也是一个十分严重的问题。从亚太地区人类活动对土地退化的影响构成来看，植被破坏占37%，过度放牧占33%，不可持续农业耕种25%，基础设施建设过度开发5%。非洲的情况与亚洲类似，过度放牧、过度耕作和大量砍伐薪材是土地荒漠化的主要原因。

荒漠化的主要影响是土地生产能力的下降和随之而来的农牧业减产，相应带来巨大的经济损失和一系列社会恶果，在极为严重的情况下，甚至会造成大量生态难民。在1984~1985年的非洲大饥荒中，至少有3000万人处于极度饥饿状态，1000万人成了难民。据2016年联合国防治沙漠化会议估算，荒漠化在生产能力方面造成的损失每年接近200亿美元。1980年，联合国环境规划署进一步估算了防止干旱土地退化工作失败所造成的经济损失，估计在未来20年总共约损失5200亿美元。2012年，联合国环境规划署估计由于全球土地退化每年所造成的经济损失约423亿美元（按2010年价格计算），如果在下一个20年里在防止土地退化方面继续无所作为，损失总共将高达8500亿美元。从各大洲损失比较来看，亚洲损失最大，其次是非洲、北美洲、澳洲、南美洲、欧洲。从土地类型来看，放牧土地退化面积最大，损失也最大，灌溉土地和雨浇地受损失情况大致相同。

荒漠化是各国很早就关注的一个环境问题。1977年，联合国召开了防治荒漠化的会议，制订和实施了防止荒漠化的行动计划。1992年，联合国环境与发展大会把防治荒漠化列为国际社会采取行动的一个优先领域。2014年6月，联合国通过了《关于在发生严重干旱或荒漠化的国家特别是在非洲防治荒漠化的公约》。

防治荒漠化的主要途径是建立以当地农牧民为主体的综合防治体系，其主要内容包括：制订经济发展和资源保护一体化的政策，把保护和合理利用资源作为经济发展的前提条件；逐步建立合理的土地使用权制度体系，合理规划土地利用，增强农牧民保护土地的经济动力；合理管理和使用水资源，控制上游过度利用水资源和盲目灌溉，建立流域管理体系和节水农业体系；合理规划和使用耕地和草地，营造防护林，保护植被，防止水土流失；改变过度放牧和过度垦殖的状况，限制载畜量，退耕还牧，有效改善退化的土地。

从世界各国的经验来看，成功防治荒漠化的关键是把各项防治措施与农牧民摆脱贫困有效地结合起来，规划好土地和水资源的利用。

六、生物多样性减少

我们的星球是宇宙间唯一存活生命的地方，地球上几乎每处都可称为某种生物的家园。从干旱的沙漠到湿润的热带雨林，从最高的山峰之巅到最深的大洋深渊，生命的大小、颜色、形态、生命周期和相互关系等方面以非凡的光谱形式出现。想一想，我们与之共享星球的其他生命体是如何非凡、多变、丰富和重要。然后试想一下，如果生物多样性减少，我们的生活将会怎样的乏味？

生物多样性具有很高的价值，首先，生物多样性为人类提供食物的来源，作为人类基本食物的农作物、家禽和家畜等均源于野生祖型。野生物种是培育新品种不可缺少的原材料，特别是随着近代遗传工程的兴起和发展，物种的保存有着更深远的意义。其次，各种各样的野生物种还为人类提供了大量的药材及工业原料。许多野生动植物还是珍贵的药材，为治疗疑难病症提供了可能。如止痛药吗啡、可卡因，治痢疾的奎宁分别来自罂粟植物、可可树、金鸡纳树等，随着医学研究的深入，越来越多的物种被发现可作药用。自然界的动植物能提供人类所需的皮毛、皮革、纤维、油料、香料、胶脂等各种原料。最后，野生物种还为现代科技的发展做出了特殊的贡献。仿生学的发展离不开丰富而奇异的生物世界，许多发明创造的灵感就来自生物。科学家们从鸟兽、昆虫等的活动中，悟出许多有益于人类的东西，并仿造出相应的产品，服务于人类生活。此外，生物多样性还是维持生态系统相对平衡的必要条件。

生物多样性是指植物、动物和微生物的纷繁多样性及它们的遗传变异与它们所生存环境的总和。从宏观到微观认识生物多样性，有三个层次：(一)生态系统多样性：评价一个生物群落的丰富性和复杂性，包括生态位的数量、营养级和获取能量、维持食物网和系统内物质循环的生态过程；(二)物种多样性：描述单一群落内部不同生物体的种类数；(三)遗传多样性：衡量某一物种内相同基因的不同表型的多变性。

据估计，地球上的生物有 300 万~1000 万种，但至今有案可查的仅 150 万种。近 2000 年来，地球上已有 106 种哺乳类动物和 127 种鸟类灭绝；濒临灭绝的哺乳类动物有 406 种，鸟类有 593 种，爬行动物 209 种，鱼类 242 种，其他低等动物更不计其数。最近 400 年来，地球上的物种灭绝速度在加快。如兽类在 17 世纪平均 5 年灭绝一种，到 20 世纪每两年就灭绝一种。如不采取保护措施，地球上全部生物的 1/4 在未来 20~30 年里就有灭绝的严重危险，现在每年有 10000~20000 个物种灭绝。我国的大熊猫和东北虎、亚洲黑熊、印度尼西亚马鲁克白鹦、亚洲猩猩、非洲黑犀牛、北美石龟、北美玳瑁等均濒临灭绝。

海洋生物的生存也面临严重威胁，每年有数百万头海豚、海龟丧生。据国际捕鲸委员会的一份报告说，地球上最大的动物——蓝鲸，目前仅存 400 余只，濒临灭绝。其中，日本、挪威是世界上最大的捕杀鲸的国家。日本每年都要到南极海内捕杀大量的鲸。

目前灭绝物种增加的最大原因就是栖息地的失去，世界人口的不断增加、城市化进程加剧导致人类对自然的索取也在不断增加。森林砍伐、草原开垦、城市扩张、过度放牧、围湖造田，过度利用土地资源，使得生物的栖息地被破坏，甚至消失，从而影响了物种的正常生存。

在所有濒危、渐危的罕见的脊椎动物中，大约37%是由于过度利用而濒临灭绝的境地。由于毛皮制品具有很高的经济价值，许多毛皮兽，像灰鼠、骆马、大水獭的种群已经下降到了临界水平。据不完全统计，目前捕杀、贩卖野生动物的非法贸易额每年达50亿~90亿美元，成为仅次于贩毒活动的第二大经济犯罪活动。非洲象在1981~1987年从120万头下降到76.4万头，很大程度上就是利用象牙牟取暴利所引起的；巴哈马群岛的桃花心木、厄瓜多尔的可可叶鳄梨、毛里求斯的炭木已经所剩无几；黎巴嫩的雪松过去曾有50万株之多，现在只在少数地方有零星的分布；我国广西南部石灰岩地区的蚬木也是这种情况。许多药用植物，如人参、天麻、黄芪、砂仁、七叶一枝花、罗汉果等，野生的植株都已经很有限了，如果仍然无节制地采伐下去，它们必然陷入灭绝的境地。

有毒污染物对生物种群具有毁灭性的作用。20世纪70年代记录了与杀虫剂有关的食鱼鸟类和猎鹰的衰败。近年来，大西洋两岸几千只海豹的大规模死亡被认为和氯代烃，如DDT、PCB和二噁英在脂肪中的积累有关，这些物质的积累能削弱动物的免疫系统，使其更容易被感染。

人类向大气排放的大量废弃物质，如氮氧化物、硫化物、碳氧化物，碳氢化合物，光化学烟雾等，还有各种粉尘、悬浮颗粒（包含各种金属颗粒），造成了臭氧层损耗加剧，大范围的酸雨，全球气候不稳定，异常气候增多，使许多动植物的生存环境受到影响。同时，动植物往往通过食入或饮用被大气污染的食物而导致中毒或死亡。大气污染的浓度达到或超过植物的忍耐度会使植物的细胞和器官受到伤害，甚至造成植物个体死亡，种群消失。大气污染还会使动物发生畸变、癌变、破坏遗传基因。大剂量的大气污染，会使动物很快中毒死亡；小剂量的大气污染物也存在潜在的长期危害。除了大气污染，大量的工业废水和生活污水被排入湖泊、河流，污染水质，或加剧水体的富营养化，使得鱼类的生存受到威胁。中国水利部日前发布的报告显示，2015年全国有2/3的污废水未经处理直接排入水体，造成90%的城市地表水域受到不同程度的污染。土壤污染也是影响生物多样性的重要因素之一。土壤中重金属含量、有机污染物和农药残留严重超标，造成土壤结构改变，有害物质在植物中积累，并通过食物链进入动物体内。外来物种的入侵对生物多样性构成了很大的威胁，并使当地的农业、林业和其他各方面的经济造成损失，对人类健康产生严重损害。外来物种的入侵方式有三种：第一种是有意引进，一些个人或团体出于经济利益、美化环境、观赏等目的引进外来物种，最后泛滥成灾；第二种是无意引进，是指外来物种随包装箱、海轮、入境旅客携带进入；第三种是自然飘落，像植物的种子顺风或河流移落到别的地方，或是被鸟吃掉后带到了另一个地方。全球经济一体化使得国际贸易往来越来越频繁，现代先进的交通工具及观光旅游事业的蓬勃发展，为外来物种长距离迁移、传播、扩散到新的环境中创造了条件。在全世界濒危物种名录中的植物中，有35%～46%是部分或完全由外来生物入侵引起的。

针对全球生物多样性锐减的状况，1992年6月1日由联合国环境规划署发起的政府间谈判委员会第七次会议在内罗毕通过了《生物多样性公约》，公约于1993年12月29日正式生效。该公约是一项有法律约束力的公约，旨在保护濒临灭绝的植物和动物，最大限度地保护地球上的多种多样的生物资源，以造福于当代和子孙后代。公约规定，发达国家将以赠送或转让的方式向发展中国家提供新的补充资金以补偿它们为保护生物资源而日益增加的费用，应以更实惠的方式向发展中国家转让技术，从而为保护世界上的生物资源提供便利；签约国应为本国境内的植物和野生动物编目造册，制订计划保护濒危的动植物；建立金融机构以帮助发展中国家实施清点和保护动植物的计划；使用另一个国家自然资源的国家要与那个国家分享研究成果、盈利和技术。截至2014年2月，该公约的签约国有188个。

七、有毒、有害化学品污染

现在全球已合成各种化学物质2000万种，每年新登记注册投放市场的约1000种。我国能合成的化学品317万种。这些化学品在推动社会进步、提高生产力，消灭虫害，减少疾病、方便人民生活方面发挥了巨大作用，但是在生产、运输、使用、废弃过程中不免进入环境而引起污染。

有毒有害化学品是指进入环境后以通过环境蓄积、生物蓄积、生物转化或化学反应等方式损害健康和环境，或者通过接触对人体具有严重危害和具有潜在危险的化学品。由于全球有毒化学品的种类和数量不断增加以及国际间贸易的扩大，大多数有毒化学品对环境和人体的危害还不完全清楚。它们在环境中的迁移也难以控制，对人类环境构成了严重威胁。由于有毒化学品泄漏和运输所造成的事故的特点是突发性强、污染速度快、范围大、持续时间长，特别是一些恶性事故造成人身伤亡和财产损失严重以及所产生的有害废物对人类环境构成长期潜在危害。有毒化学品问题已成为一个重要的全球环境问题，已经引起了世界各国的重视。

生产、运输和储存中有毒化学品的污染特征是长期性和连续性。如生产聚氯乙烯是用氯乙烯作为原料。据研究表明，在生产聚氯乙烯的过程中有 6% 的氯乙烯逸散损失而进入环境。氯乙烯可引起肝肿大、溶骨症、致癌和致畸作用。聚氯乙烯工厂周围大气中的氯乙烯可使居民慢性中毒，氯乙烯的潜伏期平均为 19 年。

另一类有害化学品是近 20 年科学界研究比较活跃的环境激素类化学品（又称环境荷尔蒙）。现在美国、日本以及欧洲等国已筛选出来约有 70 种化学品污染物属环境激素类物质，如 PCBs、二噁英类、苯并呋喃类、DDT、六六六、三丁基锡、三苯基锡、双酚 A、壬基酚、酞酸酯类等均是常见的激素类污染物。通过环境介质和食物链进入人体和野生动物体内，干扰雄性激素的分泌，有生殖毒性和遗传毒性，会干扰人和野生动物的生殖功能，影响其后代的生存繁衍。英国发现生长在受污染水域中大部分雄性鱼会变成两性鱼和雌性鱼，并能产卵，即叫"雌性化"。鸟类吃了含杀虫剂的食物，产卵减少，且蛋壳变薄，难以孵化出小鸟，使许多珍稀鸟类濒临灭绝。日本、美国以及欧洲等 20 个国家的调查发现，1938～1991 年成年男子精子数量平均减少 50%，其活力下降，有约 20% 的夫妇由于男子的原因不能生育孩子，而且也发现由于污染致使畸胎、怪胎比例呈上升趋势。

为了减少有毒有害化学品对各国人民和环境造成危害和灾难，联合国正做着各种努力。联合国环境规划署于 1989 年 3 月通过了《控制危险废物越境转移及其处置巴塞尔公约》，并于 1992 年生效，我国是该公约最早缔约国之一。为了防止危险化学品和农药通过国际贸易可能给一个国家和地区的人民和环境造成危害和灾难，1998 年 9 月 11 日在鹿特丹通过了关于在国际贸易中对某些危险化学品和农药采用事先知情同意程序的鹿特丹公约（PIC 公约）。这类化学品出口国要通知并征得进口国的同意，方可出口。2011 年 5 月，世界上 90 多个国家在斯德哥尔摩签署了旨在控制和消除持久性有机污染物（POPs）污染影响的国际公约。

第二节　当前中国的环境问题

中国是世界上人口最多的发展中国家。20 世纪 70 年代末以来，随着中国经济持续快速发展，发达国家上百年工业化过程中分阶段出现的环境问题在中国集中出现，环境与发展的矛盾日益突出。资源相对短缺、生态环境脆弱和环境容量不足，逐渐成为中国发展中的重大问题。

当代中国面临的主要环境问题有哪些？这些问题是如何产生的？其后果如何？我国应对这些环境问题的措施有哪些？还有哪些工作有待强化？了解这些环境问题，了解问题的实质和发生的原因，这不仅是我们深化环境道德和社会责任感的素质要求，也是探索和建立解决环境问题的起点。

一、工业污染与环境问题

德国经济史学家鲁道夫·吕贝尔特在其《工业化史》中指出："……只是在机器时代破晓以后，随着纺织的机械化，随着蒸汽机作为一项新的能源，随着单件生产过渡到系列生产，过渡到大规模生产，人类社会才开始了巨大的变化……"第一次工业革命，大机器生产出现，人类进入"蒸汽时代"；第二次工业革命使生产力高度发展，人类进入"电气时代"，世界市场向纵深发展。但是兴起的工业革命及工业化进程，既给人类带来希望和欣喜，也埋下了人类生存和发展的潜在隐患。回顾人类工业文明发展的历程，不难发现发达资本主义国家的工业化大多是以大量消耗能源和原材料，严重破坏环境为代价而得以实现的。在给人类带来了巨大的物质性成就的同时，由于片面地把自然当作征服的对象，传统的工业发展带来了区域和全球性的环境污染与生态危机。

西方国家首先步入工业化进程，最早享受到工业化带来的繁荣，也最早品尝到工业化带来的苦果。工业化导致了资源和环境承载能力的破缺，导致了环境污染问题不断出现。伦敦烟雾事件、北美死湖事件等西方国家发生的环境公害事件与工业化的进程有着密切的关系。

与所有工业化国家一样，我国的环境污染问题也是与工业化相伴而生的。20世纪50年代前，我国的工业化刚刚起步，工业基础薄弱，环境污染问题尚不突出。50年代后，随着工业化的大规模展开，重工业的迅猛发展，环境污染问题初见端倪。但此时的污染范围仍局限于城市地区，污染的危害程度也较为有限。到了80年代，随着经济的高速发展，我国的环境污染渐呈加剧之势。时至如今，环境问题已经成为制约我国经济和社会发展的一大难题。水环境污染日益突出，大气污染程度不断加剧，工业固废及其他工业污染带来的环境问题正严重地威胁着我国经济的发展和环境的改善。

二、环境突发事故

突发环境事件是突发事件的一种。《国家突发环境事件应急预案》对突发环境事件的界定是：突然发生，造成或者可能造成重大人员伤亡、重大财产损失和对全国或者某一地区的经济社会稳定、政治安定构成重大威胁和损害，有重大社会影响的涉及公共安全的环境事件。通常认为突发环境事件是指：突然发生的因人为因素致使生态环境受到严重破坏，会严重危害公众人身、财产安全的生态破坏、环境污染和环境安全事件。突发性环境污染事故是在瞬时或短期内排放出大量剧毒或恶性污染环境的物质，导致人民生命财产的巨大损失和严重危害生态环境的恶性环境污染事故。

突发性环境污染事故通常可归纳为以下几类，每一类都有着国内外的惨痛教训。

（一）有毒化学品和剧毒农药的泄漏污染事故。液氯、光气（COCl$_2$）、有机磷、有机氯农药等物质的泄漏扩散，不仅可引起空气、水体、土壤等严重污染，甚至还会导致人畜死亡。

（二）易燃、易爆物的泄漏爆炸污染事故，如煤气、瓦斯气体、石油液化气体、苯、甲苯等泄漏的环境污染事故，不仅污染空气、地面水、地下水和土壤，气体浓度达到极限后还极易发生爆炸。此外，一些垃圾、固体废弃物因堆放、处置不当，也会发生爆炸事故。深圳清水河危险品仓库重大爆炸事故即属于此类。

（三）非正常大量废水泄入水体。当含大量耗氧物质的城市污水或尾矿废水因非正常原因突然泄入水体，致使某一河段、某一区域或流域水体质量急剧恶化的环境污染事故。松花江重大水污染案和四川沱江特大水污染案即属于此类。此外，2005 年 12 月 17 日，广东韶关冶炼厂含镉废水排入北江，造成重大污染事件。

（四）溢油事故。如油田或海上采油平台出现井喷、油轮触礁、油轮与其他船只相撞发生的溢油事故。据统计，在所有海洋石油污染中，与运输活动有关的约占 50%，而在此 50% 之中，约 30% 与泄漏与事故有关。这类事故所造成的污染，严重破坏了海洋生态，使鱼类、海鸟死亡，往往还引起燃烧、爆炸。在国内，由于炼油厂、油库、油车漏油而引起的油污染也时有发生。1994 年夏天，广州登峰加油站汽油泄漏进入东濠涌所引起的燃烧爆炸，致 2 人死亡，33 人受伤，经济损失达 600 余万元。

（五）核污染事故。核电厂发生火灾、核反应堆爆炸、反应堆冷却系统破裂、放射化学实验室发生化学品爆炸、核物质容器破裂、爆炸等放出的放射性物质对人体造成不同程度的辐射伤害与环境破坏事故等。

上述突发环境事件通常具有以下特征：

（一）突发性：指突发环境事件是突然发生的，突如其来、不可预测的。突发性是突发环境事件最显著的特征。一般的环境污染，其危害性相对较小些，一般不会对人们的正常生活、生产秩序造成严重影响。相对于其他环境事件而言，突发环境事件因其发生迅速，人们缺乏事前的预防而可能造成更大的社会恐慌、社会危害。

（二）累积性：突发环境事件的发生是长期的累积作用的结果。突发环境事件的发生看似突然，其实必然。环境的自净能力虽然有限，但并非同一主体一次污染物的超标排放就可能产生环境事件，而是不同主体的多次排放后累积产生的。

（三）高危性：突发环境事件造成的危害，程度上深刻，范围上广泛。环境事件发生后，污染物质伴随自然因素的物理运动，如空气的流动，水的流动，扩散的范围更广，速度更快。

正是上述特征，使得突发性环境污染事故成为不同于一般污染的环境问题，突发性环境污染事故没有固定的排放方式和排放途径，都是突然发生、来势凶猛，在瞬时或短时间内大量地排放污染物质，对环境造成严重污染和破坏，给人民的生命和国家财产造成重大损失的恶性事故。随着国民经济的迅猛发展，生产领域不断扩大，生产节奏日益加快，我国重大环境污染事故不断增加。据国家环境保护总局统计，2011～2014年，我国每年环境污染和破坏事故都在1440～2000件。突发性环境污染事故造成的损失与恐慌给我国的环境安全带来了重大威胁。近年来，特大环境污染事故频繁发生，事故现场令人触目惊心，损失巨大，教训十分惨痛。

三、"经济奇迹" 及其伴随的环境问题

从20世纪60年代到70年代，包括日本、亚洲四小龙在内的东亚国家和地区以年均8%以上的高经济增长率，用仅仅20～30年的时间就走过了发达国家一二百年才走过的里程，实现了工业化，从而由发展中国家迈入发达国家和地区的行列。与此同时，这些东亚国家还通过发展教育大大提高了国民的素质，运用特殊政策调节了收入分配，避免了南美等国家出现过的经济增长和收入分配恶化的恶性循环。1993年，世界银行在总结东亚经济发展的经验时，高度评价了东亚经济发展的成就，并称为"东亚奇迹"。与东亚奇迹发生相隔不过十几年，中国从1978年起实施了改革开放的政策，并取得了经济发展的巨大成就。但是，日本在实现高速增长的六七十年代，产生了严重的公害问题，东亚在创造经济奇迹的同时，也为这些奇迹付出了沉重的环境污染的代价；近年来，中国在保持经济快速增长的同时，隐藏于其后的环境污染问题也逐渐显现，受到国际社会的广泛关注。人们开始反思经济奇迹的代价，探讨如何在实现高速增长的同时保护好环境，以实现可持续的经济增长。

（一）中国的经济增长成就

1. 长期的高速经济增长

作为东亚一员的中国，从1978年起实施了改革开放的政策，连续20年保持了年均10%的高增长率，取得了经济发展的巨大成就。日本从1958～1973年，连续15年取得了平均9.7%的高增长率。亚洲四小龙中的韩国和中国台湾也相继保持了15年的近10%的高增长率。中国从1978～2007年的30年间，实现了年均10.6%的超高增长率，2008年至2017年近10年以来仍然维持着7%左右的增长率。据预测，中国还将在今后20年间保持6%左右的增长率。中国经济增长的势头更猛，持续时间更长，其经济影响力也将更大。

2. 不断扩大的对外开放

中国从20世纪80年代起执行了对外开放的政策。大量引进外资发展经济，实施出

口导向的外贸发展战略，加强了中国经济的发展和同世界经济的接轨，迅速缩小着中国同世界先进国家的经济差距。这一继日本和亚洲四小龙之后的又一成功事例，被称为"中国奇迹"。中国在保持高速增长的同时，人均收入增长了17倍多，进出口贸易实现了年均17%～18%的超高增长率。与此同时，中国同国际经济的联系越来越紧密，中国的出口额在世界出口总额中的比重不断增加，在世界出口大国中中国的排位也从1978年的第32位迅速提高到2016年的第2位。

3. 逐渐提升的产业结构

20世纪80年代初期，中国的出口产品结构是以衣物、鞋袜等纺织品为主的，说明那时的产业结构程度比较低。由于纺织品属于劳动密集型产业，其技术含量低，增加价值较少，因而中国产品的总体国际竞争力较小。而从90年代以来，中国出口产品中纺织品的比重大大减少，取而代之的是机电、通信设备产品出口的大幅度增加。由于机电、通信设备产品的技术含量高、增加价值高，因而中国出口产品的总体国际竞争力大大提高了。另外，出口产品从以纺织产品为主向以机电、通信设备为主转移的事实也表明，中国的产业结构正在大调整，即从劳动密集型产业向资本、技术密集型产业发展，向发达国家过渡的必经阶段。

（二）经济发展带来的环境问题

1. 东亚奇迹带来的环境问题

当人们高奏凯歌、东南亚各国仿效亚洲四小龙的经验实施外向型经济战略时，一些学者开始重新评价东亚的经济增长结果，有的学者还批评东亚经济是"旧苏联式的、权威主义的中央集权经济"、"资本和劳动投人型经济增长"，指出这种没有技术进步的经济增长是不可能持续的。另外，一些学者在评价东亚经济奇迹时，也开始反思高速增长的代价，特别是急剧的工业化所带来的环境污染的代价。1994年，OECD的David Oconno:在探讨了东亚的经济发展历程之后指出，东亚奇迹的背后隐藏着严重的环境污染问题，它严重影响着未来的可持续发展。不幸的是，1997年，亚洲发生了严重的通货危机，克鲁格曼的预言被证实。与此同时，相隔于马六甲海峡的印度尼西亚、新加坡和马来西亚的相当部分，由于发生了森林大火而被烟雾覆盖，受到了很大损害；首尔、台北、曼谷等城市产生了大气污染的问题。这也许是东亚各国为东亚奇迹所付出的代价，或是只顾快速经济增长而无视环境保护而招致的大自然的报复。

2. 经济奇迹的代价

同东亚其他国家一样，中国在取得"中国奇迹"的同时，也发生了严重的环境污染问题。中国城市的污染相当严重，在世界大气污染最严重的城市中，沈阳、西安、兰州等城市榜上有名。北京、重庆、广州等城市的大气观测值也不时处在警戒之内。被垃圾包围的城市也并不稀奇。水质污染也在发展，七大河流有半数遭到不同程度的污染。湖沼和水泊的富营养化也在发展，太湖、巢湖、滇池的污染非常严重。酸雨也在长江以南、青藏高原以东、四川盆地发生着。生态环境也在恶化。近些年，中国发生了多次百年不遇的大洪水，给长江流域乃至全国的经济发展造成了巨大损害。一个新的环境问题困扰着许多中国城市，肆虐的沙尘暴在 20 世纪 50 年代只发生过 5 次，而进入 21 世纪以来，剧增到每年至少 20 次。干旱的年受害面积，50 年代不过 1 亿 2000 万亩，21 世纪后增加到 3 亿 8000 万亩。这些慢慢浮现出来的环境问题，可以说是为实现"奇迹"所付出的代价吧。

3. 环境污染的恶化

各项环境污染指标都呈现出逐年增加的趋势，表明环境污染在不断恶化。虽然从 1997 年以后，烟尘和 SO_2 指标有所降低，表明对这两项环境污染已有所控制，但其他指标尚未出现明显下降，因而环境污染的情况依然很严峻。另外，虽然有的环境污染指标有所改善，但从总量来看，其数值仍大得惊人。严重的大气污染，环境污染最明显的表现是大气污染，由于中国的能源使用主要以煤炭为主，而煤炭燃烧时释放的硫化物对大气造成了严重的污染。据统计，2013 年，煤燃烧时释放的硫化物的排放达到 1795 万吨，这个数字是日本的同一数据的约 20 倍，相当于世界硫化物总排放量的 15%。北京、沈阳、西安、广州、上海等大城市已经超过有关硫氧化物的世界卫生组织（WHO）的基准，在其他的几个地方城市中，也发生着严重的大气污染。环境污染对人民健康的影响，这些大气污染不仅破坏着城市的环境，也严重影响着居民的健康。日本在这方面曾有详细的记录和大量的民事诉讼案件，非常明确地反映了大气污染、公害对人民健康影响的程度。而在中国，由于没有大气污染、环境污染对人体影响的系统研究和统计资料，也没有太多由环境污染被害的民事诉讼案件，因而很难用定量方法来确认环境污染的受害情况。但是，从一些城市近年来肺炎死亡率的上升、在工厂密集和矿业发达的地区由大气污染引起的哮喘病的显著增加、广东福建等省关于工业污水严重污染地下水造成居民饮水中毒事件的新闻报道等，特别是关于包括公害在内的环境污染纠纷在各地发生量的增加，通过环境行政部门的调停案件和在法院的民事诉讼、行政诉讼案件数量的增加的事实，也能推测到环境污染对人民身体危害的严重性。环境污染对人体最直接的危害是农产品的污染。据对天津市的了解，大多数的乡镇工业企业将污染物直接排入农田、河流，用严重污染的废水灌溉农田，在被污染的田地里种植蔬菜，再将这些污染过的农产品、蔬菜卖给居民食用，从而对居民身体健康产生直接的危害。虽然目前尚无居民受农产品污染危害的研究和数据，但仅从以上的乡镇企业的污染排放的情况，便可以大致判断出其对人体的危害程度。

环境污染也给经济增长造成重大损失。根据有关研究调查，由大气污染造成的经济损失至今已约 120 亿元，如果以这样的状态扩大工业化，随着环境污染的增加，健康受害和环境破坏有可能更为扩大，这会严重影响中国的未来可持续发展。

（三）环境问题的经济分析

1. 库兹涅茨假说（倒 U 形曲线）

所谓库兹涅茨假说又称"倒 U 形"曲线，原本是美国经济学家库兹涅茨用来阐明经济增长和收入分配关系的一种假说，即在经济增长过程中，随着经济增长速度加快收入分配也随之恶化，但当经济增长达到一定水平后，收入分配逐步得到改善。因为将这一趋势描述为图形后，呈现为一条倒 U 字形的曲线，因而又称为"倒 U 形"曲线。后来，一些环境经济学家用它来说明。经济发展和环境保护的关系。其主要的假说包括以下几个方面：

（1）经济增长与能源消费的关系。这一关系可以用每增加 100 美元 GDP 所消费的能源量的关系来得到证明。它表明，经济增长可以分为三个阶段：第一阶段，人均收入低于 1000 美元的国家，每 100 美元 GDP 生产所耗费的能源很高，表明能源消耗的效率很低在第二阶段，人均收入从 100 美元增长到 1000 美元左右，由于能源的使用效率有所改善，每百美元 GDP 生产所需要的能源消费量逐渐降低；到了第三阶段，每百美元 GDP 生产所需要的能源消费大大减少。

（2）经济增长与环境污染的关系。处于第一阶段国家的人均收入不足 1000 美元，经济发展水平较低。在这一阶段，人均收入的增长伴随的是 CO_2（二氧化碳）排放迅速增大和环境污染恶化。处于第二阶段的国家的人均收入为 1000 到 10000 美元，如亚洲四小龙的韩国等。在第二阶段，每百美元人均收入的增加所造成 CO_2 排放量的增加比较少，并呈现出递减的趋势。

处于第三阶段的国家人均收入在 10000 美元以上，大多数为发达国家，这些国家的人均收入很高，但每百美元人均收入的增长并没有增加 CO_2 的单位排放量，反而大大减少了其排放量。

据一些国家的实例得出的一般性原理，其经济学意义在于：第一，经济增长与能源消费有着密切的关系，即随着经济增长，能源消耗增大。特别是在人均收入低于 1000 美元以下时，每百美元生产所消耗的能源很多，表明能源消费的效率不高；但人均收入达到 1000 美元以上时，单位消耗量逐渐下降，达到 1000 美元以上后，能源的单位消费更加降低。第二，人均收入从低到高的增长可以分为三个阶段：第一阶段可以称为"低收入、低能耗"阶段；第二阶段是"中等收入、能效改善"阶段；第三阶段是"高收入、低能耗"阶段。

给予我们的启发是：经济增长呈现的是多数国家所走过的一般道路，但问题是发展中国家能否跳跃第一阶段而直接进入第二阶段，或缩短第一阶段，也就是说在工业化的初始阶段就开始重视环境保护，避免走倒 U 形的道路。

倒 U 形曲线是一个由实证分析上升到理论的模式，但它是否适合于分析中国的情况呢？从世界银行的统计资料我们看到，中国正处于第一阶段，其人均收入不足 1000 美元，而每百美元产值的能源消耗很大，表明中国走的是高能耗的发展道路。同时，中国的每百美元产值产生的二氧化碳的排放量很高，不仅高于日本等发达国家，也高于印度尼西亚、菲律宾等亚洲发展中国家，可见中国的环境污染程度多么严重。

这一点也可依据中国的人均收入增长同能源消耗的关系得到证明。当人均收入从 850 元增长到 1355 元时，人均能源消耗量非常之高，表明人均收入的增长是靠能源的高消费推动的，与此同时，高能耗必然造成高污染；当人均收入从 1355 元增长到 3923 元时，人均能源的消费大幅度降低，表明能源的消耗效率有所提高，单位能耗所产生的环境污染有所降低。但是，当人均收入从 3923 元急剧增长到 5576 元时，能源的消耗再次大幅度上升。而后，又产生了大幅度下降。这种不规则的变化，抑或是统计方法或指标变更的原因引起的，但它所反映的人均收入增长与能源消费增长的关系，却明确告诉我们，收入的增长是与能源消费的增长相关的，而在没有明显的环境保护措施的情况下，能源消费的增加无疑会带来环境的进一步污染。

2. 产业结构阶段说

这个模型是 Grossman 和 OECD（经济与合作发展组织）的研究员奥康纳 David Oconnor 针对东亚的经济发展与产业构造变化而提出的。在这里，我们利用这个模型来说明中国乡镇工业环境污染问题。

首先说明污染的产业结构及其变化同环境污染的关系。根据奥康纳的模型，通过分析东亚国家的工业部门的结构变化，能够描述出各个产业的污染集约度的大体倾向。这个理论认为，东亚国家的工业发展和环境污染的程度可分为以下三个阶段：

第一阶段是纺织、服装、食品、饮料等轻工业的发展。这些产业的污染集约度的等级比较低。当然，有些轻工业，特别是像印度尼西亚和泰国这样的资源依存型的工业，也有可能引起各种环境问题。

第二阶段是己括铁、非金属、石油化工、非金属矿物（如水泥、玻璃等）这样的中间产品的发展，这些产业的污染集约程度相当高。在这个阶段，大气污染成为严重的环境污染问题，有毒化学物质和由重金属引起的中毒问题也日益严重。

第三阶段是主导部门如电气、电子机械、普通机器、运输机械的发展阶段，这个阶段显示出污染从程度较低向中度污染发展的倾向。其主要环境问题是有害废弃物的管理。

根据以上三阶段模型我们可以看出，东亚发展中国家的产业发展和环境污染可分为三个阶段，即轻工业阶段、重工业阶段和电子工业阶段，在第一阶段环境污染较轻，第二阶段随着产业结构的深化，污染变得严重起来；到了第三阶段，产业结构的再升级即产业高度化，使得污染有所缓和。

这个模型对中国的乡镇工业环境污染的分析也是适用的。中国的乡镇工业是农村工业，起步较低，技术、机械设备比较落后，工业企业几乎也集中在造纸、服装加工、水泥制造等非金属矿物等行业，污染主要源于这些工业企业，这一点可以从 1995~2015 年的调查结果中得到证明。因此可以说，正处于产业发展第二阶段的乡镇工业，其产业结构的特征是其产生严重污染的客观原因。

（四）环境污染的原因分析

关于环境污染的原因，已有很多分析研究，第二节的倒 U 形曲线、产业结构发展三阶段说等，也属于其中的几种假说。另外，比较流行的还有"优先发展经济论""发展中国家论"等。

1. 主观论的"优先发展经济论"

这一假说即认为中国是发展中国家，人均收入很低，因而不可避免地要以发展经济为先，环境保护在次，其结果难免重蹈发达国家走过的"先污染、后治理"的覆辙。特别是涉及中国乡镇工业的环境污染问题，由于乡镇工业是从比城市贫穷的农村起步的非常原始的工业企业，对于想尽快从贫困中脱离出来的农民们来说，当然乡镇工业的发展比环境保护要优先考虑。但是，经济增长是要用能源来推动的，随着经济的增长，能源的消费量必然随之增长。增长与能源增长的关系，它表明，能源增长与经济增长呈现出正的相关性，即经济增长，能源消耗增加。但问题在于，这期间由于能源的使用效率没有得到明显提高，因而能源的使用量不但没有随着 GDP 水平的提高而降低，反而呈加速增长的趋势。这不能不说是单纯追求经济增长、亦即经济增长优先论的必然结果。

2. 客观论的"发展中国家说"

该及说认为中国是发展中国家，因而无论政府下多大气力来保护环境，作为发展中国家，由于环境保护的资金不足、技术管理水平的限制，加之民众的环境意识较低，因而不可避免会发生环境恶化的问题。

3. "环境保护系统说"

这一假说认为，中国的环境恶化是由于环境保护系统不完备，即环境保护的法律体系、行政制度、审判制度、社会习惯、国民意识等系统准备不足，从而无法控制环境污染的广泛蔓延。

4. 工业污染论与乡镇工业污染论

从一般意义上讲，环境污染主要来自工业排放的废弃物，因而环境污染问题的发生往往是同工业化的发展相联系的。从中国目前的发展阶段来看，正处在工业化特别是农村工业化的高潮时期，因而环境污染问题很容易发生。工业部门的能源消耗量最多，这也就是说工业部门产生的污染最多。另外，在中国的工业发展中，随着经济体制改革的深化，全国工业总产值中国有工业的比重越来越小，取而代之的是乡镇工业的崛起和比重的增大。国有企业的工业总产值从 1978 年的 78% 大幅度降到 2015 年的 34%（1999 年降到 27%）相反，乡镇工业的产值比重由同期的 13% 大幅度提高到 58%，然而，由于乡镇工业的起步低、环境保护意识差、技术水平低、环境投资的能力弱，也由于乡镇工业的企业类型杂、地域分布广、规模小而不易于环境保护的监督管理，因而造成乡镇工业的环境污染越来越突出。这是中国环境的一大污染源，也是中国环境污染问题的一大特色。

5. 能源结构说

中国是世界第二位能源消费大国，因而由能源的大量消费所产生的环境污染问题不言而喻。但是，我们不能由此推证说，所有的能源消耗都会带来严重的环境污染。日本、德国也是能源消耗大国，我们的环境污染问题却相对比较小。究其原因，是因为它们的能源结构比较合理。以日本为例，20 世纪 60 年代初，日本的主要能源是煤炭，因而在重工业化过程中发生了严重的环境污染和公害问题。但此后，日本从年代后期开始将能源结构由煤炭转为石油，加上严厉的环境政策，使环境得到了很大理。石油危机以后，日本又将能源结构向天然气、核能、复合能源等方面转变，从而大大减少了环境污染源。但是，中国目前的能源结构同日本 60 年代很相似，在能源的生产和消费中一次性能源煤炭的消费占绝对比例。它表明，即使到了 2020 年，中国的能源构成仍然是以煤炭为主，煤炭生产的比重占到能源生产总量的 72%。从这些数据似乎可以判定，中国的环境污染，尤其是工业环境污染，主要的原因在于能源结构的不合理，即过重偏向于煤炭所致。

第四章　水资源与环境

第一节　水资源的含义、分类及特点

一、水资源的含义

水资源是人类赖以生存、社会经济得以发展的重要物质资源。广义的水资源，指自然界所有的以气态、固态和液态等各种形式存在的天然水。自然界中的天然水体包括海洋、河流、湖泊、沼泽、土壤水、地下水以及冰川水、大气水等。这些水形成了包围着地球的水圈。在太阳辐射能的作用下，地球大气圈中的气态水、地球表面的地表水以及岩土中的地下水之间不断地以降水、蒸发、下渗、径流形式运动和转化，以至形成了自然界的水循环过程。

水作为资源，应具有经济价值和使用价值，同时，满足社会需水包括"质"和"量"两个方面的要求。因此，水资源是指地球上目前和近期可供人类直接或间接取用的水。目前所讲的水资源多半是一种狭义的概念，是指水循环周期内可以恢复再生的、能为一般生态和人类直接利用的动态淡水资源。这部分资源是由大气降水补给，由江河湖泊、地表径流和逐年可恢复的浅层地下水所组成，并受水循环过程所支配。

随着科学技术的不断发展，水的可利用部分不断增加。例如南极的冰块、深层地下水、高山上的冰川积雪甚至部分海水淡化等逐渐被开发利用。可将暂时难以利用的水体作为后备（或称储备）水源。

对一个特定区域，大气降水是地表水、土壤水和地下水的总补给来源，因此，大气降水反映了特定区域总水资源条件的好坏。降水除去植物截留等部分形成地表径流、壤中流和地下径流并构成河川径流，通过水平方向的流动排泄到区外；另一部分以蒸散发的形式通过垂直方向回归大气。地表水资源就是地表水体的动态淡水量，即地表径流量，包括河流水、湖泊水、渠道水、冰川水和沼泽水。依靠降水补给、埋藏于饱和带中的浅层动态淡水水量称为地下水资源。

二、水资源的分类

为了适应各用水部门以及社会经济各方面的需要，常常将水资源进行分类。水资源的分类有以下几种。

（一）地表水资源和地下水资源在水资源总量的计算中往往按形成条件分为地表水资源

和地下水资源，它们共同接受大气降水的补给并相互转化和影响。

（二）天然水资源和调节水资源在水资源的供需分析中往往按工程措施分为天然水资源和调节水资源，后者是指天然水资源中通过工程措施被控制利用的部分。

（三）消耗性水资源和非消耗性水资源按用水部门的用水情况，将水资源分为消耗性水资源和非消耗性水资源两类。如航运、发电用水，并不消耗水资源，是非消耗性水资源。灌溉、给水都消耗水量，是消耗性水资源。

三、水资源的特点水资源的基本特点

水资源本身的水文和气象本质，既有一定的因果性、周期性，又带有一定的随机性；水资源本身的二重性，既能给人类带来灾难，又可为人类所利用以有益于人类。具体特点如下。

（一）循环性。水资源与其他固体资源的本质区别在于其所具有的流动性，它是在循环中形成的一种动态资源。水资源在开采利用以后，能够得到大气降水的补给，处在不断地开采、补给和消耗、恢复的循环之中，如果合理利用，可以不断地供给人类利用和满足生态平衡的需要。

（二）有限性。在一定时间、空间范围内，大气降水对水资源的补给量是有限的，这就决定了区域水资源的有限性。从水量动态平衡的观点来看，某一期间的水量消耗量应接近于该期间的水量补给量，否则破坏水平衡，造成一系列不良的环境问题。可见，水循环过程是无限的，水资源量是有限的，并非取之不尽、用之不竭。

（三）分布的不均匀性。水资源时间分配的不均匀性，主要表现在水资源年际、年内变化幅度大。在年际之间，丰、枯水年水资源量相差悬殊。水资源的年内变化也很不均匀，汛期水量集中，有多余水量；枯期水量锐减，又满足不了需水要求。

水资源空间变化的不均匀性，表现为水资源地区分布的不均匀性。这是由于水资源的主要补给源——大气降水和融雪水的地带性而引起的。例如，我国水资源总的来说，东南多，西北少；沿海多，内陆少；山区多，平原少。

（四）因果性和随机性。水资源主要来源于大气降水和融雪水，所以说水资源的循环运移是有因果关系的。由于大气降水和融雪水在时空上存在着随机性，有着因果关系的水资源在循环运移过程中也具有随机性。

（五）用途的广泛性。水资源是被人类在生产和生活中广泛利用的资源，不仅广泛应用于农业、工业和生活，还用于发电、水运、水产、旅游和环境改造等。

（六）不可替代性。水是一切生命的命脉。例如，成人体内含水量占体重的66%，哺乳动物含水量为60%～68%，植物含水量为75%～90%。由此可见，水资源在维持人类生

存和生态环境方面是任何其他资源不可替代的。

（七）利害的两重性。水量过多容易造成洪水泛滥，内涝渍水；水量过少容易形成干旱等自然灾害。正是水资源的这种双重性质，在水资源的开发利用过程中尤其应强调合理利用、有序开发，以达到兴利除害的目的。

（八）水量的相互转化特性。水量转化包括液态、固态水的汽化，水汽凝结降水的反复的过程；地表水、土壤水、地下水的相互转化；各种自成体系但边界为非封闭的水体在重力、分子力的作用下，发生的渗流、越流，使这些水体之间相互转化。

第二节　水资源概况

一、水资源量

（一）地表水资源

我国位于北半球欧亚大陆的东南部，气候特点是季风显著、大陆性强、复杂多变。受气候控制的降水分布很不均匀。据统计，全国多年平均年河川径流量为27115亿 m^3，折合年径流深为284mm。降水对径流的直接补给约占全部径流量的71%，降水渗入到地下含水层后又由地下水渗出补给占27%，高山冰川和积雪融水补给约占2%。多年平均年河川径流深与降水及下垫面等因素有关，其分布由东南向西北逐步递减，由东南高值区的1000mm 以上减至西北低值的10mm 以下，在内陆河区甚至还有大面积的无流区，地区间的差异十分显著。

年河川径流深的地区变化大致分为五个地带：

1. 干旱—干涸带。年降水深在200mm 以下、年径流深在10mm 以下的地区，其范围大致包括内蒙古、宁夏、甘肃的荒漠和沙漠，青海的柴达木盆地，新疆的塔里木盆地和准噶尔盆地，以及藏北高原的大部分地区。

2. 半干旱—少水带。年降水深200～400mm、年径流深10～50mm 的地区，包括东北西部，内蒙古、宁夏、甘肃的大部，青海、新疆部分山地和西藏部分地区。

3. 半湿润—过渡带。年降水深400～800mm、年径流深50～300mm 的地区，即由干旱向湿润的过渡带。这一地带包括华北平原，东北、山西、陕西的大部，甘肃、青海东南部，新疆西北部山区，四川西北部和西藏东部。

4. 湿润—多水带。年降水深800～1600mm、年径流深300～1000mm 的地区，大致包括沂沭河下游，淮河两岸至秦岭以南，长江中下游，云南、贵州、广西和四川的大部分地区。

5. 多雨—丰水带。该地带年降水深大于 1600mm、年径流深大于 1000mm, 包括浙江、福建、广东等省的大部和广西东部、云南西南部、西藏东南隅以及江西、湖南、四川西部的山地。

我国河川径流的年际变化很大。长江以南各河的年径流极值比一般在 5 以下, 而北方河流的年径流极值比可高达 10 以上。河川年径流量的变差系数 CV 值的变化及其地区分布大体与极值比的分布规律一致, 极值比大的地区其 CV 值也大。西北干旱地区的 CV 值均在 0.20 ~ 0.50; 云南中部和四川盆地、淮河流域大部、东北大部、西北盆地的 CV 值为 0.50 ~ 1.00; 华北平原、内蒙古高原西部一般河流的年径流 CV 值均大于 1.00, 个别河流可高达 1.20 ~ 1.30。

河川径流的年内分配比较集中。长江以南、云贵高原以东大部分地区, 连续 4 个月最大径流量占全年径流量的 60% 左右, 一般出现在每年的 4 ~ 7 月; 长江以北河流径流的年内集中程度明显增高, 如华北平原和辽宁沿海地区, 以及羌塘高原诸河的最大连续 4 个月径流量可占全年径流量的 80% 以上, 出现时间大部分地区为 6 ~ 9 月。西南地区河流最大 4 个月径流量占全年的 60% ~ 70%, 出现时间为 6 ~ 9 月或 7 ~ 10 月。

地表径流量的地区分布不均, 北方五片地表径流量不足全国的 20%, 而其以南地区则占全国的 80% 以上。

（二）地下水资源

由降水形成的径流, 除大部分汇入河川径流外, 还有一部分潜入地下, 形成地下水。地下水的形成, 除受气候、水文、地形等自然地理条件影响外, 还受地质构造、地层、岩性等条件的影响, 使不同地区地下水的补给、径流、储存和排泄有较大差别。人类活动也可在一定程度上改变地下水的补排关系。

地下水资源量通常用地下水的补给量来表示。据《中国水资源评价》统计, 全国多年平均地下水资源量约为 8288 亿 m^3, 其中山丘区地下水资源量为 6762 亿 m^3, 平原区约为 1874 亿 m^3, 山丘区与平原区地下水的重复计算量为 348 亿 m^3。地下水资源和地表水资源分布情况一样, 南方多、北方少。南方四个流域片的地下水资源量占全国的 67.5%, 北方五片的地下水资源量占全国的 32.5%。平原区地下水资源量主要分布在北方, 山丘区地下水资源量主要分布在南方。

（三）水资源总量

区域水资源总量, 为当地降水形成的地表和地下的产水总量。由于地表水和地下水相互联系又相互转化, 河川径流量中的基流部分是由地下水补给的, 而地下水补给量中又有一部分来源于地表水入渗，因此计算水资源总量时，应扣除两者之间相互转化的重复计算部分。

我国多年平均年河川径流量为27115亿 m^3，多年平均年地下水资源量为8288亿 m^3，两者之间的重复计算水量为7279亿 m^3，扣除重复水量后，全国多年平均水资源总量为28124亿 m^3。

二、我国水资源特点

我国水资源的特点如下：

（一）水资源时空分布变幅大，水土差异突出，时间上分布不均，年内年际变幅大。我国大部分地区冬春少雨，多春旱；夏秋多雨，多洪涝。东南部各省雨季早，雨季长，6～9月降水量占全年降水量的60%～70%。北方黄、淮、海、松辽流域6～9月的降水量一般占全年降水总量的85%，有的年份一天暴雨量可超过多年平均年降水量。降水量的年内分配不均，势必径流变化也大。例如，黄河和松花江在近70年内出现过11～13年的连续枯水年，也出现过7～9年的连续丰水年，造成水旱灾害频繁，影响农业稳定生产；长江宜昌站的最大流量为11万 m^3/s，而实测最小流量仅为2770 m^3/s，洪枯径流相差40倍；黄河三门峡的最大流量为36000 m^3/s，而实测最小流量仅为145 m^3/s，洪枯径流相差248倍。再如，滏阳河临洺关站年径流最大与最小的比值为72.3。

（二）地区分布不均，水土之间矛盾突出，降水不均匀，造成全国水土资源严重不平衡的现象，如长江及其以南耕地面积占全国耕地的36%，而水资源却占全国总量的80%；黄、淮海流域水资源仅占全国的8%，而耕地却占全国的40%。水土资源相差悬殊，造成我国水资源配置的难度和天然水环境的不利状况。我国西北地区中有3.09万 km^2，储有冰川约3万亿 m^3，平均年融水量250亿 m^3，是西北内陆河流的主要径流补给源。由于全球生态环境恶化，近年来西北地区气温升高，冰川融水速度加快，冰川储量以每年1.25%的速度衰减，更加剧了西北地区地表水资源的紧缺。

（三）河流天然水质差异明显，含沙量大由于地质条件不同，河流的水化学性质差异明显。我国河川径流矿化度分布与降水分布相反，由东南向西北递增。西北大部分河流矿化度在300mg/L左右，东南湿润带最小，在50mg/L以下。我国水流的总硬度分布与矿化度分布相同，淮河、秦岭以南硬度普遍小于3，以北大部分地区总硬度为3～6，高原盆地超过9。我国河流年总离子径流量为4.19亿 t，相当于每平方公里面积上流失盐类43.6t。

河流泥沙是反映一个流域或地区的植被和水土流失状况的重要环境指标。我国每年被河流输送的泥沙约34亿 t。其中外流直接入海的泥沙约18.3亿 t，外流出境泥沙2.5亿 t，内陆诸河输沙量1.8亿 t。全国外流区平均每年有1/3左右的泥沙淤积在下游河道、湖泊、水库、灌区和分洪区内。黄河陕县平均每年输沙量 16.0 亿 t，年平均含沙量 36.9kg/m³，是世界之最。长江宜昌年平均输沙量 5.14 亿 t，含沙量 1.18kg/m³。海河、淮河和珠江多年平均输沙量分别为 1.7 亿 t、0.27 亿 t 和 0.86 亿 t。水中含沙量大，淤积量大，且淤积易吸收其他污染物，加重水的污染，增加了水资源开发利用和水环境防治的难度。

第三节　面向可持续发展水资源开发利用中的问题及对策

一、面向可持续发展水资源开发利用中的问题

（一）人口、经济增长，水资源供需矛盾突出

随着人口增长、经济发展和生活水平的提高，对水的需求量大大增加。目前我国人口 13 亿，2016 年 GDP 达 67700 多亿元，1995 年年底实际供水能力 5200 亿 m³，人均用水量约 433.3m³，用水水平只相当于美国 1975 年人均用水量的 18.5%，相当于意大利 1970 年人均用水量的一半、日本 1965 年的 63%。

2016 年，我国 GDP 已经达到 744127 万元，水资源总量 28000 亿 m³，人均 2300 立方米，只占世界人均拥有量的 1/4，居 121 位，为 13 个贫水国之一。但据统计，目前全国水资源还存在严重赤字，640 个城市有 300 多个缺水，2.32 亿人年均用水量严重不足。城市缺水 60 亿 m³，农业缺水 300 亿 m³，农村还有 6500 万人、6000 万牲畜饮水困难。随着城市工业和人口继续增加，缺水量将继续加大。目前，水资源供不应求的矛盾已构成了国民经济和社会发展的瓶颈，尤其在北方地区，水资源紧缺已成为当地经济社会发展的最大制约因素。

（二）水环境污染严重，水资源有效利用量减弱

在水资源供需矛盾日趋尖锐的情况下，江河湖泊水环境又遭污染，犹如雪上加霜，供水形式更为严峻。目前七大江河、湖泊、水库均遭到不同程度的污染，并呈加重趋势，工业较发达城镇和经济较发达地区附近水域污染程度尤为突出。据监测资料表明，1995 年七大水系污染明显加重，松、辽河流域水质Ⅳ类、Ⅴ类标准的占 67%，黄河流域占 60%，淮河流域占 51%，海河流域占 41%，长江流域占 24%，珠江流域占 22%。2014 年，一项调查表明，我国污水、废水排放量每天约为 $1×10^8 m^3$ 之多。水污染现状更是触目惊心，全国目前已有 82% 的江河湖泊受到不同程度的污染，每年由于水污染造成的经济损失高达 377 亿元。

（三）水资源浪费巨大，加重供水矛盾

我国目前水资源的紧缺，除与水资源本身特性、水污染严重有关外，还与水资源的浪费有关。

首先，农业用水浪费巨大。据估计，2015年，按年供水能力5200亿 m^3 计，灌溉用水约占82%，共用水4200亿 m^3，当年灌溉面积约7亿亩，折合亩均灌溉用水600 m^3，比小麦、玉米、水稻等需水量高出 $100\sim300m^3$/亩，以平均每亩多用200 m^3 计，则浪费用水1400亿 m^3，约占当年总供水能力的27%。其次，工业工艺水平低，水的重复利用率低，单位产品的耗水量高等也是水资源浪费的原因。例如，我国平均每吨钢耗水量为 $70\sim100m^3$，就是比较先进的首钢和宝钢，其吨钢耗水量也分别为25 m^3 和7 m^3，而法、美和日本每吨钢耗水量分别为3.75 m^3、4.0 m^3 和2.1 m^3，仅为我国平均吨钢耗水量的 $1/18\sim1/50$。

（四）洪涝灾害威胁着持续发展进程

洪涝灾害的发生一般需要具备灾害源、灾害载体和受灾体三个条件，包括自然和人为两方面因素。我国的洪水灾害，除受自然条件决定外，不合理的人为活动的影响也很重要。目前我国的防洪标准低，洪灾隐患依然存在；河湖行洪蓄洪区泥沙淤积和人为设障严重，防洪能力普遍下降；工程老化失修，经费不足，活力减弱；防洪抗洪的管理不够协调。不尽快解决这些问题，我们已经取得的经济社会发展成果和继续发展下去的前景就没有可靠的安全保证。

二、增强水资源支撑持续发展能力的对策

（一）节约用水，建立节水型社会

从我国水资源的特点来看，不实行保护性和持续性的开源节流措施，是无论如何也解决和满足不了水资源的供需矛盾和日益增长的用水需求的。节约用水不是权宜之计，而是根本对策。节约用水，并不等同于限制用水，而是当用则用，高效节流，杜绝浪费。节约用水要个人、集体、各行各业和全民都节约用水，从而形成一个节水型的社会，这是解决水资源供需矛盾和持续利用水资源最根本最重要的途径之一。

（二）开发水资源，增强供水能力

1995年年底我国的供水能力为5200亿 m^3，只占水资源总量28000亿 m^3，的19.0%，开发率并不算高，还大有潜力提高供水能力。但是，由于我国水资源的时空分布和利用情况极不均衡，需要大力增加供水能力的北方缺水地区，当地水资源开发利用已经较高，其地表水的利用率已达 $43\%\sim68\%$，地下水的开发程度达 $40\%\sim81\%$，再增加当地供水量

是相当困难的。例如，目前华北地区人均水资源量小于 500m^3，按水资源开发控制现状已属于水资源超载区，再加大供水量，必将造成严重的社会与生态问题。

现在的水资源开发必须与保护水资源、防治水环境污染、改善生态环境和地区经济发展同步规划，有计划地实施，以维持地区人口、资源、环境与发展的协调关系。因此，必须做好综合规划，以最小的代价取得水资源对持续发展的最大支持和效益。

（三）保护水环境，防治水污染，改善生态环境

我国当前的水环境污染是相当严重的，必须予以正视。要采取各种技术措施保护水环境质量，彻底解决已经污染了的水资源，使污水资源化。

工业是我国水环境的最大污染源，对工业污染源的治理应作为水污染防治的重点。防治水污染的最好途径一是加速建立用于防治环境污染、改善生态环境、保护自然资源等方面的产业部门，二是大力推行将污染尽量消灭于生产过程之中的生产方式与技术。

除了积极预防水污染外，对已经污染了的水资源的治理也是不可缺少的。治理的目的是使污水的水质改善，保护水体环境不受污染，或使污水资源化而被重新利用。

要管好保护好水环境，应明确水资源产权，理顺管理机构，由目前条块分割的管理方式逐步过渡到集开发、利用和保护于一体的企业化管理体制。

（四）综合治理洪涝灾害，保障生产与社会安全

为了提高现有防洪能力，尽量减少洪灾损失，需要采取工程和非工程相结合的防洪措施。用工程手段控制一定防洪标准的洪水，用非工程措施减缓工程措施不能防御的洪水带来的洪灾损失。洪水是自然系统的一个组成部分，过分控制或万保一失，经济上和技术上未必可行，而且可能影响自然生态平衡和物质循环。因此，需要制订有关防洪政策、防洪法、洪水保险和防洪基金等制度，把工程的和非工程的措施结合起来，共同对付洪水灾害和保障社会发展与安全。

（五）加强水资源管理，保证水资源持续利用

目前，我国水资源管理，随着国家经济体制和经济增长方式的转变，正在进行管理体制的改革。但总的来说，还跟不上经济社会发展形势的步伐，显得有些滞后。譬如，水资源管理部门要求节约用水、保护水质、减少污染，而有些行业的生产部门为追求产值不惜浪费水和污染水体。因此，加强水资源管理不但现在要强调、要行动，就是将来随着情况变化、科技进步，管理制度的安排等也总是需要的。

当前水资源的开发利用必须严格执行取水许可制度、缴纳水资源费制度和污水排放许可及限制排水总量的制度。要认真贯彻《中华人民共和国水法》《中华人民共和国水污染防

治法》等各项规定，依法管水、用水和治水。

（六）建立水资源核算体系，提高水资源综合效益

建立水资源核算体系，明确水资源所有者与使用者的权利和义务，并逐步将水资源核算体系纳入国民经济核算体系，使水资源的储蓄控制和消耗减少在国民经济核算中得到具体表现，使水资源的投入产出关系得到反映。这样就可明晰水资源的盈亏、供水与用水的轻重缓急、节水与浪费的效益差异，并可指导协调水资源开发利用保护与经济发展之间的关系。

依靠市场机制和科学技术优化配置水资源，提高水的利用率，取得高的社会效益和经济效益。优化水资源配置利用，达到经济、社会和环境效益的三统一，是水资源持续利用的基本目的和要求。

第五章　水资源可持续利用

第一节　我国水资源态势

我国水资源从总量上看较为丰富，这是中华民族存在和发展的重要条件之一。但人口多，水资源分布不平衡，人均占有量并不丰富。认识这一水资源国情，对于优化水资源管理具有重要的指导意义。

一、水资源的概念、特征、地位

（一）水资源的概念

水资源概念从广义上讲，包括海洋水、地下水、河川水、湖泊水、沼泽水、冰川、永久积雪和永冻带底冰、土壤水、大气水和生物水等，但这些水体中能被人类直接使用的量很少。所以，通常人们所说的水资源，主要是指现有技术经济条件下可以被人类所利用的淡水资源，尤其是指江河湖泊地表水和浅层地下水部分，这就是狭义的水资源概念。

（二）水资源的特征

1. 狭义水资源是一种再生性资源，它可以不断循环更新和再生，但在特定地区或特定使用地点可以被耗光用尽。

2. 它具有重复利用的特性，一水可以多用，并且重复利用的次数越多，单位价值就越大。因此，在相同的供水条件下，水的实际使用量和价值量是不固定的。

3. 水资源具有独特的物理、化学性质，从而决定它是人类必需的一种不可替代的"稀缺"资源。

4. 它的时空分布极不均衡，这就决定了它有一大部分不可能被人类利用，从而失去资源的使用价值。

（三）水资源的地位

自然资源是指在自然环境中能够用来造福人类的自然物质和自然能量。按其开发利用和更新的特点，可划分成以下三类：

1. 无限资源（恒定性资源）。如太阳能、潮汐能、风能、空气、海洋水、冰川等，这类资源是取之不尽、用之不竭的，几乎不因人类活动而发生变异，完全枯竭的概率小。

2. 有限资源（消耗性资源或非再生性资源）。这类资源一经耗尽就无法再生。各种矿物资源属于这一类资源。

3.再生资源（可更新资源）。这类资源主要是生物和以动态形式存在的资源，如各种动植物、微生物及其与周围环境组成的各种生态系统。我们常说的狭义水资源，如地表和地下的淡水就属于这一类，它在适宜的自然环境中与合理的经营管理条件下，可以不断循环更新和再生。如果人类计划管理得当，这类资源可以用之不竭；如果计划管理不当，它们就有遭到破坏或被耗尽的可能，从而给人类带来不利的社会经济后果。因此，这类资源是人类当前应该重点保护和合理使用的重要资源。

水资源与空气、阳光、土地一样是人类生存、发展不可缺少的一种自然资源。它是生命的摇篮、工业的血液、农业的命脉、城市发展的基础。

二、我国水资源的基本态势

（一）水资源的地区分布和人均状况

我国水资源总量从数量上讲是不少的，但人均占有量却不大，加之时空分布的不均衡性，使得我国常发生洪涝灾害，许多地区和城市缺水程度比较严重。

从我国的31个省、市、区来看，水资源量以西藏最为丰沛，达4482亿立方米，接着是四川、云南，均超过2000亿立方米，最小为宁夏，仅10亿立方米，天津、上海、北京均不及100亿立方米。中位数是青海，为626亿立方米。水资源量较大的省、市、区多集中在我国西南和华南一带，华北则均较贫乏。人均占有量以西藏最多，达196580立方米，该地区属人烟稀少、水资源量特丰地区，其人均占有量是全国人均占有量的八十多倍。其次为青海，达13580立方米，为平均值的五倍多。云南、新疆人均占有量超过5000立方米。人均占有量最小为天津，为160立方米，仅为平均值的6.7%，宁夏、上海为平均值的8.3%，中位数是黑龙江，为2120立方米，比平均值小11%。

我国水资源并不丰富，年均水资源总量为28124亿立方米，其中河川径流量是27115亿立方米，为世界径流总量的5.8%。水资源总量居世界第六位，人均占有量却排在世界第100位后。人均年水资源占有量2300立方米，相当于世界平均水平的1/4，亩均水资源量为1890立方米，约为世界平均水平的3/4。我国水资源主要来自大气降水，受季风环流、海陆分布和地形的影响，年降水量的空间分布具有从东南沿海向西北内陆递减的规律，年降水量由1600毫米递减至50毫米。在时间分布上，降水量主要集中在汛期6～9月，东南部地区汛期降水量占全年降水量的60%～70%，其他地区占全年的70%～80%，降水时间的集中程度具有从沿海向内地越来越大的规律。降水量的年际变化也很大，水资源时空分布不均匀，从沿海向内陆水资源量越来越少。自古以来我国经济以农业为主，水资源开发利用的目的主要是满足农业发展的需要。由于水土资源组合不平衡，时间分配上与农作物的需水要求不同步，且水资源自身的随机变化等致使旱灾不断。据历史资料，从公元前206年到1949年的2155年间，我国发生较大的旱灾1056次，几乎每两年就有一次较大的旱灾。

中华人民共和国成立至2016年，我国修建水库8.5万座，总库容5000亿立方米，配套机井300多万眼，工业自备井3万多眼，兴建了一批大型跨流域引水工程，供水能力达5800亿立方米。

（二）我国水资源在世界中的排名位置

根据1998~2016年省级统计资料初步估算，目前我国实际毛用水总量约5300亿立方米（包括部分重复利用的水量），其中地表水4300亿立方米，占用水总量的81.1%，地下水860亿立方米，占用水总量的16.2%，其他用水量占2.7%。与世界各国相比，我国用水总量仅次于美国，居世界第二位。在世界各大洲中，亚洲、非洲水资源最紧张。亚洲人均水量不足世界人均值的一半，而且亚洲的河川径流量最不稳定。我国水资源总量、河川径流总量均次于巴西、俄罗斯、加拿大、美国、印度尼西亚，居世界第六位，但人均占有量约2300立方米，居世界第100位后。

（三）我国水资源利用预测

2000年以来，不少国家都在研究和预测2020年以后用水前景，我国对工农业用水总量的预测研究工作只是改革开放后才开展起来的。用水量的预测是一项复杂的工作，它不仅取决于国民经济的发展规模、布局和速度，而且还取决于生态环境的保护。初步预测，"十三五"期末我国工农业生产用水和城镇生活用水总需求量将达到6400亿立方米以上。我国水土资源分布极不均衡，时程变化很大，可利用的水资源数量受到水资源分布特点的影响，在现有技术经济条件下，可利用水资源数量有限。中国水资源初步评价成果的供需分析表明，至2020年75%中等干旱年份的可供水量约6000亿立方米。据此测算，全国总缺水量在500亿立方米以上，缺水地区主要集中在黄、淮、海、辽四个地区，其次是西北干旱地区、高原山区、滨海地区等。

三、我国水资源的基本特点

（一）人均分布特点

我国国土面积约1000万平方公里，居世界第三位，仅次于俄罗斯和加拿大。在这广阔的土地上，多年平均降水总量为61889亿立方米，水资源总量为28124亿立方米，河川径流量为27115亿立方米，居世界第六位，仅次于巴西、俄罗斯、加拿大、美国和印度尼西亚。从总量上讲，丰沛的水资源，辅之以许许多多的有利条件，才使占世界人口约1/4

的我国得以发展壮大。尽管水资源总量不少，但人口众多，人均占有水量仅为2300立方米，约占世界人均水量的25%，比加拿大、巴西、印度尼西亚、俄罗斯、美国低很多，仅与印度相当。单位耕地面积的占有水量仅为世界均值的75%，远低于印度尼西亚、巴西、加拿大、日本等国。当前，我国以全球陆地6.4%的国土面积和全世界7.2%的耕地养育着全球约25%的人口，使得我国水资源态势十分严峻。

据2015年全世界及一些国家谷物人均产量的资料统计，我国人均占有量仅为世界平均值的90%，人均耕地面积仅为世界均值的1/3，但公顷均谷物产量却居世界最前列，为世界平均水平的2.75倍。可见，我国谷物单产非常高，水量利用是很充分的。就谷物单位产量所占有的水量来分析，我国每公斤谷物占有水量为7.6立方米，仅为世界平均水平的30%，列世界各国排名之前，这也说明我国水资源总量比较大，虽人均、公顷均水量低，但谷物单产量所占有的水量却是充足的。我国水资源利用程度总的说来是不够高的。21世纪初期，水资源利用率约为16%，用水总量约为4430亿立方米，人均用水量为450立方米，而农业用水所占的比重高达88%，明显地表现出我国以农立国的基本方针，城镇生活用水水平低，反映了我国水资源利用的特点。

2016年全国用水总量为5435亿立方米，其中农业用水占69.3%，工业用水占20.7%，城镇生活用水占4.7%，农村生活用水占5.3%，农田灌溉用水量约占全国总用水量的2/3，平均每亩灌溉用水定额488立方米。由此可以看出，农业用水所占的比重仍然较大，但随着节水灌溉措施的落实和农民节水意识的加强，农业用水比重已呈下降趋势。人均用水量从1990年的200立方米左右，提高到1998年的435立方米，反映了人民生活质量的提高。

（二）地区分布特点

我国水资源量的地区分布与人口和耕地的分布很不相称。南方四片面积占全国总面积的36.5%，耕地面积占全国的36.0%，人口占全国的54.4%，但水资源总量却占到全国的81.0%，人均占有水量为4180立方米，约为全国均值的1.6倍，公顷均占有水量为275.3立方米，为全国均值的2.3倍。其中，西南诸河片水资源丰富，但多高山峻岭，人烟稀少，耕地也很少，人均占有水资源量达38400立方米，约为全国均值的15倍，公顷均占有水量达1453.3立方米，约为全国均值的12倍。辽河、海滦河、黄河、淮河四个流域片总面积占全国的18.7%（扣除黑龙江流域片），相当于南方四片的一半，但水资源总量仅有2702.4亿立方米，仅相当于南方四片水资源总量的12%。辽河、海滦河、黄河、淮河流域这四片大多平原，耕地很多，占全国的45.2%，人口密度也较高，占全国人口的38.4%，其中以海滦河流域最为突出，人均占有水量仅有230立方米，为全国均值的16%，公顷均占有水量仅有16.7立方米，为全国均值的14%。

辽河、海滦河、黄河、淮河四片与长江、珠江两片相比较，前四片耕地面积为后两片的146.8%，而人口为84%，土地面积为74.5%，但水资源量仅为18.8%，人均水量为22.4%，公顷均水量仅为12.8%。

在全国有效灌溉面积0.55亿公顷中，海滦河流域占13.1%，但水资源总量仅占全国的1.5%，华北水资源危机由此可见一斑。2015年海滦河流域一般工业总产值占全国的14.3%，但工业用水量占全国的12.3%，用水定额为全国的86.5%，灌溉用水量占全国的8.5%，毛灌溉定额居全国流域片之尾，主要在于海滦河水资源占有量低，而河川径流量的利用程度则居十大流域片之首，达67.7%。对于西南诸河而言，情况正好相反，河川径流量开发利用程度不到1%（0.7%），一般工业用水量仅占全国的0.2%，灌溉用水量占全国的1.1%。

在我国各地，由于水资源、土地资源和光热条件的组成不同，大体上可概括为：东北地多，水相对不少，但光热条件较差；西北地多，光热条件尚好，但水少；东部北方土地较多，光热条件也较好，但水不多；东部南方水多，光热条件很好，但土地资源较少。水资源在地区上分布不均衡的特点表现在水能资源分布上也不均匀。从水能资源看，水资源丰沛的地区大多属于山丘区，这就具备了水能蕴藏的条件。据我国水力（能）资源普查报告，我国水能蕴藏量为6.8亿千瓦，居世界第一位，年发电量为5.9万亿千瓦时；可能开发水能资源总装机容量为3.8亿千瓦，年发电量为1.9万亿千瓦时。

再从内河航运看，我国许多大江、大河、湖泊和水库为发展航运提供了良好的条件，在我国流域面积为100平方公里以上的5万多条河流中，通航河流5600余条。长江、黄河、珠江、淮河、黑龙江、辽河、钱塘江、闽江、澜沧江等巨大水系构成了航运交通的干线，1700多公里的京杭大运河沟通了黄河、海河、淮河、长江和钱塘江五大水系。除东北、华北少数地区河流每年有封冻停航期外，其他水系均能常年通航。从水资源分布的情况看，淮河、秦岭以南地区属我国湿润地带，其水运资源是利用得比较好的，这一地区的长江、淮河、珠江三个水系的通航里程占全国的82.3%，内河货运量占全国的96.4%。水运具有运量大、成本低、投资省、占地少、污染小等经济、社会效益，结合水资源地区分布的特点，对其有效地加以综合利用，是促进我国国民经济发展的重要举措。

水资源的分布对国民经济的布局影响很大，但又不能完全决定国民经济的布局。解决缺水地区的水资源问题，解决欠发达地区的水电问题，将是保证我国国民经济长期稳定发展的基本措施。远距离跨流域调水、长距离输电势在必行，调水规模和水能开发规模应随着国民经济的发展和科学技术水平的提高而不断加大。

（三）时程分布特点

我国水资源在时序分配上与降水量密切相关。从总体情况分析，基本上是雨热同季。

东北、华北和西南、川、黔、滇等地年降水量为 400～1000 毫米，其中夏季占 40%～50%，这对水稻生长及秋季作物的需水相当有利，可使农业能够尽量利用天然降水，减少水资源供水负担。但是，我国北方春季 3～5 月降水量在年降水量中所占比重只有 10%～20%，往往不能满足大部分地区小麦等冬春作物的需水要求。同时，由于季风气候的特性，降水量不但年际间离差较大，即使在夏季雨热同季之间，也常有错前移后，不能完全适应农作物生长的情况，还必须有一定的水量调节和农业供水措施，以提高农业用水的保证率。我国大部分地区受季风影响明显，降水量的年际和季节变化都很大，而且干旱地区的变化一般大于湿润地区，这些特点与用水要求有一定矛盾，给社会和人民生活带来许多不安定因素。我国南部地区最大年降水量一般是最小年降水量的 2～4 倍，北部地区一般是 3～6 倍。多数地区雨季为 4 个月左右，南方有的地区长达 6 至 7 个月，北方干旱地区仅有 2 个至 3 个月。全国大部分地区连续最大 4 个月降水量占全年降水量的 70% 左右，南方大部分地区连续最大 4 个月径流量占全年径流量的 60% 左右，华北平原和辽宁沿海地区可达 80% 以上。在我国水资源总量中，有 2/3 左右是洪水径流量即不稳定径流。因此，汛期虽水多而往往不能加以利用，冬春季却又不能满足用水要求。采取工程措施使部分洪水转化为可用的水资源，是减轻洪涝旱灾并缓解水资源在地区上和时间上分布不平衡的有效办法。降水量和径流量年际间的悬殊差别和年内高度集中的特点，不仅给开发利用水资源带来了困难，也是水旱灾害频繁的根本原因。据统计，1975～2015 年的 40 年间，全国平均每年水旱面积约 0.33 亿公顷，占总耕地面积的 31%，成灾面积约 0.14 亿公顷，占总耕地面积的 12%。我国洪涝灾害主要发生在东部大江大河的中下游地区，中华人民共和国成立以来，平均年水灾受灾面积约 0.07 亿公顷。20 世纪下半叶，由于江河防洪工程基础薄弱，一般常遇洪水都产生严重水灾，1949 年、1950 年、1956 年水灾面积都很大。长江、淮河发生了 1954 年特大洪水，辽河、松花江也分别在 1951 年、1957 年发生了特大洪水。20 世纪 60 年代以后，一般江河的常遇洪水初步得到控制，年平均受灾面积逐步缩小，但 1998 年、1999 年全国性特大洪涝灾害仍造成了严重的损失和影响。我国土地面积大，各地气候悬殊，水资源年内、年际变化大，每年总有一些江河发生洪水灾害，并有一些局部地区发生特大洪水灾害。局部洪水灾害影响当地的经济发展，而大江大河的全流域洪水灾害则影响整个国民经济的发展。水灾既包括洪灾又包括涝灾，洪涝灾害不易划分清楚。据统计，截至 2016 年，全国易涝面积约 0.35 亿公顷，约为全国耕地面积的 1/3，主要分布在黄河、淮海平原、长江中下游平原湖区、松辽平原、三江平原、江河沿海三角洲和部分浅丘陵的低洼封闭地带。尽管历代劳动人民在抗旱、防洪斗争中取得了卓越的成绩，但降水量和径流量年内、年际变化剧烈这一自然特性决定了水旱灾害将是长期威胁国民经济稳定发展的主要自然灾害。兴建水利，治理江河，抗旱、防洪、排涝，将始终是我国人民的一项艰巨任务。

第二节　我国水资源问题

我国水资源并不丰富，人均占有量很低，特别是水量在地区分布上不平衡，在时程分配上不均匀，以及水土流失比较严重等特点，使某些地区水资源供需矛盾十分尖锐。随着工农业生产的发展和城市生活对用水量的急剧增长，供需矛盾将日益突出。以资源水利为发展主题的我国水问题概括起来是八个字，即水多、水少、水脏、水混。1998年"三江"大水显示了"水多"带来的灾难，人们更多地关注洪涝灾害。但从对国民经济可持续发展的影响程度、涉及范围及其对社会经济发展构成的潜在危机而言，目前尤其突出的水资源问题应当是水资源短缺和水环境恶化。

一、水资源短缺

（一）水土资源组合不相称

水土资源组合不相称，降水概率变化大，这是我国北方缺水的重要原因之一。在湿润多雨的南方（长江及其以南地区），耕地仅占全国的1/3多，人口占一半多，而水资源却占全国的82%；长江以北地区，耕地占全国近2/3，人口将近一半，而水资源只占18%。尤以海滦河和淮河最为突出，人口和耕地均占全国的1/4多，而水量只占全国的4%，地多水少的矛盾十分突出。

（二）供需矛盾突出

工农业需水增长很快，其速度与水资源工程建设速度不相适应，这是供需矛盾突出的一个重要原因。新中国成立五十多年来，我国用水总量增加近5倍，其中农业用水增加了4倍，工业用水（不包括火电厂用水）增加了12倍，城市生活用水增加了9倍。尽管五十多年来兴修了大量的蓄水工程，形成了5000多亿立方米的供水能力，但其中大中型水库的供水只占河川径流供水量的29%，小型库、塘的供水量占25%，河道引水量却占了46%。因此，我国水资源的调节程度不高，供水能力的保证程度很低，提供可靠水源难度很大。在现有灌溉面积中，不仅有近亿亩农田灌溉用水不能得到保证，而且许多原以农业供水为主的水库，已被迫转为以工业和城市供水为主。目前全国已有近400个城市发生了不同程度的缺水，日缺水量已达到1000万吨以上。特大型城市北京市1999年地区年降雨仅有350毫米，15座大中型水库比常年少来水8亿立方米，地下水同比减少了13亿立方米。专家预测，如果2020年北京还是干旱少雨，那将面临世纪初最为严重的水危机。与此同时，工农业之间、地区之间、各用水部门之间用水矛盾已趋尖锐，并且随着经济建设的发展，供需矛盾还将更加突出。

（三）用水浪费十分严重

对水的综合利用重视不够，缺乏科学的统一管理，这是人为地加剧水资源紧张的一个重要因素。农业用水方面，土地不平整，工程不配套，灌溉技术落后，渠道渗漏严重，渠系有效利用系数低等是造成水资源紧张的主要原因。工业用水方面，管理不善，节水措施不力，水的循环利用率低等是造成水资源紧张的主要原因。此外，应当看到，工农业用水水费标准过低也是造成水资源紧张的原因之一。

二、水环境恶化

由于自然因素及人为影响，水体的水文、水资源、水环境特征向着不利于人类利用的方向演变，从而造成水环境问题。我国目前的水环境问题主要有以下几个方面：

（一）水体污染

水利部组织开展中国水资源质量评价结果表明：在评价的700余条河流中，水质良好的河长只占评价河长的32.2%，受污染的河长已占评价河长的46.5%，90%以上城市水域污染严重。而在1984年完成的第一次全国水资源质量评价中，在85001公里评价河长中，受污染河长为18530公里，占评价河长的21.8%。2010年以来，污染河长增加了1倍以上。在全国七大流域中，太湖、淮河、黄河水质最差，均有70%以上的河段受到污染；海河、松辽流域污染也相当严重，污染河段占60%以上。总之，河流污染情势严峻，污染正从支流向干流延伸，从城市向农村蔓延，从地表向地下渗透，从区域向流域扩散。

在131个主要湖泊中，已被污染的湖泊有89个，占调查总数的67.9%，其中被严重污染的有28个，占调查总数的21.4%。受到不同程度污染的水库占调查总数的34%。小型湖库的污染更为严重，城郊湖库和东北地区湖库有机物污染突出，西北地区湖库盐碱化现象严重。地下水环境每况愈下，在评价的118个城市中，64%的城市地下水受到严重污染，33%的城市地下水受轻度污染。从地区分布来看，北方地区地下水环境受污染情势比南方更为严重。海河流域地下水资源总量为271.6亿立方米，受到污染的为171.5亿立方米，占总量的63.1%。在14.38万平方公里的评价面积中，已有61.7%面积上的地下水不适宜饮用，其中34.1%面积上的地下水不符合农灌标准，完全丧失了使用价值。

（二）河道退化

从1989年到2016年的27年间，黄河下游共有20年发生断流，1998年断流时间最长，全年累计断流近八个月。海河流域由于水资源缺乏，中下游平原地区的河流基本干涸，河口淤积加剧。由于无天然径流，城镇排出的污水形成"污水河"。

（三）水土流失

全国水土流失面积为357万平方公里，占国土面积的38%。每年流失泥沙50亿吨，严重影响了土壤肥力。仅黄土高原每年水土流失带走的氮、磷、钾就有4000万吨，相当于全国1年的化肥产量。黄河平均年输沙量16亿吨，其中4亿吨淤积在下游河床中，使下游河床以每年10厘米的速度抬升，黄河已成为世界罕见的地上悬河。

（四）库泊萎缩

近年来，我国湖泊水面面积已缩小了近40%。洞庭湖1966～2016年的50年间，湖区面积减少了1695平方公里，平均每年减少33.18平方公里，容量减少了155亿立方米，平均每年减少3.1亿立方米。如果按此速度发展，20年后洞庭湖就会变成一片沼泽。调查结果还显示，我国西北干旱、半干旱地区湖泊干涸现象十分严重，部分现存湖泊含盐量和矿化度显著升高，咸化趋势明显。近三十年来，内蒙古的乌梁素海矿化度增加了4.5倍，新疆的博斯腾湖矿化度增加了5倍，已变成咸水湖。其他如青海湖、岱海、布伦托海等正处于咸化状态中。

（五）地下水超采

地下水是北方地区最重要的供水水源，在一些集中用水区，开采量超过补给量，致使地下水位持续下降。近年来，河北平原的地下水位以每年1米的速度下降。北京、太原、石家庄、保定等大中城市地下水位下降更为明显。

（六）海水入侵

辽宁、河北、山东沿海地区从20世纪70年代中期开始陆续发生海水入侵陆地含水层现象。截至1998年，在大连、锦州、锦西、营口、秦皇岛、烟台、威海、青岛等沿海地区都发生过不同程度的海水入侵，海水入侵区总面积达1936.6平方千米。

三、水旱灾害频繁

水旱灾害频繁制约着国民经济的发展。据初步估算，1966年至2016年50年间，全国粮食产量受各类自然灾害影响年平均减产100亿公斤左右，其中90%是受洪涝旱灾的影响，属于干旱引起的减产约占50%。从地区看，因自然灾害影响减产比较多的是黄、淮海地区和长江中下游地区，其减产数量占全国减产总数的一半以上。特别是1998年，仅长江流域特大洪水造成中下游工农业直接损失近400亿元，1998年全国特大洪涝灾害造成直接损失近2600亿元！

第三节　水资源开源节流

我国水资源总量不算少，但因人口众多，人均占有水资源量很少，只有世界人均水资源占有量的 1/4。水资源在地区上和时间上分布极不均匀，华北、西北地区水资源更为紧张。工业和农业的发展都需要增加用水，人民生活水平的提高也需要增加用水，水的供应将成为我国经济建设的制约因素。水资源是我国稀缺资源，它的重要性不亚于能源、交通和原材料等，在有些地区甚至更为重要。西方发达国家，如德、法、英、日等国家十分重视水资源，把水利与航天、核能等并列为国家重点产业。

水资源危机已危在旦夕。而现实情况是人们对水资源危机认识不足，总以为水是自然资源，是无限供给的资源。"宁未雨而绸缪，毋临渴而掘井。"水资源问题将越来越困扰着 21 世纪经济的发展，开发、利用、保护、配置好水资源将是我国经济实现有序运行的重要保证。

一、开新水之源

（一）开发"水的银行"

水库被称为"水的银行"。大建水库，蓄水保源是开源的重要途径。目前，水资源利用总量已达 5800 亿立方米，兴建的大中小型水库已达 8.5 万座，总库容达 5000 亿立方米，其中大型水库 412 座，中型水库 2600 多座，大中型水库库容 4000 多亿立方米。这些水库发挥着显著的防洪减灾功效，1998 年全国性洪涝灾害，大中型水库拦蓄洪水 530 余亿立方米，减免农田受灾面积 228 万多公顷，减免经济损失 1500 多亿元。但是，现被泥沙淤积的库容近 1/4，重点水库已淤废 22 座，病险水库达 1/3 以上。由于干旱，植被减少，造成水库、湖泊干涸。为此，防止水库、湖泊干涸，对病险水库加固与维修已是一项迫在眉睫的重要任务。同时，再集中财力多建一些新库，扩大库容，截流雨水，多蓄水，也是开新水之源的重要途径。

长期以来，考虑扩大可靠水源的方法是筑坝蓄水、跨流域引水或开采地下水。全世界水库蓄水总量约 20000 亿立方米，占平均稳定年径流量的 17%。这些库容大部分是在 20 世纪中叶筑坝取得的。在全球最大的 100 座坝中仅有 7 座是在第二次世界大战以后建成的。与此相应，许多工业发达国家条件优越的坝址已逐渐减少，修建新水库的投资急剧上升。

美国在 20 世纪 20 年代至 90 年代，水库总库容每十年约增加 80%。由于狭窄河谷的坝址已大都被开发，在美国增加新的库容需要修建很长的土石坝，在 60 年代取得同一库容较 20 年代时筑坝材料需增加 26 倍。由于建设费用的上涨，新建的水库已明显减少。

在欧洲，由于气候条件和地形条件比较有利，一般不需要修建大水库。由于用水量的增加，许多欧洲国家在过去 10 年内计划大量增加水库库容，但联合国欧洲经济委员会考虑到这些工程造价昂贵，对这些计划的合理性表示怀疑。

在发展中国家，大坝建设较发达国家落后数十年，在近十年内全世界修建的高度在 150 米以上的大坝中，2/3 属于第三世界，但也遇到一些投资较高、规划不当以及环境影响等问题。

全世界每年有 1130 万公顷森林被滥伐掉，主要集中在第三世界，从而减少了第三世界稳定的径流量，虽然减少的程度难以定量，但很可能将会抵消用大量投资修建的大坝和水库所增加的径流量。因此，在修建大坝的同时，必须注意防止滥伐森林，防止水土流失，防止土壤内涝和盐碱化，这样才能充分发挥筑坝效能，开发好"水的银行"。

（二）植树造林、涵养水源

森林可以涵养水源，增加雨量，减少洪灾，防止干旱。植树造林是养水的最好途径。

（三）综合利用雨水

雨水利用是一种经济实用的技术，可以产生巨大的环境及生态效益，特别是对半干旱、半湿润缺水地区尤为重要。雨水收集和利用范围很广，在生活供水方面，雨水利用尤其适合不宜集中供水的城郊以及缺乏淡水的海岛地区、边远山区等；在农业用水方面，保水梯田及雨水集流灌溉、雨养农业等都是雨水利用的传统手段；在城市地区，雨水集蓄可用于城市卫生、备用水源、环境绿化、水面景观等方面。雨水利用大多不消耗能源，是无污染的生态保护措施，也是 21 世纪水资源开发的发展趋势。大气降水是比较洁净的淡水，水资源可以直接利用，由地表渗透还可以改善水循环，它的径流还是江河湖塘水的主要来源。但由于雨季降水量集中，目前拦蓄利用的程度较低，大部分的丘陵、山区未搞截流和拦蓄，造成了水资源的浪费。综合利用雨水资源新途径大致有：1. 改进市政建设，城市要留有一定比例不被建筑物覆盖的土地，种养花草，渗蓄地下水；同时，地面要用透水性好的建筑材料来代替现在广泛使用的水泥、沥青，使雨水能够渗入地下；地下排水道要改变以往只排不蓄为排、蓄、渗、灌结合，相应地建设地下蓄水窖。2. 城镇要将建设回灌井、窖、池列入建设预算，规划设计中把就地回灌列入正式设计内容，并付诸实施。对此，水资源管理部门有权监督，凡未有回灌措施的设计，水资源管理部门应停止其筹建。3. 建立城镇卫星水库，在城镇周围选择适宜地点建立地上水库，把城镇就地蓄渗不下的水拦蓄起来。卫星水库是整个城镇建设规划的组成部分，建设资金由城镇各单位按用水比例筹集。4.掌握气候变化对水资源的影响，研究旱涝规律，积极开展人工降雨，将天上的云转变成地上的水。5.增加地面植被覆盖，改善生态环境，防止水土流失，改善区域小气候条件，增加蒸腾量以及降水机遇。

（四）截污水之源

一般说来，城市排放的污、废水中有40%～50%为工业部门的冷却水，其特点是水质较好，只需降温处理即可循环再用，还有20%左右为洗涤水和冷凝水，一般不需要太多的处理也可以回收利用。城市污水不能直接进入水体，经污水厂处理后方可达标排放，应尽量减少污水与污染物的产生量及排放量。截污水之源就是增净水之源。重复利用工业废水和生活污水是节约用水的一项重要措施。目前，世界上大多数城市已修有汇集城市污、废水的管路，经过二级处理可用于工厂空调冷却、农田灌溉和美化环境用水，实现了"污水资源化"。许多发达国家要求污、废水的排放应满足特定的水质标准。1995年西德城市的80%～90%的污、废水已经过二级处理，拟到2020年将有100%污、废水经过二级处理。法国城市的工业污、废水有70%已得到处理，英国有80%，意大利有70%～80%，比利时有60%。美、英、德等国大城市中平均每1万人就有1座污水处理厂。

（五）开发城市水源

要大力发展城市供水事业，特别是城市供水水源基础产业。虽然近几年国家先后兴建了引滦济津、引黄济青、引碧入连、引青济秦等重要城市供水水源工程，缓解了天津、青岛等一些城市的供水紧张状况，但是，城市水源建设总的速度和力度还不够，如"十二五"期间城市年均需增加日供水量500万立方米，实际只完成增加日供水量400万立方米左右，城市水源建设与城市经济发展不相适应由此可见一斑。城市供水建设首要的任务是搞好建设难度大、周期长、投资多、超前性强的供水水源工程。在供水水源建设资金上，实行多渠道、多层次、多方式筹集，建立供水工程建设开发和维修改造基金，保证供水设施建设资金落实到位。在利益分配上，坚持"谁投资、谁受益"的原则，表现在收取水费和其他费用上要按照价值规律，改革水费征收政策，明确供水企业的权利和义务，保证水利企业的合法权益，使供水事业走向良性循环，实现水资源的可持续利用。

二、节用水之流

（一）树立节水观念

人类永续繁衍的必要条件是水资源的可持续利用。特别是我国人均年径流量仅为世界的1/4，不少地区严重缺水，更需要重视水资源的可持续利用。据美国经济学家莱斯特·布朗分析，到 2030 年，我国居民需水将由 2010 年的 310 亿立方米增至 1340 亿立方米，同时，工业需水将从 520 亿立方米增至 2690 亿立方米，农业需水将从 4000 亿立方米增至 6650 亿立方米，年总需水量将达 10680 亿立方米。这与国内一些专家测算的 21 世纪中叶需水量为 10400 亿立方米相当接近。如果按可能达到的 16 亿人口计算，则人均年用水量亦仅 667.5 立方米，它比目前全球人均用水 740 立方米低了大约 11%，但总用水量已占全国水资源总量 28124 亿立方米的 38%，而目前美国水资源利用率也仅达 22%。另外，黄河自 1972 年发生利津断流 19 天后，在 1972～1998 年的 27 年间，有 21 年出现断流，平均每四年有三年断流。尤其是 1987 年以后，几乎连年出现断流，其断流时间不断提前，断流范围不断扩大，断流频次、历时不断增加，呈愈演愈烈之势。其原因虽与近年来降雨偏少，用水量增大，水库调节能力低，管理调度不统一，以及生态环境恶化等因素有关外，另一主要原因是水价太低。如宁夏、内蒙古、河南、山东四省（区）的引黄灌区水费每立方米仅 0.006～0.040 元，河套灌区水费每立方米仅 0.023 元，为 1998 年测算的成本费用每立方米 0.0614 元的 37%，而渠首水费更低，下游引黄渠首 1000 立方米黄河水的水价仅相当于一瓶矿泉水的价格！这种严重背离价值规律的低廉水价，无法唤起人们的节水意识，树立节水观念。

（二）强化节水意识

目前我国一方面水资源紧缺，另一方面水的浪费又十分严重。仅城市统计数据，浪费的水为供水量的 10%～15%。因此，必须把节约用水作为水利事业的一项重要内容常抓不懈。城市发展所需用水不可能也没有条件完全由增加供水来解决，很大一部分需水必须通过节约用水来解决，节约用水是实现城市水资源可持续利用的重要措施。1. 要强化节水意识，加大舆论宣传力度，让公众了解水的有限性和不可替代性，认识水资源紧缺的严重性，树立强烈的节水意识，形成良好的节水风尚。2. 要制订行之有效的配套政策和措施，向管理要效益，坚决杜绝水的"跑、冒、漏、滴"现象。3. 要实行计划用水，制订合理的用水定额，调整水价，改定量收费为计量收费，超额部分加价收费等，利用经济手段促进节约用水。4. 对工业用水要通过技术改造，推广节水工艺、节水器具，提高水的重复利用率。5. 对各类用户要建立节水统计考核制度，加强节水管理，推广节水技术，逐步建成节水型工业、节水型城市，建立节水型社会。要结合当地水资源特点进行投资的技术经济分析。一般地说，节水所需投资及改造比开源要少，时间也快，涉及的经济关系较为具体，易于通过经济手段加以调节。所以，应该优先发展节约用水，这方面国外的节水经验值得借鉴。工业节水要遵循用水、重复用水和节水相结合的原则。如传统钢厂用 20～30 吨水炼 1 吨钢，而现代化钢厂只用 8～15 吨水便可炼 1 吨钢。要节约用水必须采用节水的流程和技术，更换和增加设备，要将节水措施列入技术经济论证的影响因素加以分析研究。农业是用水大户，要节约用水必须有先进的灌溉设施和技术，有效地控制土壤水以满足农作物的生长需要。要重视土壤水运动、土壤学与农作物生长学的结合，建立科学研究的前沿阵地，将先进的科学技术与传统的管道输水和地下灌溉、渠道衬砌、节水灌溉制度以及经济调节手段等结合起来，研究农业节水的综合措施。

（三）依靠科技进步节水

节水的根本出路在于依靠科技进步。1. 向科技要潜力。我国工业技术落后是水资源浪费的一个重要原因。我国生产 1 吨钢所用的净水是日本的 8 倍；造 1 吨纸用的净水是日本的 20 倍；水的重复利用率仅及先进国家的 1/4 左右；农灌水利用率不到 40%。只有通过技术改造，采用新工艺、新技术、新设备，走高科技、低消耗的集约型经营之路，我国的水资源可持续利用才会有新发展。2. 建立水资源信息系统。利用卫星、遥感、计算机等高科技手段，依靠地理信息系统、专家系统的支撑，实现水资源的动态管理。3. 培养专门人才。必须有计划地通过各种形式的教育、培训，加强水资源开发和管理研究的专业人才队伍建设，实施水资源的可持续利用发展战略。4. 加大节水科研力度，加大科研投入，研究开发出更完善的节水技术、节水器具，把节水技术、节水产品的开发作为新产业来规划，建立设计、推广、应用"一条龙"的节水质量管理体系。5. 筹集节水科研开发基金，在节水政策和技术推广上给予一定的政策倾斜，使其更具发展潜力。6. 沿海经济发达城市应研究开发利用海水淡化技术，以补充日益紧张的淡水资源。7. 加快废水资源化研究应用的步伐，提高水的重复利用率。我国城市废水日排放量已达 6800 万立方米，如实行废水资源化，废水净化处理后再用，既能缓解城市用水紧张的矛盾，又可防止污染，保护生态环境，具有明显的社会、经济、生态效益。

（四）建立水资源经济体系

我国农业粗放式的灌溉体系使水资源浪费极为惊人，若有效利用率提高 15%，每年可节约用水量 600 亿立方米，这比一条黄河一年的水流量还要多。美国采用"涌浪"式灌溉技术，可以将水的利用率提高一倍以上。我国在发展集约化农业的同时，应因地制宜地发展滴灌、喷灌技术或采用更先进的高新灌溉技术，尽量减少水的浪费。依靠高新技术彻底改造化工、造纸、石油、冶金等耗水型工业体系；开发绿色工艺新技术以提高原料转化率，减少污水与污染物的排放量；根据水资源的分布及其变化规律，适时调整生产力布局，保证稀缺水资源的协调发展。因此，建立高质优效的水资源经济体系至关重要。

（五）建立节水型社会

从我国现实情况看，水资源浪费是造成水资源紧缺的重要原因之一。我国每年因为缺水影响产值达 1000 亿元以上。为此，必须合理调整水价，开展全民性节水教育，实施全方位、多层次的节水措施，建立节水型社会。

三、我国水问题治理展望

解决水资源供需之间的矛盾是 21 世纪中国水问题的核心。影响水资源供需平衡的主要因素来自两个方面：一是人口增长，二是经济增长。围绕这两个主要因素，探讨中国水问题的治理对策是水资源经济管理的重要研究方向。

（一）控制人口增长

过速的人口增长给社会带来巨大压力，成为经济发展和环境保护的桎梏。至 2015 年我国人口自然增长率仍达 1% 左右。计划生育作为一项基本国策，在群众性认识提高的基础上，可望在 21 世纪内使人口的增长得到初步控制。人口问题所涉及的社会问题较多，影响因素也较为复杂，把人口自然增长率由当前的 1% 左右降到零，使人均用水量与之保持相应的水平，至 21 世纪中叶实现人均占有水资源量与现代化经济发展水平相适应，是优化水资源管理的重要措施。

（二）保持经济适度增长

从经济增长目标看，我国已制订了经济发展的宏伟蓝图，即 2020 年前全面建成小康社会，并且在 21 世纪中叶，即到 2050 年前后基本实现现代化。国民生产总值的提高主要靠工业产值的提高，工业产值的年增长速度要略大于国民生产总值的增长速度。自 1990 年以来，工业生产总值的年增长率按可比价格计算大约在 14%。为加强宏观调控，政府正在进一步调整国民经济的发展存量，使其达到更合理的增长速度，年增长率在 2000 年后一个时期一直稳定在 8% 左右，此后进一步降低，到 2050 年以前调整到 6% 左右。而农业的增长率不会有多大变化，仍然保持 3%~4% 的增长幅度。工业的增长必然导致工业用水的增长。在工业发展过程中，初期基础工业的建设用水量增加较快，当工业化实现以后，工业的发展向"高、新、尖"等产值较高的部类发展，用水量随产值的增长变化就不很明显，往往稳定在一个水平上。我国由于人口众多，进入稳定工业用水时期可能比其他工业先进国家要来得迟。受稀缺水资源的限制，当用量逐步接近供给限度时，因不能再增加总供水量，而只能企求在用水部类间调整工业结构。从一些国家或地区的经验看，在我国，如年用水量达到 9000 亿~12000 亿立方米，再增加供水就十分困难，可以将 10000 亿立方米当作我国的经济供水量，它相当于 1990~1999 年年均用水量再增加 1 倍。前述分析预测，从 1990 年到 2050 年国民生产总值增长近十倍，但用水量只翻一番就接近供给限度，这就是 21 世纪水资源稀缺的最大挑战，是资源水利建设的重要目标。

（三）挖掘兴利与除害潜力

我国水资源供需紧张的状况将会在较长时期内存在，在治理洪涝中应考虑进一步提高江河的防洪标准，提高城市防洪能力，力争把更多的害水转变为可利用的资源。在具体措施上，结合提高对河川径流的调蓄能力以增加可供水量，同时，努力增加防洪库容以提高河流防洪标准。

（四）修建配套废污水处理工程

随着社会经济的不断发展，人口的不断增加，供水量的需求越来越大。而随着供水量的增加，特别是工业和生活供水量的增加，废污水排放量也将相应增加。这就要求做到在兴建供水工程的同时修建配套的废污水处理工程，以解决历史上积欠下来的需要处理的废污水问题，力争在 21 世纪达到废污水处理的工厂化，使各类水体不再受到废污水的污染，使可供水源能长期稳定地提供合乎水质标准的用水。国外治污费用表明，处理 1 立方米污水的代价要比兴修 1 立方米供水工程的代价略高，但这个投资换来的环境效益却是无法计量的。废污水致使水环境恶化给人类的生产和生活带来的巨大损失已昭示着人类要处理好用水和排污这对矛盾。随着 21 世纪科学技术水平的极大提高及财力物力的增长，人类在利用水资源的同时研究废污水的治理，运用现代化的监测手段、工程措施和非工程措施，使水环境在经济和社会的发展中实现良性循环，是资源水利实现水资源保护，维持生态系统，净化人类生存环境的水利现代化战略思想。

（五）统管是水资源可持续利用的前提

水利问题必须符合可持续发展的原则。水利工程属于人口、环境、生态系统的子系统，水资源的开发、利用要符合客观规律，不影响水的自然循环。实现工程水利向资源水利的转变，核心问题也就是水资源的开发、利用、治理、配置、节约和保护一体化，强化水土保持、水环境管理、节约用水、科学用水意识。可以说，资源水利的内涵囊括了水利工作的方方面面，构成了一项复杂的水利系统工程。地表水、地下水资源统一管理是维护水资源可持续发展的先决条件，是资源水利建设的"网结"。地下水资源管理从原地矿部门划归水利部门后，水利部门从"三水"互相转化的角度，将审批与发放取水许可证有机结合起来，既符合自然规律，也有利于地下水资源的评价、分配与管理。一方面要将水资源的开发、利用与保护并举，从系统工程的角度解决好水多与水少的矛盾，变水害为水利；另一方面要实现水资源的可持续利用，要求补给与开采保持平衡，实现地表水与地下水的统筹规划，建立节水社会。水利部门统管水资源，在为取水单位服务好的同时，根据水资源衰减情况严格控制开采量，按照市场经济的发展规律，根据国民经济可持续发展的要求，按质按量优化配置水资源，这是21世纪我国水问题治理的战略措施之一。

第四节　水资源费征收管理

由于水资源短缺，必须强化水资源的管理。在水资源管理工作中，水资源费征收是重要的管理手段。

一、水资源费征收特征

水资源费与水费有本质的区别。水费是由于供水过程中存在物的投入和人的劳动，按照马克思主义政治经济学观点，劳动需要补偿，这种补偿是通过水费实现的，所以水费的本质是商品交换，属于商品交换范畴。而水资源费的征收目的并不是为了劳动补偿，水资源本身是大自然造就的，它不是劳动产品，更谈不上商品，因而也谈不上商品交换。水资源费征收是一种管理措施，属于行政管理范畴。水资源费也不能混同于国家税收。税收是国家为了实现其职能，按照法律规定无偿取得财政收入，从而对国民经济进行宏观调控的一种国家行为。国家税收也是国家进行资金积累的重要手段，而国家征收水资源费并不是为了积累资金。税收理论解释税收的另一层含义是调节生产利润，也就是级差地租理论，即自然条件好多收税，自然条件差少收税。如果按级差地租理论收水资源费，则水资源越丰富、开发条件越好则水资源费收费标准应越高；反之，水资源费收费标准应越低。而实际情况正好相反，水资源条件越好收费标准越低，水资源条件越差收费标准越高。可见水资源费区别于税收。水资源费与水费和税收也有共同之处。无论是水资源费还是水费，最终都是由用水者负担，共同的本质是用水缴费。无论是水资源费还是税收，都涉及到用水单位的经济利益，都要参与企业的利润再分配，而且水资源费、税收以及水利行业的其他行政事业性收费，如河道管理费、采矿管理费、水土保持防治费等都是国家政体的体现，都是凭借国家的政治权力来完成的。我国水资源费征收比较全面、系统、具有典型意义的是山西省。山西省人大常委会通过的《山西省水资源管理条例》中第19条规定"各级水资源主管部门，对拥有自备水源工程的单位，按取水量多少，向其征收水资源费。征收标准每吨定为2至6分"。这便是我国第一部具有法律效力的关于水资源费征收的法规。

二、水资源费征收的必要性

征收水资源费是水资源管理的重要措施。我国属水资源贫国，全国多年平均水资源总量约28000亿立方米，人均年占有量约2300立方米，相当于世界人均年占有量的1/4，加之水资源的时空分布不均匀，许多地方的产业规模和拥有的水资源量很不协调，水资源供需矛盾十分突出，部分地区缺水的紧张程度不亚于非洲的缺水程度，缺水现象在我国非常普遍。据1998年底统计数据，全国有300多个城市缺水，由于缺水使工农业产值相应减少1000亿元以上。在我国经济可持续发展战略中，水资源利用将面临着比世界其他国家更加严峻的局面，水资源短缺将成为我国经济发展的制约因素之一。实行水资源费征收制度还具有特别重要的现代改革意义。权力制衡理论认为，无限权力的直接支配是一种原始、落后的社会管理方式。没有制约的权力的直接支配，容易产生行业不正之风，甚至导致腐败，而依照经济规律实行社会的自我调节，可以避免不正之风的出现和腐败。征收水资源费，正是将对水的开发利用管理从简单的直接的行政权力支配形式转变为按经济规律由社会实现自我调节的形式。由简单直接的行政管理转变为经济管理，是我国进行经济体制改革的一项重要内容，是水资源经济管理方法的创新，是营造良好水环境的必然选择。

此外，在对外开放的新形势下，征收水资源费还具有另一层重要意义，即体现国家主权和对国家效益损失的补偿。随着对外开放的不断深入，境外供水尤其是跨国供水将越来越多，对境外供水征收水资源费应予以充分重视。

三、现阶段水资源费征收中存在的主要问题

（一）体制不顺

我国的水资源费征收机构和管理体制的基本模式有四种：1.委员会制。由各有关部门负责人组成委员会，政府主要负责人出任委员会主任，委员会下设实体办公室负责日常工作，办公室又挂靠一个部门，多由水利部门归口管理。这种体制为数较多，如山西、山东、北京等。2.水利部门主管制。由政府责成水利部门统一主管水资源管理和水资源费征收工作。辽宁、吉林、黑龙江、江苏属这种体制，水利（水电）厅设有水资源处。3.城市节约用水办公室负责制。如内蒙古的呼和浩特、包头市皆由城市节水办负责全市的水资源管理工作。4.专设属于职能部门的水资源办公室。如山东淄博市、山西河津县等，这些专设职能部门与水利、城建、地质等业务部门就水资源管理职能分设。目前，往往同一地区上述几种机构并存，机构混乱使水资源管理政出多门，个别地方还出现不同部门的主管单位竞相向同一用水户收取水资源费情况。

《宪法》规定水资源属国家所有，国家的代理人只能是一个。几个代理人同时出现，这在本质上已将国家资源转化成不同利益集团所有。这种状况必须从根本上加以解决，必须统一水资源的管理权限。

（二）政企不分

水资源费征收应该是国家对水资源主权管理的具体体现，征收水资源费应该由具有履行国家管理职能的机构进行。但目前水资源费却往往由企业单位向社会征收，如城市自来水公司征收水资源费。自来水公司是性质明确的企业单位，不可避免地片面追求经济利益，而忽视征收水资源费必须从生态、社会整体效益等方面综合考虑的事实。以企业单位代行行政职能，这种现象不是社会主义市场经济运行规律所要求的，水资源费征收必须政企分开，以企代政应及时纠正。

（三）使用不当

水资源费应当是取之于水用之于水，将水资源费用于水资源建设，形成水资源事业的良性循环。

但是，目前的水资源费使用远未形成良性循环体系，主要原因有两方面：一是由于收费机构和收费方法混乱，水资源费征收、管理和水资源建设分属不同的部门，责、权、利缺乏有机的统一，拥有水资源费者不负有水资源建设的责任，水资源建设者又无权支配水资源费及相应的经费；二是水资源费是新增加的项目，管理和使用既没有成熟的规章制度，也没有严格、科学的投资体系，经费使用往往带有投资者主观倾向性，投入产出效益差。水资源费征收管理制度应包括建立水资源费经济反馈系统，利用水资源费建立节水基金，利用节水基金建设节水项目等。

（四）政策局限

自古以来人们对自然界的水都是无偿占用，无偿用水造成了用水浪费和不合理用水。水资源费征收管理初步改变了"无偿用水"的现状，但水资源费征收不应局限于对"无偿用水"的管理，应体现经济管理措施的要求。作为管理措施，应该面向社会以营造良好的水环境为目标。实践证明，仅对自备水源进行管理，不对以水为经营要素的企业团体进行管理，难以收到保护自然资源的整体效果。在完善水资源费征收政策时，应克服政策的局限性。

对于农业用水，考虑到工农业产品剪刀差的存在，农产品市场化交换还有一个成熟的发展过程，可以规定在指标用水范围内不征收水资源费，超指标用水除应征收水费外，还应征收水资源费。这样，既可以保护农业生产，又可以促进节约用水。

四、强化水资源费经济杠杆作用

水资源是不可缺少、不可替代的资源，迫切需要建立和理顺社会主义市场经济条件下水资源开发、利用、治理、配置、节约和保护的管理体制，实现以水资源管理为核心的资源水利的有序发展。水资源费经济杠杆作用的实质是促使水资源的优化配置，提高水资源的合理开发程度，使水资源的开发利用与社会、环境、经济协调发展。

（一）合理的价格机制

建立市场经济必须建立起以市场形成价格为主的价格机制。这样的价格机制才能真正反映资源的稀缺程度，成为权衡成本与收益以及协调各个经济主体利益的基本尺度。水资源作为国有资源，价格与价值严重偏离，以致将水资源误认为是"取之不尽，用之不竭"的天然资源。市场经济强调资源的价格与价值相匹配，所以必须将水资源经济管理引入市场经济，真正以资源产品形式进入经济活动中，通过灵活的水价变动，发挥价值规律的作用，使水资源的价格与价值相匹配，使水资源费真正起到经济杠杆的作用，以促进水资源的优化配置，提高水资源的合理开发利用程度。

（二）公平竞争机制

公平竞争作为市场经济的客观内在机制，是价值规律运动和发挥调节作用的形式。参与经济活动的行为主体，通过市场竞争，使各经济实体在对利润的追逐中不断地提高生产效率，降低资源消耗。水资源是一种可以重复利用和具有时空分布不均衡的特殊资源，它是国民经济发展和人民生活所必需的自然资源，但其开发利用程度是有限的，如果开发利用程度超过其再生能力，则水资源将成为有限资源，直至枯竭。因此，国民经济发展规模及其生产力布局应本着水资源优化配置和有效利用原则，大力发展节水型经济。在保证居民生活用水的前提下，使国民经济各部门在水资源开发利用中公平竞争，充分发挥水资源费的经济杠杆作用，以促进水资源的合理利用，通过效率与效益的综合较量，实现优胜劣汰。

（三）供求平衡机制

由于水资源具有时空分布不均、较难远程输送等特点，所以应当根据变动再生资源的特性，制订合理的水资源价格，利用价值规律，通过市场经济合理配置水资源，以保持水资源的供求平衡及可持续利用，使水资源优先向水价合理、耗水量小、经济效益高的方向流动（包括跨流域调水），以促进水资源的高效利用，满足市场经营主体在市场竞争中的需要。这就要求在发展市场经济的同时，不断提高全民的惜水意识和水资源可持续利用观念，合理调配水资源，实现水资源的供需平衡和永续利用。

（四）水资源市场配置与宏观调控

社会主义市场经济配置水资源应确立宏观调控下的市场主导模式，它包含两个方面内容：

1.微观经济活动由市场直接调节。由于将水资源经济管理引进了市场机制，水资源的利用恢复了水的价值属性，使之有偿使用，并在竞争和供求关系中得到优化配置。

2.宏观总量关系由国家计划调控。水资源的特点使之有别于其他资源。因此，在水资源的优化配置过程中，单凭市场调节很难满足社会和经济发展的双向需要，这就要强化政府的宏观调控功能，使水资源的宏观总量控制在科学决策下通过市场调节进入微观经济活动。

五、水资源动态经济管理

对水资源费实行动态管理，其主要目的是充分发挥水资源费的经济杠杆作用，引导各用水户能够节约用水、合理用水，提高水资源的合理利用程度。

（一）水资源收费标准

水资源费是体现对自然资源实行有偿使用的行政性收费，也是国家的一种积累性收费。水资源费的收费标准除了要体现地域级差外，还要与用水效益挂钩，要突破传统的收费概念，对用水经济效益好的用水户应该收取较高的水资源费，对于用水经济效益低的或没有经济效益的用水户（如生活用水），并非都是收取较低的水资源费或不收取水资源费，而应根据具体情况，收取适当的水资源费，以促进节约用水，取得较高的整体用水效益。

（二）动态水资源经济管理方法

在计算各用水户的综合用水效益及合理配水量的基础上，确定各个用水户的水资源收费标准，然后比较用水户的合理配水量与实际取水量，再根据差额部分制订具体的水资源经济管理政策。对于超标用水户，其水资源费的收取标准应在原有收费标准上再加收由于其超标而引起其他用水户用水量减少所造成的经济损失，甚至再加收一定数量的罚款，以促进其改进生产工艺，节约用水。对于用水比较合理的非超标用水户，应根据其盈余情况给予适当的奖励。这样就将单一的水资源费改成了分层次的水资源费，实现了水资源的动态经济管理。

（三）实现动态水资源管理的作用

水资源费是国家所有权的经济实现。在社会主义市场经济条件下，强调资源的价格与价值相匹配，所以水资源再不是各取所需，而是真正以资源产品形式进入经济活动中，通过灵敏的水价变动，发挥价值规律的调节作用，使水资源向价格与价值相匹配方向合理流动。因此，在我国水资源日趋紧张的情况下，深入研究水资源费的动态管理方法，将静态的水资源管理推向动态，充分发挥水资源费的经济杠杆作用，对于优化配置水资源、缓解用水矛盾具有重要意义。

六、水资源费定量分析

基于资源价值的资源价格，我们可以认为，对于所有的资源价格可以用下式表示：

$$P=A+B+C$$

式中：P 为资源价格；A 为体现资源稀缺性的资源价格，其随资源质量和数量及供需条件的变化而变化；B 为体现资源所有权的资源价格，在我国的实际应用中为资源使用权转让的价格；C 为体现水资源开发利用中劳动投入所形成的资源价格。

上式中的各项，资源稀缺性所体现的资源价格一般可用区域水资源的供需关系来表示，在实际计算中可采用某一时段（一般为年，也可用月累计）区域水资源的需求与区域水资源量的关系来建立；资源所有权所体现的价格或资源使用权转让的价格较难确定，但可通过建立市场的方式体现。

水资源费征收标准的确定，目前尚无成熟的方法。有的学者提出以下几种颇有价值的方法。

（一）影子价格法

该法是通过水资源对生产或劳务所带来收益的边际贡献确定影子价格，然后参照影子价格来确定水资源费征收标准。其计算公式为：

$$P=a \cdot Py$$

$$Py=dB/dQ$$

其中：P 为水资源费；Py 为水资源影子价格；a 为价格系数；B 为生产和劳务所带来的收益；Q 为生产过程中水资源消耗的使用量。现行评价政策规定，在对国民经济进行评价时价格应使用影子价格。从理论上看，水资源影子价格能较客观地反映水资源对生产经营收益的边际贡献，较真实地反映水资源的价值。但水资源影子价格计算体系尚不完善，还有待于进一步探索。

（二）市场定价法

在市场发育完全的条件下，供水作为商品，根据市场价值规律形成一个动态均衡的市场价格，由此确定的供水价格与供水成本、合理利润之差，即为水资源费。计算公式为：

$$P=Pw \sim Lw$$

其中：P 为水资源费；Pw 为供水的市场价格；Lw 为供水成本加上合理利润。该法使用的前提是市场机制运行有序，商品供水的价格可由市场来确定。但由于我国水市场体系建设还处于初级阶段，受水利工程供水特点等因素的影响，目前还很难形成统一的水市场供求价格体系，市场定价法的适用条件还不具备。

（三）市场利润提成法

该法是根据水资源在生产过程中所起的作用大小确定利润比例，按比例进行利润分成。计算公式为：

$$P=C \cdot B/Q$$

其中：P 为水资源费；C 为利润分成系数，随利润大小而变化；B 为水资源使用者的利润；Q 为水资源总供给量。

（四）供求定价法

该法的实质是运用市场定价法的原理确定水价与水需求量的关系。计算公式为：

$$Q=K（1/P_w）E$$

其中：Q 为水需求量；K 为调整常数；P_w 为水价；E 为价格弹性系数，即需求量变动百分率与价格变动百分率之比。此外，还可以根据供水的商品特性，按照供求规律建立表达水价和水需求量的关系，提出如下的表达式：

$$Q=K（1/P）E$$

其中：Q 为水需求量；K 为常数；P 为水价；E 为价格弹性系数。

然后，可根据下式计算水资源价格：

$$PWT=P \sim PE$$

其中：PWT 为水资源价格；PE 供水成本加利润。根据此式可推求一定供水量的水价 PE，再根据市场定价法的原理确定水资源费征收标准。

第五节　水资源可持续利用战略

水是生命的源泉，是社会经济发展必不可少的资源，是生态环境的基本要素，它维系着社会的进步和人类的文明。社会经济的发展对水需求的不断增长和水污染的加剧，使水的供求矛盾日益突出，21 世纪全球经济和社会的持续发展受到淡水短缺的严重制约。水资源是生物圈内生物地质化学总循环（Biogeochemical Cycle）中的重要一环，是自然界物质再生的一种过程。水资源的更新再生和可持续存在的能力就是靠水循环过程年复一年、周而复始补给的。水循环过程不仅提供源源不断的水资源，而且还起着美化自然、净化环境的作用。因此，维持水的可持续性，保护水循环过程的正常运转，将成为自然社会持续发展的一项重要任务。生态可持续性法则是地球生物圈存在的一个基本法则，对一切再生资源：生物资源和非生物资源（光、热、气、土等）都是普遍适用的。可持续性法则指出，只要对生物和非生物资源的使用在数量上和速度上不超过它们的恢复再生能力，再生资源便能持续不断地永存，但其永续供给的最大可利用程度应以最大持续产量为限度。例如，对生物种群而言，最大持续产量是指在每年不减少的种群再生能力下所能获得的最大数量的个体；对地表水资源而言，是指水循环中多年平均的最大水量；对地下水而言，是指地下水能长久供给，而不使水位下降或水量减少的最大可供水量。人类不合理的生活、生产活动，如污染水域和海洋、超采地下水、盲目围垦造田、滥伐乱垦等，将有碍和影响水循环过程的正常运转。只要水循环过程不受人为的阻碍和破坏，水资源的持续性和来源便有了自然的保障，再施之以有效保护和科学管理，水资源就可被当代人和后代人持续利用。如果水循环过程受阻止或遭到破坏，不仅水资源持续利用难以顺利实现，还可能发生更加难以预测的严重后果。在水资源持续利用或生态水利的定义中，至少涵盖了以下五方面的重要内容：

第一，水资源持续利用或生态水利发展模式和途径与传统水利发展途径和对水的传统利用方式有本质性的区别。除二者在指导思想、理论方法方面的差异外，传统的或现行的水资源开发利用方式是经济增长模式下的产物，其特点是只顾眼前，不顾未来；只顾当代，不顾后代；只重视经济基础价值，不管生态环境价值和社会价值，甚至不惜牺牲环境和社会效益，而只要经济效益。因此，造成了世界性的生态环境恶化，严重威胁人类的生存与发展。传统的资源利用方式是一种"竭泽而渔"的掠夺方式和粗暴的非持续利用方式，与持续的整体协调的利用方式是截然不同的。

第二，生态水利的开发利用是在人口、资源、环境和经济协调发展战略下进行的，这就意味着水资源开发利用是在保护生态环境（包括水环境）的同时，促进经济增长和社会繁荣，避免单纯追求经济效益的弊端，保证可持续发展顺利进行。

第三，水资源持续利用目标明确，要满足世世代代人类用水需求，这就体现了代内与代际之间的平等，人类共享环境、资源和经济、社会效益的公平原则。

第四，水资源持续利用或生态水利的实施，应遵循生态经济学原理和整体、协调、优化与循环思路，应用系统方法和高新技术，实现生态水利的公平和高效发展。

第五，节约用水是生态水利的长久之策，也是解决我国缺水贫水的当务之急。合理用水、节约用水和污水资源化，是开辟新水源和缓解供需矛盾的捷径，非但不会影响生活、生产用水水平，还会减少污染，改善环境，促进生产工艺进步，提高产品产值，提高人民生活质量。这项节水增值措施是生态水利的必由之路和最佳选择。我国是一个水资源紧缺、水旱灾害十分频繁的国家，水在中华民族的生存和发展中有其独特的地位。国务院批准的《中国二十一世纪议程》中明确指出，"中国可持续发展建立在资源的可持续利用和良好的生态环境基础上"，而"水资源的持续利用是所有自然资源保护和可持续利用中最重要的一个问题"。因此，合理地开发利用和保护水资源，为经济和社会的发展提供防洪安全和水源保障；创造性的发展资源水利，是我国社会主义现代化建设中的一项具有战略意义的任务。正因如此，在总结历史经验的基础上，国家做出了把水利放在国民经济基础设施第一位的重大决策，并把水利建设作为关系到经济、社会发展和人民生活全局的重大问题和当前经济、社会发展的一项紧迫任务来抓，这是 21 世纪水利经济发展战略的主题。

因此，可持续发展是谋求在经济发展、环境保护和生活质量提高之间实现有机统一的一种崭新的发展观念，是水利建设从粗放型工程水利向集约型资源水利发展的伟大创举。概括起来说，水资源可持续发展战略思想包括以下四个要点。

一、以人为本

人类来源于自然，依存于自然，同时，也在不同程度地破坏着自然。为此，控制人口增长，规范人类行为，减少或杜绝人类对水资源的浪费与污染，维系人与自然的平衡，是实现可持续发展战略的主体。人类必须有能力自控于本体，当务之急，应树立起科学的观念。

（一）坚持可持续发展，必须认清：全球及中国的淡水资源都是极其有限的，绝非"取之不尽，用之不竭"。人类正面临着全球性水荒的挑战，要强化迎战意识，树立水资源危机观念。

（二）坚持可持续发展，必须认清：水是生命与战略资源，是人类赖以生存的物质基础。它虽然可以再生，但不可以取代。要警示世人，树立爱水如命的保护意识，建立水的人均资源观念。

（三）坚持可持续发展，必须认清：水资源在整个国民经济和社会发展中的地位和作用，从根本上提高各级领导干部和广大群众的资源意识。同时，要大力加强水资源国情的宣传教育，树立起节约水资源光荣、浪费水资源可耻的荣辱观。

（四）坚持可持续发展，必须认清：水不但具有资源属性，更主要的是具有价值属性。要改变传统观念，强化惜水如金意识，建立水资源的价值观念。

（五）坚持可持续发展，必须认清：污染水体特别是污染饮用水源，是不道德和违法行为。必须教育各级干部及广大群众，提高道德水准，树立保护环境与生态的法制观念。

（六）坚持可持续发展，必须认清：控制人口数量，提高人口质量，规范人类行为，是解决水危机极为关键的途径。

二、以法为治

环境保护与资源管理是个特殊的领域，更需要法制来协调与约束。法制约束不严或执法不灵，必将带来水资源的严重破坏。法是人与自然，特别是人与水资源协调持续发展的手段。我国关于水方面的法律和法规已颁布很多，如《水法》《水污染防治法》《水土保持法》《河道管理条例》《饮用水源保护条例》等。实施可持续发展战略，推进水资源统一管理，最有效的手段就是强化执法，坚持依法治水，加大执法监督力度。各级水行政主管部门要履行和运用法律、法规赋予的职责和权力，坚决纠正有法不依、执法不严的现象。各地区、各部门要自觉遵守和维护法律、法规的尊严和严肃性，从实施可持续战略出发，从有利于保护水资源持续利用出发，坚持依法办事，支持和配合水行政主管部门加强水资源的统一管理，进一步完善《水法》《水资源费征收和管理办法》等法律、法规，使水资源的管理制度更加完善和合理。

三、以财为基

水资源面临的严峻形势是质的污染与量的匮乏。治理水污染、建设城市污水处理厂、改造旧工艺、建设净水厂等都需要有足够的财力投入。

自然降水的 2/3 以径流形式流归大海，若截流留雨水必须多建水库，建库的投入也需巨额资金。可见，实现人与水资源协调持续发展，财力支持也是重要因素。现行环境保护方面的投资支出只占国民总收入的 2% 左右，而水利建设投资力度与投资需求也不相适应。随着国民经济的发展，强化水利基础设施地位，加大水资源保护投入，以及水利建设投资结构的优化等，从总量上看都要求增加水利投入。

四、以统为策

实施可持续发展战略，最重要的是要实现和推进水资源的统一管理。只有实现统一管理，才能促使水资源利用由粗放型向集约型转变。传统体制下形成的水资源管理关系和管理手段已经不适应市场经济体制下资源管理和资源配置的要求，需要进行调整和理顺。水行政主管部门更要强化水资源统一管理的职能，加强水资源管理的"五统一"，使水资源的开发利用和保护适应两个转变的需要，让有限的水资源更好地为国民经济和社会的可持续发展服务。实施可持续发展战略，推进水资源统一管理，关键是实施取水许可制度，这是水资源管理的核心和关键。城市水资源供需矛盾最为突出，也是水资源管理最薄弱的环节，实施取水许可制度是城市水资源管理的重要举措。实施可持续发展战略，推进水资源统一管理，在管理方式和管理手段上要大力引进市场机制，以经济手段调控需求，建立合理的水价格体系，完善节水政策，促进节约用水。同时，要建立科学的水资源信息系统和调控体系，加强水资源管理队伍的建设和人员培训，提高水资源管理水平。

第六章　水利工程的基本知识

第一节　水利枢纽及水利工程

为综合利用水资源，以达到兴水利除水害的目的而修建的工程叫水利工程。一个水利工程项目，常由多个不同功能的建筑物组成，这些建筑物统称水工建筑物。而由不同作用的水工建筑物组成的协同运行的工程综合群体称为水利枢纽。

一、水利工程和水工建筑物的分类

（一）水利工程的分类

水利工程一般按照它所承担的任务进行分类。例如防洪治河工程、农田水利工程、水力发电工程、供水工程、排水工程、水运工程、渔业工程等。一个工程如果具有多种任务，则称为综合利用工程。

水利枢纽常按其主要作用可分为蓄水枢纽、发电枢纽、引水枢纽等。蓄水枢纽是在河道来水年际、年内变化较大，不能满足下游防洪、灌溉、引水等用水要求时，通过修建大坝挡水，利用水库拦洪蓄水，用于枯水期灌溉、城镇引水等。

发电枢纽是以发电为水库的主要任务，利用河道中丰富的水量和水库形成的落差，安装水力发电机组，将水能转变为电能。

引水枢纽是在天然河道来水量或河水位较低不能满足引水需要时，在河道上修建较低的拦河闸（坝）等水工建筑物，来调节水位和流量，以保证引水的质量和数量。

（二）水工建筑物的分类

水工建筑物按其作用可分为以下几种：

1.挡水建筑物：用以拦截江河水流，抬高上游水位以形成水库，如各种坝、闸等。

2.泄水建筑物：用以洪水期河道入库洪量超过水库调蓄能力时，宣泄多余的洪水，以保证大坝及有关建筑物的安全，如溢洪道、泄洪洞、泄水孔等。

3.输水建筑物：用以满足发电、供水和灌溉的需求，从上游向下游输送水量，如输水渠道、引水管道、水工隧洞、渡槽、倒虹吸管等。

4.取水建筑物：一般布置在输水系统的首部，用以控制水位、引入水量或人为提高水头，如进水闸、扬水泵站等。

5.河道整治建筑物：用以改善河道的水流条件，防治河道冲刷变形及险工的整治，如顺坝、导流堤、丁坝、潜坝、护岸等。

6.专门建筑物：为水力发电、过坝、量水而专门修建的建筑物，如调压室、电站厂房、船闸、升船机、筏道、鱼道、各种量水堰等。

需要指出的是，有些建筑物的作用并非单一，在不同的状况下，有不同的功能。如拦河闸，既可挡水又可泄水；泄洪洞，既可泄洪又可引水。

二、水工建筑物的特点

水工建筑物和一般工业与民用建筑、交通土木建筑物相比，除具有土木工程的一般属性外，还具有以下特点：

（一）工作条件复杂

水工建筑物在水中工作，由于受水的作用，其工作条件较复杂。主要表现在：水工建筑物将受到静水压力、风浪压力、冰压力等推力作用，会对建筑物的稳定性产生不利影响；在水位差作用下，水将通过建筑物及地基向下游渗透，产生渗透压力和浮托力，可能产生渗透破坏而导致工程失事。另外，对泄水建筑物，下泄水流集中且流速高，将对建筑物和下游河床产生冲刷，高速水流还容易使建筑物产生振动和空蚀破坏。

（二）施工条件艰巨

水工建筑物的施工比其他土木工程困难和复杂得多。主要表现在：第一，水工建筑物多在深山峡谷的河流中建设，必须进行施工导流；第二，由于水利工程规模较大，施工技术复杂，工期比较长，且受截流、度汛的影响，工程进度紧迫，施工强度高、速度快；第三，施工受气候、水文地质、工程地质等方面的影响较大。如冬雨季施工、地下水排出以及重大的复杂的地质困难多等。

（三）建筑物独特

水工建筑物的型式、构造及尺寸与当地的地形、地质、水文等条件密切相关。特别是地质条件的差异对建筑物的影响更大。由于自然界的千差万别，形成各式各样的水工建筑物。除一些小型渠系建筑物外，一般都应根据其独特性，进行单独设计。

（四）与周围环境相关

水利工程可防止洪水灾害，并能发电、灌溉、供水。但同时其对周围自然环境和社会环境也会产生一定影响。工程的建设和运用将改变河道的水文和小区域气候，对河中水生生物和两岸植物的繁殖和生长产生一定影响，即对沿河的生态环境产生影响。另外，由于占用土地、开山破土、库区淹没等而必须迁移村镇及人口，会对人群健康、文物古迹、矿产资源等产生不利影响。

（五）对国民经济影响巨大

水利工程建设项目规模大、综合性强、组成建筑物多。因此，其本身的投资巨大，尤其是大型水利工程，大坝高、库容大，担负着重要防洪、发电、供水等任务，一旦出现堤坝决溃等险情，将对下游工农业生产造成极大损失，甚至对下游人民群众的生命财产带来灭顶之灾。所以，必须高度重视主要水工建筑物的安全性。

三、水利工程等级划分

为了使水利工程建设达到既安全又经济的目的，遵循水利工程建设的基本规律，应对规模、效益不同的水利工程进行区别对待。

（一）水利工程分等

根据《水利水电工程等级划分及洪水标准》规定，水利工程按其工程规模、效益及在国民经济中的重要性划分为五个等级。对综合利用的水利工程，当按其不同项目的分等指标确定的等别不同时，其工程的等别应按其中最高等别确定。

（二）水工建筑物分级

水利工程中长期使用的建筑物称之为永久性建筑物；施工及维修期间使用的建筑物称临时性建筑物。在永久性建筑物中，起主要作用及失事后影响很大的建筑物称主要建筑物，否则称次要建筑物。水利水电工程的永久性水工建筑物的级别应根据工程的等别及其重要性。

对失事后损失巨大或影响十分严重的（2到4级）主要永久性水工建筑物，经过论证并报主管部门批准后，其标准可提高一级；失事后损失较轻的主要永久性建筑物，经论证并报主管部门批准后，可降低一级标准。

临时性挡水和泄水的水工建筑物的级别，应根据其规模和保护对象、失事后果、使用年限确定其级别。

当分属不同级别时，其级别按最高级别确定。但对3级临时性水工建筑物，符合该级别规定的指标不得少于两项。如利用临时性水工建筑物挡水发电、通航时，经技术经济论证，3级以下临时性水工建筑物的级别可提高一级。

不同级别的水工建筑物在以下几个方面应有不同的要求：

1.抗御洪水能力：如建筑物的设计洪水标准、坝（闸）顶安全超高等。

2.稳定性及控制强度：如建筑物的抗滑稳定、强度安全系数，混凝土材料的变形及裂缝的控制要求等。

3.建筑材料的选用：如不同级别的水工建筑物中选用材料的品种、质量、标号及耐久性等。

第二节　水资源与水利工程

一、水与水资源

（一）水的作用

在地球表面上，从浩瀚无际的海洋，奔腾不息的江河，碧波荡漾的湖泊，到白雪皑皑的冰山，到处都蕴藏着大量的水。水是地球上最为普通也是至关重要的一种天然物质。

水是生命之源：水是世界上所有生物的生命的源泉。考古研究表明，人类自古就是逐水而徙，择水而居，因水而兴。人类发展史与水是密不可分的。

水是农业之本：水是世间各种植物生长不可或缺的物质。在农业生产中，水更是至关重要，正如俗话所说："有收无收在于水，多收少收在于肥。"一般植物绿叶中，水的含量占80%左右，苹果的含水量为85%。水不但是植物的主要组成部分，也是植物的光合作用和维持其生命活动的必需的物质。在现代农业生产中，对灌溉的依赖程度更高，农业灌溉用水数量巨大。据统计，当今世界上农业灌溉用水量占世界总用水量的65%~70%。因此，农业灌溉节水具有广泛而深远的意义。

水是工业的血液：水在工业上的用途非常广泛，从电力、煤炭、石油、钢铁生产，到造纸、纺织、酿造、食品、化工等行业，各种工业产品均需要大量的水。如炼1.0t钢或石油，需水200t；生产1.0t纸需水约250t；而生产1.0t人造纤维，则需耗水1500t左右。在某些工业生产中，水是不可替代的物质。据2017年统计，世界各国工业需水量约占总需水量的25%。

水是自然生态的美容师：地球上，由于水的存在、运动和变化而形成了许多赏心悦目的自然景观。如变幻莫测的彩虹、雾凇、海市蜃楼；因雨水冲淤而成的奇沟险壑、九曲黄河；水在地下的运动作用塑造了千姿百态的喀斯特地貌，从而有了云南石林、桂林山水等美景。另外，水的流动与自然地貌相结合形成了潺潺细流的小溪、波涛汹涌的江河、美丽无比的湖泊、奔流直下的瀑布等，这些自然景观，丰富了人类的精神文明生活。

（二）水资源及其特性

1.水资源

水对人类社会的产生和发展起到了巨大的作用。所以人们认识到，水是人类赖以生存和发展的最基本的生产、生活资料。水是一种不可或缺、不可替代的自然资源；水是一种可再生的有限的宝贵资源。

广义上的水资源，是指地球上所有能直接利用或间接利用的各种水及水中物质，包括海洋水、极地冰盖的水、河流湖泊的水、地下及土壤水。其总储量达 13.86 亿 km^3，其中海洋水约占 97.47%。目前，这部分高含盐量的咸水，还很难直接用于工农业生产。

陆地淡水存储量约为 0.35 亿 km^3，而能直接利用的淡水只有 0.1065 亿 km^3，这部分水资源常称为狭义的水资源。

一般来讲，当前可供利用或可能被利用，且有一定数量和可用质量，并在某一地区能够长期满足某种用途的并可循环再生的水源，称为水资源。

水资源是实现社会与经济可持续发展的重要物质基础。随着科学技术的进步和社会的发展，可利用的水资源范围将逐步扩大，水资源的数量也可能会逐渐增加。但是，其数量还是很有限的。同时，伴随人口增长和人类生活水平的提高，随着工农业生产的发展，对水资源的需求会越来越多，再加上水质污染和不合理开发利用，使水资源日渐贫乏，水资源紧缺现象也会越加突出。

2. 水资源的特性

一般情况下，陆地上的淡水资源具有以下特性：

（1）再生性：在太阳能的作用下，水在自然界形成周而复始的循环。即太阳辐射到海洋、湖泊水面，将部分水汽蒸发到空中。水汽随风漂流上升，遇冷空气后，则以雨、雪、霜等形式降落到地表。降水形成径流，在重力作用下又流回到海洋、湖泊，年复一年地循环。因此，一般认为水循环为每年一次。

（2）时间和空间分布的不均匀性：在地球表面，受经纬度、气候、地表高程等因素的影响，降水在空间分布上极为不均，如热带雨林和干旱沙漠、赤道两侧与南北两极、海洋和内地差距很大。在年内和年际之间，水资源分布也存在很大差异。如冬季和夏季，降雨量变化较大。另外，往往丰水年形成洪水泛滥而枯水年干旱成灾。

（3）水资源的稀缺性：地球上淡水资源总量是有限的，但世界人口急剧增长，工农业生产进一步发展，城市的不断膨胀，对淡水资源的需求量也在快速增加。再加之水体污染和水资源的浪费现象，使某些地区的水资源日趋紧缺。

（4）水的利、害双面性：自古以来，水用于灌溉、航运、动力、发电等，为人类造福，为生活、生产做出了很大贡献。但是，暴雨及洪水也可能冲毁农田、淹没家园、夺人生命，如果对水的利用、管理不当，还会造成土地的盐碱化、污染水体、破坏自然生态环境等，也会给人类造成灾难。正所谓，水能载舟，亦能覆舟。

（三）我国的水资源

我国地域辽阔，河流、湖泊众多，水资源总量丰富。我国有河流4.2万条，河流总长度达40万km以上，其中流域面积在1000km²以上的河流有1600多条。长江是中国第一大河，全长6380km。我国湖泊总面积71787km²，天然湖面面积在100km²以上的有130多个，全国湖泊贮水总量7088亿m³，其中淡水贮量2260亿m³。我国多年平均年降水总量约61889亿m³，多年平均年河川径流总量约27115亿m³，地下水资源量约8288亿m³，两者的重复计算水量为7279亿m³，扣除重复水量后得到水资源总量约为28124亿m³，居世界第六位。

中国河流的水能资源十分丰富，理论蕴藏量达6.76亿kW，其中可开发利用的约3.78亿kW，均居世界首位。其中，长江流域可开发量占总量的53.4%。这是一个巨大而洁净的能源宝库。

我国水资源的特性：

1. 水资源相对缺乏。虽然我国水资源总量较丰富，但我国人口占世界总人口的22%，人均水资源占有量仅为2163m³，是世界人均水资源占有量的1/4，居世界第121位，属于严重的贫水国家。我国的耕地面积为9600万hm²，平均每公顷土地占有的水资源量为28300m³，亩均水量约1771m³，约为世界平均水平的80%。

2. 水资源时空分布严重不均。从空间分布上，我国幅员辽阔，南北气候悬殊，东南沿海地区雨水充沛，水资源丰富；而华北、西北地区干旱少雨，水资源严重缺乏。

在时间分布上，降水多集中在汛期的几个月，汛期降雨量占全年的70%～80%，往往是汛期抗洪、非汛期抗旱。同时，年际变化很大，丰水年洪水泛滥，而枯水年则干旱成灾。

3. 水资源分布与耕地人口的布局严重失调，长江以南地区水资源总量占全国的82%，人口占全国的54%，人均水量4170m³，是全国平均值的1.9倍；亩均水资源量为4134m³，是全国平均值的2.3倍；而淮河以北地区人口占全国的43.2%，水资源总量占全国的14.4%，人均水量仅为全国平均值的1/3，亩均水资源量为全国平均值的1/4。这种水土资源与人口分布的不合理，加剧了水资源短缺，更进一步恶化了水环境。特别是西北、华北的广大地区，已形成严重的水危机。

4. 水质污染和水土流失严重。近年来，水污染在全国各地普遍发生，特别是淮河、海河流域，污染尤为严重，使原本紧缺的水资源雪上加霜。一度曾导致沿岸部分城镇饮水困难，影响了社会的和谐及稳定。长江、黄河、珠江、松花江等流域，虽水质污染尚未超过其自身的净化能力，但某些河段或支流的水质也受到不同程度的污染，水质状况令人担忧。

由于西北地区水土流失严重，地面植被覆盖率低，风沙较大，使黄河成为世界上罕见的多泥沙河流，年含沙量和年输沙量均为世界第一。每年大量泥沙淤积，使河床抬高影响泄洪，严重时则会造成洪水泛滥。因此，必须加强对黄河及相关流域的水土保持，退耕还草、植树造林，减少水土流失，保证河道防洪安全。

二、水利工程与水利事业

为防止洪水泛滥成灾，扩大灌溉面积，充分利用水能发电等，需采取各种工程措施对河流的天然径流进行控制和调节，合理使用和调配水资源。这些措施中，需修建一些工程结构物，这些工程统称水利工程。为达到除水害、兴水利的目的，相关部门从事的事业统称为水利事业。

水利事业的首要任务是消除水旱灾害，防止大江大河的洪水泛滥成灾，保障广大人民群众的生命财产安全。其次是利用河水发展灌溉，增加粮食产量，减少旱涝灾害对粮食安全的影响。最后是利用水力发电、城镇供水、交通航运、旅游、生态恢复和环境保护等。

（一）防洪治河

洪水泛滥可使农业大量减产，工业、交通、电力等正常生产遭到破坏。严重时，则会造成农业绝收、工业停产、人员伤亡等。如1931年武汉地区特大洪水，武汉关水位达28.28m，造成武汉、南京至上海各城市悉数被淹达百日之久，5000万亩农田绝收，受灾人口2855万人，死亡14.5万人，损失惨重。

在水利上，常采取相应的措施控制和减少洪水灾害，一般主要采取以下几种工程措施及非工程措施。

1.工程措施

（1）拦蓄洪水控制泄量。利用水库、湖泊的巨大库容，蓄积和滞留大量洪水，削减下泄洪峰流量，从而减轻和消除下游河道可能发生的洪水灾害。如1998年特大洪水，武汉关水位达到29.43m，是历史第二高水位，由于上游的隔河岩、葛洲坝等水库的拦洪、错峰作用，缓解了洪水对荆江河段及下游的压力，减小了洪水灾害的损失。在利用水库来蓄洪水的同时，还应充分利用天然湖泊的空间，囤积、蓄滞洪水，降低洪水位。当前，由于长江等流域的天然湖泊的面积减少，使湖泊蓄滞洪水的能力降低。1998年大洪水后，对湖面日益减少的洞庭湖、鄱阳湖等天然湖泊，提出退田还湖，这对提高湖泊滞洪功能和推行人水和谐相处的治水方略具有积极作用。另外，拦蓄的洪水还可以用于枯水期的灌溉、发电等，提高水资源的综合利用效益。

（2）疏通河道，提高行洪能力。对一般的自然河道，由于冲淤变化，常常使其过水能力减小。因此，应经常对河道进行疏通清淤和清除障碍物，保持足够的断面，保证河道的设计过水能力。近年来，由于人为随意侵占河滩地，形成阻水障碍、壅高水位，威胁堤防安全甚至造成漫堤等洪水灾害。

2. 非工程措施

（1）蓄滞洪区分洪减流。利用有利地形，规划分洪（蓄滞洪）区；在江河大堤上设置分洪闸，当洪水超过河道行洪能力时，将一部分洪水引入蓄滞洪区，减小主河道的洪水压力，保障大堤不决口。通过全面规划，合理调度，总体上可以减小洪水灾害损失，可有效保障下游城镇及人民群众的生命、财产安全。

（2）加强水土保持，减小洪峰流量和泥沙淤积。地表草丛、树木可以有效拦蓄雨水，减缓坡面上的水流速度，减小洪水流量和延缓洪水形成历时。另外，良好的植被还能防止地表土壤的水土流失，有效减少水中泥沙含量。因此，水土保持对减小洪水灾害有明显效果。

（3）建立洪水预报、预警系统和洪水保险制度。根据河道的水文特性，建立一套自动化的洪水预测、预报信息系统。根据及时准确的降雨、径流量、水位、洪峰等信息的预报预警，可快速采取相应的抗洪抢险措施，减小洪水灾害损失。另外，我国应参照国外经验，利用现代保险机制，建立洪水保险制度，分散洪水灾害的风险和损失。

（二）农田水利

在我国的总用水量中约70%的是农业灌溉用水。农业现代化对农田水利提出了更艰巨的任务，一是通过修建水库、泵站、渠道等工程措施提高农业生产用水保障；二是利用各种节水灌溉方法，按作物的需求规律输送和分配水量。补充农田水分不足，改变土壤的养料、通气等状况，进一步提高粮食产量。

（三）水力发电

水能资源是一种洁净能源，具有运行成本低、不消耗水量、环保生态、可循环再生等特点，是其他能源无法比拟的。

水力发电，既在河流上修建大坝，拦蓄河道来水，抬高上游水位并形成水库，集中河段落差获得水头和流量。将具有一定水头差的水流引入发电站厂房中的水轮机，推动水轮机转动，水轮机带动同轴的发电机组发电。然后，通过输变电线路，将电能输送到电网的用户。

（四）城镇供、排水

随着城镇化进程的加快，城镇生活供水和工业用水的数量、质量在不断提高，城市供水和用水矛盾日益突出。由于供水水源不足，一些重要城市只好进行跨流域引水，如引滦入津、引碧入大、京密引水、引黄济青等工程。特别是正在建设中的南水北调工程，引水干渠全长1300km，投资近2000亿元人民币，每年可为华北地区的河北、山东、天津、北京等省市供水200亿 m^3。由于城市地面硬化率高，当雨水较大时，在城镇的一些低洼处，容易形成积水，如不及时排放，则会影响工、商业生产及人民群众的正常生活。因此，城市降雨积水和渍水的排放，是城市防洪的一部分，必须引起高度重视。

（五）航运及渔业

自古以来，人类就利用河道进行水运。如全长1794km，贯通浙江、江苏、山东、河北、北京的大运河，把海河、淮河、黄河、长江、钱塘江等流域连接起来，形成一个杭州到北京的水运网络。在古代，京杭大运河是南北交通的主动脉，为南北方交流和沿岸经济繁荣做出了巨大贡献。

对内河航运，要求河道水深、水位比较稳定，水流流速较小。必要时应采取工程措施，进行河道疏浚，修建码头、航标等设施。当河道修建大坝后，船只不能正常通行，需修建船闸、升船机等建筑物，使船只顺利通过大坝。如三峡工程中，修建了双线五级船闸及升船机，可同时使万吨客轮及船队过坝，保证长江的正常通航。

由于水库大坝的建设，改变了天然的水状态，破坏了某些回游性鱼类的生存环境。因此，需采取一定的工程措施，帮助鱼类生存、发展，防止其种群的减少和灭绝。常用的工程措施有鱼道、鱼闸等。

（六）水土保持

由于人口的增加和人类活动的影响，地球表面的原始森林被大面积砍伐，天然植被遭到破坏，水分涵养条件差，降雨时雨水直接冲蚀地表土壤，造成地表土壤和水分流失。这种现象称为水土流失。

水土流失可把地表的肥沃土壤冲走，使土地贫瘠，形成丘陵沟壑，减少产量乃至不能耕种。而雨水集中且很快流走，往往形成急骤的山洪，随山洪而下的泥沙则淤积河道和压占农田，还易形成泥石流等地质灾害。

为有效防止水土流失，则应植树种草、培育有效植被，退耕还林还草，合理利用坡地。并结合修建埝坝、蓄水池等工程措施，进行以水土保持为目的的综合治理。

（七）水污染及防治

水污染是指由于人类活动，排放污染物到河流、湖泊、海洋的水体中，使水体的有害物质超过了水体的自身净化能力，以致水体的性质或生物群落组成发生变化，降低了水体的使用价值和原有用途。

水污染的原因很复杂，污染物质较多，一般有耗氧有机物、难降解有机物、植物性营养物、重金属、无机悬浮物、病原体、放射性物质、热污染等。污染的类型有点污染和面污染等。

水污染的危害严重并影响久远。轻者造成水质变坏，不能饮用或灌溉，水环境恶化，破坏自然生态景观；重者造成水生生物、水生植物灭绝，污染地下水，城镇居民饮水危险，而长期饮用污染水源，会造成人体伤害，染病致死并遗传后代。

水污染的防治任务艰巨，第一是全社会动员，提高对水污染危害的认识，自觉抵制水污染的一切行为，全社会、全民、全方位控制水污染。第二是加强水资源的规划和水源地的保护，预防为主、防治结合。第三是做好废水的处理和应用，废水利用、变废为宝，花大力气采取切实可行的污水处理措施，真正做到达标排放，造福后代。

（八）水生态及旅游

1. 水生态。水生态系统是天然生态系统的主要部分。维护正常的水生生态系统，可使水生生物系统、水生植物系统、水质水量、周边环境良性循环。一旦水生态遭到破坏，其后果是非常严重的，其影响是久远的。水生态破坏后的主要现象为：水质变色变味，水生生物、水生植物灭绝；坑塘干涸、河流断流；水土流失，土地荒漠化；地下水位下降，沙尘暴增加等。

水利水电工程的建设，对自然生态具有一定的影响。建坝后河流的水文状态发生一定的改变，可能会造成河口泥沙淤积减少而加剧侵蚀，污染物滞留，改变水质。对库区，因水深增加、水面扩大，流速减小，产生淤积。水库蒸发量增加，对局部小气候有所调节。筑坝对回游性鱼类影响较大，如长江中的中华鲟、胭脂鱼等。在工程建设中，应采取一些可能的工程措施（如鱼道、鱼闸等），尽量减小对生态环境的影响。

另外，水库移民问题也会对社会产生一定的影响，由于农民失去了土地，迁移到新的环境里，生活、生产方式发生变化，如解决不好，也会引起一系列社会问题。

2. 水与旅游。自古以来，水环境与旅游业一直有着密切的联系，从湖南的张家界，黄果树瀑布、桂林山水、长江三峡、黄河壶口瀑布、杭州西湖，到北京的颐和园以及哈尔滨的冰雪世界，无不因水而美丽纤秀，因水而名扬天下。清洁、幽静的水环境可造就秀丽的旅游景观，给人们带来美好的精神享受，水环境是一种不可多得的旅游、休闲资源。

水利工程建设，可造就一定的水环境，形成有山有水的美丽景色，形成新的旅游景点。如浙江新安江水库的千岛湖、北京的青龙峡等。但如处理不当，也会破坏当地的水环境，造成自然景观乃至旅游资源的恶化和破坏。

第三节　水利工程的建设与发展

一、我国古代水利建设

几千年来，广大劳动人民为开发水利资源，治理洪水灾害，发展农田灌溉，进行了长期大量的水利工程建设，积累了宝贵的经验，建设了一批成功的水利工程。大禹用堵、疏结合的办法治水获得成功，并有"三过家门而不入"的佳话流传于世。

我国古代建设的水利工程很多，下面主要介绍几个典型的工程：

（一）四川都江堰灌溉工程

都江堰坐落在四川省都江堰市的岷江上，是当今世界上历史最长的无坝引水工程。公元前250年，由秦代蜀郡太守李冰父子主持兴建，历经各朝代维修和管理，其主体现基本保持历史原貌；虽经历2000多年的使用，至今仍是我国灌溉面积最大的灌区，灌溉面积达1000多万亩。

都江堰工程巧妙地利用了岷江出山口处的地形和水势，因势利道，使堤防、分水、泄洪、排沙相互依存，共为一体。孕育了举世闻名的"天府之国"。枢纽主要由鱼嘴、飞沙堰、宝瓶口、金刚堤、人字堤等组成。鱼嘴将岷江分成内江和外江，合理导流分水，并促成河床稳定。飞沙堰是内江向外江溢洪排沙的坝式建筑物，洪水期泄洪排沙，枯水期挡水，保证宝瓶口取水流量。宝瓶口形如瓶颈，是人工开凿的窄深型引水口，既能引水，又能控制水量。处于河道凹岸的下方，符合无坝取水的弯道环流原理，引水不引沙。2000多年来，工程发挥了极大的社会效益和经济效益，史书上记载，"水旱从人，不知饥馑，时无荒年，天下谓之天府也"。中华人民共和国成立后，对都江堰灌区进行了维修、改建，增加了一些闸坝和堤防，扩大了灌区的面积，现正朝着可持续发展的特大型现代化灌区迈进。

（二）灵渠

灵渠位于广西兴安县城东南，建于公元前214年。灵渠沟通了珠江和长江两大水系，成为当时南北航运的重要通道。灵渠由大天平、小天平、南渠、北渠等建筑物组成，大、小天平为高3.9m，长近500m的拦河坝，用以抬高湘江水位，使江水流入南、北渠（漓江），多余洪水从大小天平顶部溢流进入湘江原河道。大、小天平用鱼鳞石结构砌筑，抗冲性能好。整个工程，顺势而建，至今保存完好。灵渠与都江堰一南一北，异曲同工，相互媲美。

另外，还有陕西引泾水的郑国渠；安徽寿县境内的芍陂灌溉工程，引黄河水的秦渠、汉渠，河北的引漳十二渠等。这些古老的水利工程都取得过良好的社会效益和巨大的经济效益，有些工程至今仍在发挥作用。

在水能利用方面，自汉晋时期开始，劳动人民就已开始用水作为动力，带动水车、水碾、水磨等，用以浇灌农田、碾米、磨面等。

但是，由于我国长期处于封建社会，特别是近代以来，遭受帝国主义、封建主义、官僚资本主义的三重剥削和压迫，由于贫穷、技术落后等原因，丰富的水资源没有得到较好的开发利用，而水旱灾害时常威胁着广大劳动人民的生命、财产安全。中国的水利水电事业发展非常缓慢。

二、现代水利工程建设

自新中国成立以来，在中国共产党的领导下，我国的水利事业得到了空前的发展。在"统一规划、蓄泄结合、统筹兼顾、综合治理"的方针指导下，全国的水资源得到了合理有序的开发利用，经过50多年的艰苦奋斗，水利工程建设取得了巨大的成就，其主要表现在以下几个方面：

（一）大江大河的治理

黄河是中华民族的母亲河，其水患胜于长江。中华人民共和国成立以来，在黄河干流上修建了龙羊峡、刘家峡、青铜峡、万家寨、三门峡、小浪底等大型拦蓄洪水的水库工程，并加固了黄河下游大堤，保证了黄河"伏秋大汛不决口，大河上下保安澜"。

对淮河进行了大力整治，兴建了佛子岭、梅山、响洪甸等一批水库和三河闸等排滞洪工程，并在2003年新修了淮河入海通道。使淮河流域"大雨大灾、小雨小灾、无雨旱灾"的局面得到彻底的改变。

自1963年海河流域大洪水后，开始了对海河流域的治理，通过上游修水库，中游建防洪除涝系统，下游疏畅和新增入海通道，彻底根治了海河流域的洪水涝灾。

在长江上游的支流上，建成了安康、丹江口、乌江渡、东江、江垭、隔河岩、二滩等一大批骨干防洪兴利工程，并在长江干流上修建了葛洲坝和三峡水电工程，整治加固了荆江大堤，使长江中、下游防洪能力由原来的10年一遇提高到500年一遇的标准。

同时，对珠江流域、东北三江流域等大江大河也进行了综合治理，使其防洪标准大为提高。

（二）水电建设

从 20 世纪 60 年代建设新安江水电站开始，半个世纪来，我国建设了一批大型水电骨干工程，水电的装机容量和单机容量越来越大。其中装机 1000MW 以上的大型水电站 20 多座，现在建的三峡水电站，单机容量 700MW，总装机容量 18200MW，是当今世界上最大的水力发电站。到 2016 年年底，全国水电装机容量达到了 100000MW。

我国正在开发建设十大水电基地，开发西部及西南地区丰富的水电资源，进行西电东送，将大大缓解华南、华东地区电力紧缺的矛盾，为我国经济可持续发展提供强有力的能源支撑。

（三）农田灌溉和城镇供水

几十年来，通过修建水库、塘坝，建成万亩以上灌区 5000 多处，百万亩灌区 30 处，如四川都江堰灌区、内蒙古河套灌区、新疆石河子灌区等。灌溉农田面积达 7 亿亩。大大提高了粮食亩产和总产量，为国家粮食安全提供了有力保障。

当前，由于大部分地区水资源紧缺，城镇供水矛盾凸显，为保障工业和人民生活用水，投入了大量的人力、财力，建设了一批专门的引水和供水工程。这些工程的建设，大大缓解了一些大中城市的供水矛盾。为我国工农业生产的发展、保障和提高人民群众的生活水平做出了巨大的贡献。

但是，1998 年长江流域、东北三江的特大洪水的教训也表明，我国大江大河的防洪仍存在问题；西北、华北地区干旱及供水矛盾仍较突出，水资源短缺问题十分严重；水环境恶化的趋势尚未得到有效控制，干旱缺水、洪水灾害和水污染严重制约着经济的发展。

因此，在 21 世纪必须加快大型水利工程建设步伐，坚持综合规划、防治结合、标本兼治、和谐统一的原则，需建设一批关键性控制工程，调蓄水量、提供能源。必须对宝贵的水资源进行合理开发、高效利用、优化配置并要有效保护。

三、我国水利事业的发展前景

（一）我国水利水电建设前景远大

随着我国现代化建设进程的加快和社会经济实力的不断提高，我国的水利水电建设将迎来一个快速发展的阶段。西部大开发战略的实施，西南地区的水电能源将得以开发，并通过西电东送，使我国的能源结构更趋合理。

为了有效控制大江大河的洪水，减轻洪涝灾害，开发水利水电资源，将建设一批大型水利水电枢纽工程。可以预见，在掌握高拱坝、高面板堆石坝、碾压混凝土坝等建坝新技术的基础上，在建设三峡、二滩、小浪底等世界特大型水利水电工程的经验的指导下，将建设一批水平更高、更先进的水电工程。

（二）人水和谐相处

为进一步搞好水利水电工程建设，在总结过去治水经验，深入分析研究当前社会经济发展的需求的基础上，要更新观念，从工程水利向资源水利转变，从传统水利向现代水利转变，树立可持续发展观，以水资源的可持续利用保障社会经济的可持续发展。

要转变对水及大自然的认识，在防止水对人类侵害的同时，也应注意人对水的侵害，人与自然、人与水要和谐共处。社会经济发展，要与水资源的承载力相协调。水利发展目标要与社会发展和国民经济的总体目标结合，水利建设的规模和速度要与国民经济发展相适应，为经济和社会发展提供支撑和保障条件。应客观地根据水资源状况确定产业结构和发展规模，并通过调整产业结构和推进节约用水，来提高水资源的承载能力。使水资源的开发利用既满足生产、生活用水，也充分考虑环境用水、生态用水，真正做到计划用水、节约用水、科学用水。

要提高水资源的利用效率，进行水资源统一管理，促进水资源优化配置。不论是农业、工业，还是生活用水，都要坚持节约用水，高效用水。真正提高水资源的利用水平，要大力发展节水灌溉，发展节水型工业，建设节水型社会。逐步做到水资源的统一规划、统一调度、统一管理。统筹考虑城乡防洪、排涝灌溉、蓄水供水、用水节水、污水处理、中水利用等涉水问题，真正做到水资源的高效综合利用。

需确立合理的水价形成机制，利用价格杠杆作用，遵循经济发展规律，试行水权交易、水权有偿占有和转让，逐步形成合理的水市场。促进水资源向高效率、高效益方面流动，使水资源达到最大限度的优化配置。

第四节　水利工程建设程序及管理

一、水利工程建设程序

（一）建设程序及作用

工程项目建设程序是指工程建设的全过程中，各建设环节及其所应遵循的先后次序法则。建设程序是多年工程建设实践经验、教训的总结，是项目科学决策及顺利实现最终建设目标的重要保证。

建设程序反映工程项目自身建设、发展的科学规律，工程建设工作应按程序规定的相应阶段，循环渐进逐步深入地进行。建设程序的各阶段及步骤不能随意颠倒和违反，否则，将可能造成不利的严重后果。

建设程序是为了约束建设者的随意行为，对缩短工程的建设工期，保证工程质量，节约工程投资，提高经济效益和保障工程项目顺利实施，具有一定的现实意义。

另外，建设程序对加强水利建设市场管理，进一步规范水利工程建设行为，推进项目法人责任制、建设监理制、招标投标制的实施，促进水利建设实现经济体制和经济增长方式的两个根本性转变，具有积极的推动作用。

（二）我国水利工程建设程序及主要内容

对江河进行综合开发治理时，首先根据国家（区域、行业）经济发展的需要确定优先开发治理的河流。然后，按照统一规划、综合治理的原则，对选定河流进行全流域规划，确定河流的梯级开发方案，提出分期兴建的若干个水利工程项目。规划经批准后，方可对拟建的水利枢纽进行进一步建设。

按我国《水利工程建设项目管理规定》，水利工程建设程序一般分为：项目建议书、可行性研究报告、设计阶段、施工准备（包括招标设计）、建设实施、生产准备、竣工验收、后评价等阶段。

1. 项目建议书

项目建议书应根据国民经济和社会发展长远规划、流域及区域综合规划，按照国家产业政策和国家有关投资建设方针进行编制，是对拟进行建设项目的初步说明。

项目建议书应按照《水利水电工程项目建议书编制暂行规定》编制。项目建议书编制一般由政府委托有相应资格的工程咨询、设计单位承担，并按国家现行规定权限向主管部门申报审批。项目建议书被批准后，由政府向社会公布，若有投资建设意向，应及时组建项目法人筹备机构，按相关要求展开工作。

2. 可行性研究报告

阶段可行性研究报告，由项目法人组织编制。经过批准的可行性研究报告，是项目决策和进行初步设计的依据。

（1）可行性研究的主要任务是根据国民经济、区域和行业规划的要求，在流域规划的基础上，通过对拟建工程的建设条件做进一步调查、勘测、分析和方案比较等工作，进而论证该工程在近期兴建的必要性、技术上的可行性及经济上的合理性。

（2）可行性研究的工作内容和深度是基本选定工程规模；选定坝址；初步选定基本坝型和枢纽布置方式；估算出工程总投资及总工期；对工程经济合理性和兴建必要性做出定量定性评价。该阶段的设计工作可采用简略方法，成果必须具有一定的可靠性，以利于上级主管部门决策。

（3）可行性研究报告的审批按国家现行规定的审批权限报批。申报项目可行性研究报告，必须同时提出项目法人组建方案及运行机制、资金筹措方案、资金结构及回收资金的办法，并依照有关规定附具有管辖权的水行政主管部门或流域机构签署的规划同意书、对取水许可预申请的书面审查意见。审批部门要委托有项目相应资格的工程咨询机构对可行性研究报告评估，并综合行业归口主管部门、投资机构等方面的意见进行审批。项目的可行性报告批准后，应正式成立项目法人，并按项目法人责任制实行项目管理。

3. 设计阶段

（1）初步设计。根据已批准的可行性研究报告和必要的设计基础资料，对设计对象进行通盘研究，确定建筑物的等级；选定合理的坝址、枢纽总体布置、主要建筑物型式和控制性尺寸；选择水库的各种特征水位；选择电站的装机容量，电气主结线方式及主要机电设备；提出水库移民安置规划；选择施工导流方案和进行施工组织设计；编制项目的总概算。

初步设计报告应按照《水利水电工程初步设计报告编制规程》的有关规定编制。初步设计文件报批前，应由项目法人委托有关专家进行咨询，设计单位根据咨询论证意见，对初步设计文件进行补充、修改、优化。初步设计按国家现行规定权限向主管部门申报审批。经批准后的初步设计文件主要内容不得随意修改、变更，并作为项目建设实施的技术文件基础。如有重要修改、变更，须经原审批机关复审同意。

（2）技术设计或招标设计。对重要的或技术条件复杂的大型工程，在初步设计和施工详图设计之间增加技术设计。其主要任务是：在深入细致的调查、勘测和试验研究的基础上，全面加深初步设计的工作，解决初步设计尚未解决或未完善的具体问题，确定或改进技术方案，编制修正概算。技术设计的项目内容同初步设计，只是更为深入详尽。审批后的技术设计文件和修正概算是建设工程拨款和施工详图设计的依据。

（3）施工详图设计。该阶段的主要任务是：以经过批准的初步设计或技术设计为依据，最后确定地基开挖、地基处理方案，进行细节措施设计；对各建筑物进行结构及细部构造设计，并绘制施工详图；进行施工总体布置及确定施工方法，编制施工进度计划和施工预算等。施工详图预算是工程承包或工程结算的依据。

4. 施工准备阶段

（1）项目在主体工程开工之前，必须完成各项施工准备工作，其主要内容包括：施工现场的征地、移民、拆迁；完成施工用水、用电、通信、道路和场地平整等工程；建生产、生活必需的临时建筑工程；组织监理、施工、设备和物资采购招标等工作；择优确定建设监理单位和施工承包队伍。

（2）工程项目必须满足以下条件，施工准备方可进行：初步设计已经批准；项目法人已经建立；项目已列入国家或地方水利建设投资计划，筹资方案已经确定；有关土地使用权已经批准；已办理报建手续。

5. 建设实施阶段

段建设实施阶段是指主体工程的建设实施，项目法人按照批准的建设文件，组织工程建设，保证项目建设目标的实现。

（1）项目法人或其代理机构必须按审批权限，向主管部门提出主体工程开工申请报告，经批准后，主体工程方能正式开工。主体工程开工须具备的条件是：前期工程各阶段文件已按规定批准，施工详图设计可以满足初期主体工程施工需要；工程项目建设资金已落实；主体工程已决标并签订工程承包合同；现场施工准备和征地移民等建设外部条件能够满足主体工程开工需要。

（2）按市场经济机制，实行项目法人责任制，主体工程开工还须具备以下条件：项目法人要充分授权监理工程师，使之能独立负责项目的建设工期、质量、投资的控制和现场施工的组织协调。要按照"政府监督、项目法人负责、社会监理、企业保证"的要求，建立健全质量管理体系。重大建设项目，还必须设立项目质量监督站，行使政府对项目建设的监督职能。水利工程的兴建必须遵循先勘测、后设计，在做好充分准备的条件下，再施工的建设程序。否则，就很可能会设计失误，造成巨大经济损失，乃至灾难性的后果。

6. 生产准备阶段

生产准备应根据不同工程类型的要求确定，一般应包括如下主要内容：

（1）生产组织准备。建立生产经营的管理机构及相应管理制度；招收和培训人员。按生产运营的要求，配备生产管理人员。

（2）生产技术准备。主要包括技术资料的汇总、运行技术方案的制订、岗位操作规程制订和新技术准备。

（3）生产物资准备。主要是落实投产运营所需要的原材料、协作产品、工器具、备品备件和其他协作配合条件的准备。

（4）运营销售准备。及时具体落实产品销售协议的签订，提高生产经营效益，为偿还债务和资产的保值增值创造条件。

7. 竣工验收

竣工验收是工程完成建设目标的标志，是全面考核基本建设成果、检验设计和工程质量的重要步骤。竣工验收合格的项目即从基本建设转入生产或使用。

（1）当建设项目的建设内容全部完成，并经过单位工程验收、完成竣工报告、竣工决算等文件后，项目法人向主管部门提出申请，根据相关验收规程，组织竣工验收。

（2）竣工决算编制完成后，须由审计机关组织竣工审计，其审计报告作为竣工验收的基本资料。另外，工程规模较大、技术较复杂的建设项目可先进行初步验收。

8. 项目后评价

建设项目经过 1~2 年生产运营后，进行系统评价称后评价。其主要内容包括：（1）影响评价，项目投产后对政治、经济、生活等方面的影响进行评价；（2）经济效益评价，对国民经济效益、财务效益、技术进步和规模效益等进行评价；（3）过程评价，对项目的立项、设计、施工、建设管理、生产运营等全过程进行评价。

项目后评价一般按三个层次组织实施，即项目法人的自我评价、项目行业的评价、计划部门（或主要投资方）的评价。

项目后评价工作必须遵循客观、公正、科学的原则，做到分析合理、评价公正。通过后评价以达到肯定成绩、总结经验、研究问题、吸取教训、提出建议、改进工作的目的。

二、水利工程建设的管理

（一）基本概念

1. 工程建设管理的概念

工程建设目标的实现，不仅要靠科学的决策、合理的设计和先进的施工技术及施工人员的努力工作，而且要靠现代化的工程建设管理。

一般来讲，工程建设管理是指：在工程项目的建设周期内，为保证在一定的约束条件下（工期、投资、质量），实现工程建设目标，而对建设项目各项活动进行的计划、组织、协调、控制等工作。

在工程项目建设过程中，项目法人对工程建设的全过程进行管理；工程设计单位对工程的设计、施工阶段的设计问题进行管理；施工企业仅对施工过程进行控制和管理。由业主委托的工程监理单位，按委托合同的规定，替业主行使相关的管理权利和相应义务。

对大型的工程项目，涉及技术领域众多，专业技术性强，工程质量要求高，投资额巨大，建设周期较长。工程项目法人管理任务艰巨，责任重大，因此，必须建立一支技术水平高、经验丰富、综合性强的专职管理队伍。当前，要求项目法人委托建设监理单位进行部分或全部的项目管理工作。

2. 工程项目管理的特点

工程建设管理的特殊性主要表现在以下几个方面：

（1）工程建设全过程管理。建设项目管理从工程项目立项、可行性研究、规划设计、工程施工准备（招标）、工程施工到工程的后评价，涉及单位众多，经济、技术复杂，建设时间较短。

（2）项目建设的一次性。由于工程项目建设具有一次性特点，因此，工程建设的管理也是一次性的。不同的行业、规模、类型的建设项目其管理内涵则有一定的区别。

（3）委托管理特性。企事业单位的管理是以自己管理为主，而建设项目的管理则可以委托专业性较强的工程咨询、工程监理单位进行管理。使业主单位需人员精干，机构简捷，主要做好决策、筹资、外部协调等主要工作，以便更利于建设目标的实现。

3. 管理的职能工程项目

管理的职能和其他管理一样，主要包括以下几个方面：

（1）计划职能。计划是管理的首要职能，在工程建设每一阶段前，必须按工程建设目标，制订切实可行的计划安排。然后，按计划严格控制并按动态循环方法进行合理的调整。

（2）组织职能。通过项目组织层次结构及权力关系的设计，按相关合同协议、制度，建立一套高效率的组织保证体系，组织系统相关单位、人员，协同努力实现项目总目标。

（3）协调职能。协调是管理的主要工作，各项管理均需要协调。由于建设项目建设过程中各部门、各阶段、各层次存在大量的接合部，需要大量的沟通、协调工作。

（4）控制职能。控制和协调联合、交错运用，按原计划目标，通过进度对比、分析原因、调整计划等对计划进行有效的动态控制。最后，使项目按计划达到设计目标。

（二）工程项目管理的主要内容

1. 项目决策阶段。项目决策阶段，管理的主要内容包括：投资前期机会研究，根据投资设想提出项目建议书。项目可行性研究，项目评估和审批，下达项目设计任务书等。

2. 项目设计阶段。通过设计招标选择设计单位：审查设计步骤、设计出图计划、设计图纸质量等。

3. 项目的实施阶段。在项目施工阶段，管理内容可概括为：工程资金的筹集及控制；工程质量监督和控制；工程进度的控制；工程合同管理及索赔；工程建设期间的信息管理；设计变更、合同变更以及对外、对内的关系协调等。

4. 项目竣工验收及生产准备阶段。项目竣工验收的资料整编及管理；竣工验收的申报及组织竣工验收；试生产的各项准备工作，联动试车的问题及处理等。

第七章　水土保持与河道工程

第一节　水土保持工程

一、水土流失现象的严重性和水土保持的重要性

由于地面植被不良，水分涵养条件差，降雨时雨水大量流动，侵蚀和冲刷地表土壤，造成水分和土壤流失的现象，叫作水土流失。此外，在一定条件下，风力对表层土壤的侵蚀作用，称为风蚀。预防和治理水土流失、保护和合理利用水土资源是水土保持的最基本任务。它包括水的保持、土的保持以及水与土的交互作用（土壤蒸发水分和土壤对水分的保持以及土壤渗蓄、补给地下水）。

水是生命之源，土是生存之本。水和土是人类赖以生存和发展的最基本条件，都是不可替代的基础资源。对土壤，它是一种不可再生的自然资源。因为在自然条件下，生成 1cm 厚的土层平均需要 120 ~ 400 年的时间；而在水土流失严重地区，每年流失的土层厚度均在 1cm 以上。因此，水土流失问题已引起了世界各国的普遍关注，联合国也将水土流失列为全球三大环境问题之一。

19 世纪以来，全世界土壤资源受到严重破坏。水土流失、土壤盐渍化、沙化、贫瘠化、渍涝化以及由自然生态失衡而引起的水旱灾害等，使耕地逐日退化而丧失生产能力。目前，全球约有 15 亿 km^2 的耕地，由于水土流失与土壤退化，每年损失 500 万 ~ 700 万 km^2。世界人口不断增加，人均占有土地面积将进一步减少。"民以食为天"，"有土则有粮"，拥有丰富的水土资源是立国富民的基础。如果水土资源遭到破坏，进而衰竭，将危及国家和民族的生存。这个结论在世界历史发展进程中已经得到了证明：古罗马帝国、古巴比伦王国衰亡的重要原因之一，就是水土流失导致生态环境恶化，致使民不聊生；希腊人、小亚细亚人为了取得耕地而毁林开荒，造成严重的水土流失，致使茂密的森林地带变成荒无人烟的不毛之地。

中国人口众多，可开发利用的土地资源十分有限，能够耕种的土地尤为珍贵，而每年却因土壤退化损失耕地 46.6 万 ~ 53.3 万 hm^2，因自然灾害丧失耕地约 10 万 hm^2，成为世界上水土流失最为严重的国家之一。

二、水土流失的危害

（一）水土流失对水资源的危害

水土流失减少水资源可利用量。流域上游山丘区地表植被遭到严重破坏，降低蓄水保水能力；同时缺乏拦蓄降雨和径流的蓄水保水措施，就会使降雨时地表径流增大，流速加快，大部分降雨以地表径流方式汇集于河道，成为山洪流入江河湖海，土壤入渗量减少，地下水得不到及时补给，水位下降。暴雨时山洪暴发，暴雨过后又很快使河流干枯、土壤干旱、人畜饮水困难。同时，水土流失淤积水库，阻塞江河。地表径流携带泥沙和固体废弃物，沿程淤积于水库与河流中，降低了水库调蓄和河道行洪能力，影响水库资源的综合开发和有效利用，加剧洪涝旱灾。黄河流域黄土高原地区年均输入黄河泥沙 16 亿 t 中，约 4 亿 t 淤积在下游河床，致使河床每年抬高 8～10cm，形成著名的"地上悬河"，对周围地区构成严重威胁。新中国成立以来，由于泥沙淤积，全国共损失水库库容约 200 亿 m^3，水土流失还是水质污染的一个重要原因，长江水质正在遭受污染就是典型的例子。

（二）水土流失对土地资源的危害

水土流失对土地资源的破坏表现在外营力对土壤及其母质的分散、剥离以及搬运和沉积上。由于雨滴击溅、雨水冲刷土壤，把坡面切割得支离破碎，沟壑纵横。在水力侵蚀严重地区，沟壑面积占土地面积的 5%～15%，支毛沟数量多达 30～50 条/km^2，沟壑密度 2～3km/km^2。上游土壤经分散、剥离，砂砾颗粒残积在地表，细小颗粒不断被水冲走，沿途沉积，下游遭受水冲砂压。如此反复，土壤沙化，肥力降低，质地变粗，土层变薄，土壤面积减少，裸岩面积增加，最终导致弃耕，成为"荒山荒坡"。同时，在内陆干旱、半干旱地区或滨海地区，由于水土流失，地下水得不到及时补给，在气候干旱、降水稀少、地表蒸发强烈时，土壤深层含有盐分（钾、钠、钙、镁的氯化物、硫酸盐、重碳酸盐等）的地下水就会由土壤毛管孔隙上升，在表层土壤积累时，逐步形成盐碱土。盐土进行着盐化过程，表层含有 0.6%～2% 以上的易溶性盐。碱土进行着碱化过程，交换性钠离子占交换性阳离子总量的 20% 以上，结构性差，呈强碱性。盐渍土危害作物生长的主要原因是土壤渗透压过高，引起作物生理干旱和盐类对植物的毒害作用以及由于过量交换性钠离子的存在而引起的一系列不良的土壤性状。

据统计，近 50 年来，我国因水土流失毁掉的耕地达 266 万 hm^2，平均每年 6 万 hm^2 以上，每年流失土壤 50 亿 t 以上，带走氮、磷、钾 4000 万 t 以上，相当于 20 世纪 80 年代初我国的全年化肥产量。因水土流失造成退化、沙化、碱化草地约 100 万 km^2，占我国草原总面积的 50%。进入 90 年代，沙化土地每年扩展 2460km^2。

（三）水土流失对生态环境的危害

水土流失对水土资源的破坏，使生物生存的环境恶化，物种减少。据"世界保护联盟"的环境组织宣称，由于环境问题，目前，世界上物种灭绝的规模和速度比任何时候都要大和快，比我们原先预料的要高 1000 倍。我国目前植物种类有 289 种濒临灭绝，动物种类有近 10 种基本绝迹，20 种处于濒危状态。

水土流失威胁城镇，破坏交通，危及工矿设施和下游地区生产建设和人民生命财产的安全，特别是在高山深谷地区，因水力和重力的双重作用而发生的山体滑坡、泥石流灾害。近年来北方地区连续遭受沙尘暴袭击，也与水土流失相关，都是水土流失的恶果。

水土流失流走的是沃土，留下的是贫瘠。在水土流失严重地区，地力衰退，产量下降，形成"越穷越垦、越垦越穷"的恶性循环。目前全国农村贫困人口 90% 以上都生活在生态环境比较恶劣的水土流失地区。

水土流失是我国面临的头号环境问题，是我国生态环境恶化的主要特征，是贫困的根源。要解决这一问题，争取继续生存、继续发展的权利，必须调整好人类、环境与发展三者之间的关系，特别是要调整好经济发展的模式。保持水土，根除灾害，时不我待，刻不容缓，应该呼吁全社会都来关心。

三、我国水土流失的治理情况

我国水土保持采取了一系列重大行动，取得了巨大成效。但是水土保持仍然面临着严峻挑战。一是水土流失面积大，防治任务艰巨，目前仍有近 200 万 km² 水土流失面积需要治理，按照目前的防治速度，需要近半个世纪的时间才能得到初步治理；二是水土流失强度大，生态环境恶化的趋势尚未得到遏制；三是边治理边破坏的现象仍然存在，对水土资源和生态环境造成巨大压力。因此，必须充分认识防治水土流失的紧迫性、艰巨性和长期性，按照党中央和国务院的战略部署，全面规划，因地制宜，综合防治，采取切实可行的对策和措施，加快水土流失防治步伐。

（一）水土保持的指导原则

根据国民经济和社会发展对水土保持生态建设的新要求，21 世纪水土保持发展战略总的指导思想是：以建设秀美山川为目标，以防治水土流失为核心，以退耕还林（草）为重点，以坡耕地改造为基础，以小流域为单元，实行山水田林路统一规划，综合治理；工程措施、生物措施和农业技术措施合理配置，充分发挥生态的自然修复能力；依靠科技进步，示范引导，实施分区防治战略，加强管理，突出保护；依靠深化改革，实行机制创新；加大行业监管力度，为经济社会的可持续发展创造良好的生态环境。

（二）水土保持的防治目标

21 世纪是全球致力于经济和自然协调发展的世纪，我国政府已将水土保持生态建设确立为 21 世纪经济和社会发展的一项重要的基础工程，作为实施西部大开发战略的一项根本措施，明确了水土保持生态建设的战略目标和行动。

近期目标（2018～2020 年）：每年综合治理水土流失面积 5 万 km^2，到 2020 年新增治理水土流失面积 55 万 km^2，七大流域特别是长江、黄河中上游水土流失严重地区的重点治理工程初见成效，在全国水土流失区基本建立起水土流失预防监督体系和水土流失监测网络，进一步完善水土保持法律法规，基本遏制生态环境恶化趋势。

中期目标（2021～2030 年）：使全国 60% 以上适宜治理的水土流失地区得到不同程度的治理，重点治理区生态环境开始走上良性循环轨道，全国建立起健全的水土流失预防监督体系和动态监测网络，水土保持法律法规形成完善的体系。

远期目标（2031～2050 年）：全国建立起适应国民经济可持续发展的良性生态系统，适宜治理的水土流失地区基本得到整治，水土流失和沙漠化基本得到控制，坡耕地基本实现梯田化，宜林地全部绿化，"三化"草地得到恢复，全国生态环境明显改观，大部分地区基本实现山川秀美。

（三）水土保持的成果

经过 50 多年不懈的努力，我国水土保持生态建设取得了巨大成就。全国累计水土流失综合治理保护面积 85.9 万 km^2，其中修建基本农田 2 亿亩，营造水土保持林 6.5 亿亩，经果林 7000 多万亩，种草 6500 多万亩，建设治沟骨干工程 1403 座，以及一大批小型水利水保工程。水土保持设施每年拦蓄泥沙能力 15 亿 t，增加蓄水能力 250 亿 m^3，减少入黄泥沙 3 亿 t。通过小流域综合治理，发展高效农牧业，项目区 2500 多万亩陡坡耕地退耕还林，实施封育保护面积 10 万 km^2，基本解决了 4000 多万人的温饱问题，为水土流失治理区社会经济可持续发展奠定了坚实基础。

（四）水土保持措施

1. 预防措施

（1）组织全民植树造林，鼓励种草，扩大森林覆盖面积，增加植被。

（2）根据当地情况，组织农业集体经济组织和国营农、林、牧场，种植薪炭林和饲草、绿肥植物，有计划地进行封山育林育草、轮封轮牧，防风固沙，保护植被。禁止毁林开荒、烧山开荒和在陡坡地、干旱地区铲草皮、挖树兜。

（3）在 25°以上陡坡地禁止开垦种植农作物；已开垦的，应根据实际情况，逐步退耕，植树种草，恢复植被，或者修建梯田。开垦禁止开垦坡度以下、5°以上的荒坡地，必须经县级人民政府水行政主管部门批准；开垦国有荒坡地，经县级人民政府水行政主管部门批准后，方可向县级以上人民政府申请办理土地开垦手续。

（4）采伐林木必须因地制宜地采用合理采伐方式，并在采伐后及时完成更新造林任务。对水源涵养林、水土保持林、防风固沙林等防护林只准进行抚育和更新性质的采伐。

（5）在5°以上坡地上整地造林，抚育幼林，垦复油茶、油桐等经济林木，必须采取水土保持措施，防止水土流失。

2. 治理措施。

在水力侵蚀地区，应当以天然沟壑及其两侧山坡地形成的小流域为单元，实行全面规划，综合治理，建立水土流失综合防治体系。在风力侵蚀地区，应当采取开发水源、引水拉沙、植树种草、设置人工沙障和网格林带等措施，建立防风固沙防护体系，控制风沙危害。水土保持具体措施有如下几个方面：(1) 生物措施。造林、种草，培育植被，禁止滥伐乱垦。(2) 农业措施。修筑梯田，等高条播，合理耕作等。(3) 水利措施。修建蓄水池、谷坊、淤地坝、沟头防护等工程，以及引水上山、引洪漫地，防治崩山等。

由于各水土流失区的高程、坡度、坡向、土壤等自然条件和耕作、放牧等人为因素的不同，每块土地的水土流失程度和生产力差异很大。此外，地形、地质和气候条件也各不相同，因此，要因地制宜合理利用土地，采取农、林、牧、水等综合治理的水土保持措施。

第二节　堤防工程

堤防是沿江、河、湖、海、行洪区边界修筑的挡水建筑物，其断面形状为梯形或复式梯形，主要作用是约束水流、控制河势、防止洪水泛滥成灾或海水倒灌。如今，堤防虽不是防治洪水的惟一措施，但仍是一项重要的防洪工程。

堤防工程级别取决于防护对象（如城镇、农田面积、工业区等）的防洪标准。一般遭受洪灾或失事后损失巨大的工程，其级别可适当提高；反之，其级别可适当降低。在堤防上的穿堤建筑物（如闸、涵、泵站等）的防洪标准不低于堤防的防洪标准。

一、堤防规划的原则

新堤防系统的建立和旧堤防系统的改造，都须按照近期和远期的防洪、兴利要求，结合当地的具体情况，进行全面的规划。规划中注意以下几个方面：

（一）堤防规划应与流域水利资源综合开发利用规划、地区的水利规划相结合，防洪与国土整治和利用相结合，力求在其他防洪措施（例如蓄洪、分洪、滞洪等工程）的协同配合下，达到最有效地、最经济地控制洪水的目的。

（二）编制堤防规划，要上下游、左右岸统筹兼顾，合理安排，使堤防能行之有效地起到防洪安全的作用。当所选定的防洪标准和堤身断面一时难以达到要求时，也可分期分段实现。

（三）在堤防遭到超标准洪水时，要有照顾全局，确保重点，决定取舍的方案和措施，把洪水灾害限制在最小范围之内。

（四）保证主要江河的堤防不发生改道性决口，并确保对国民经济影响重大的主要堤防不决口。

二、堤防设计

（一）堤线的选择

堤线选择布置直接关系到工程的安全、投资和防洪的经济效益，同时对防洪安全和防汛抢险影响很大，是规划设计中的重要工作。应对河流的河势、河道的演变、地质地貌以及两岸工农业生产和交通情况进行调查，在选线时考虑以下几点：

1. 河堤堤线应与河势流向相适应，与大洪水的主流线走向基本一致，两岸堤线基本平行，有利于洪水的宣泄。

2. 堤线走向应尽量平顺，各堤段平缓连接，不得采用折线或急弯。

3. 堤线应尽可能利用现有堤防和有利地形、土质良好的地带，尽量避免通过软弱地基、深水地带、古河道、强透水地基等不良地带。这样堤防有良好的基础，既减少基础加固或清基回填的工程量，又提供了良好的施工条件和运行安全。

4. 堤线布置应少占耕地、少拆迁，并保护好文物遗址，方便防汛抢险和工程管理。

（二）堤顶高程的确定

堤顶高程为设计洪水位加堤顶超高。堤顶超高且 1 级 2 级堤防超高不应小于 2.0m。

（三）两岸间堤距的确定

河流两岸之间堤距的确定是一个比较复杂的问题，需进行多方案比较。因为，当泄流量一定时，堤距较大，则堤顶可低一些，节约土方工程，但耕地占用较多；堤距较小，相应堤顶要高一些，虽然减少了占用的耕地，但堤防的工程量较大。除此之外，还应考虑河道的允许流速。通过以上因素综合分析，选择最经济、最合理的堤距。

当每一种方案的设计洪水位确定后，即可确定堤顶高程，进而估算一定河段长度的堤防造价，并求出被保护面积的单位造价，从中选出最经济合理的方案。以上只是从经济效益方面考虑的堤距计算方法，另外还必须根据具体情况从多方面综合考虑，最后确定堤距。

（四）堤身横断面的设计

1.横断面设计的基本要求。堤身横断面一般设计为梯形，浸润线逸出点不得出现在堤坡，如不满足浸润线要求时，可设置戗台，断面设计应满足以下基本要求：

堤身要有足够的重量，以抵抗挡水压力，保证堤防的稳定，防止堤身滑动而遭破坏；堤身两侧有一定的坡度，维持边坡的稳定，不产生坍塌、滑裂等险情；堤顶有一定的宽度，以满足交通和防洪的要求。

2.堤顶宽度的确定。堤顶宽度与被保护区的重要程度、设计洪水位以及交通运输、防汛抢险等要求有关，重要堤防、险工堤段，风浪较大，土质多沙，交通频繁，堤身高大，防守抢险要求较高的堤防，顶宽要大一些。一般情况下，堤顶宽度应符合实际要求。

3.堤防边坡的确定。边坡与堤防的种类、筑堤土壤的性质以及堤防的工作条件有关。对水位涨落较慢，高水位持续时间长，水面辽阔风浪大，堤身断面要求大，且边坡要缓；而洪峰涨落较快，堤防持续高水位时间不长，堤身断面及边坡要求可小些。筑堤土壤的性质不同，坡度也不一样，一般黏性土时，边坡可陡一些；砂性土时边坡要缓一些。所以，堤防的坡度应考虑多种因素。在堤防的渗径不够，可在背河坡设置戗台，戗台的边坡要缓，以增加渗径，稳定堤身。

堤身断面初步拟订后，尚需作稳定计算校核。对于重要的或可能发生裂缝的堤防，尚需进行沉陷计算。

三、堤防护坡

临水堤坡主要是防止水流冲刷、波浪淘刷、冰和漂浮物的撞击破坏；背水坡主要防止雨水冲刷和动物、人为破坏。

为了使堤防正常工作，并保证在洪水期不发生冲决，在堤防的临水坡，常需要做一些护坡工程。堤防护坡的形式有草皮护坡、干砌块石护坡及抛石护坡。

一般河堤的临水坡，因水流流速不大，风浪也不大，多在堤坡上种植芭根草等而形成草皮护坡。植草可采用网式及平式栽法。植草时应注意剔除高秆杂草，以免影响汛期巡堤查水。经常受到水流冲刷的河堤或湖堤，在临水坡顺坡干砌或平扣块石，石料不宜太小，一般直径在 $30 \sim 40$ mm。为防止水流对土堤坡的淘刷，可在砌石下铺设垫层。将石料顺坡铺设在堤坡上的抛石护坡，能防止水流及风浪的冲击，施工简单，施工速度快，不仅能保护堤坡免遭破坏，还能起到护脚的作用。

四、堤防的管理养护

堤防工程在按设计要求完成后，还必须通过管理养护才能很好地发挥其防洪挡水作用。堤防管理养护具有长期性、复杂性等特点，是一项不可忽视的工作。

堤防管理工作的主要任务是：确保工程安全完整；充分发挥堤防工程的抗洪、抗风浪的作用；开展绿化等综合经营。为完成以上任务，在堤防管理中要注意以下几点。

（一）堤防两侧应按规定留足保护地。堤防两侧沿河群众取土、挖沟等，常使堤防遭受破坏。应根据各地政府的规定，在堤防两侧划出一定宽度的保护地，作为保护堤防的范围。

（二）严禁损害树草。堤坡的植草、保护地植树既能防雨、防浪，又是综合经营的主要项目，应禁止破坏。在堤身及保护地内不准放牧、挖掘草皮和任意砍伐树木。

（三）严禁损坏堤防的活动。禁止在堤防及其规定范围内进行挖洞、开沟、挖渠建房、建窑、爆破、挖坟及危害堤防完整和安全的活动，严格控制修建穿堤建筑物，这些损坏堤防的活动直接或间接地破坏了堤防的完整和安全。往往成为堤防的薄弱部位，一旦出现险情，抢护十分困难。

（四）禁止任意破堤开口。任何单位和个人都不能在堤防上任意破堤开口，如开口回填不及时或回填质量差，都会给防汛带来危害。如确实需要临时破堤时，应征得堤防管理单位同意并报请上级水利主管部门批准方可施工，同时按批准期限按质量进行堵复。

（五）严格限制堤顶交通。堤顶行车应控制，履带拖拉机等损坏堤顶平整的交通工具一律禁止通行；下雨及堤顶泥泞期间，除防汛抢险和紧急军事专用车辆外，其他一律不准通行。堤顶一般不作公路使用，如需要时应向堤防管理部门申请，批准后方可使用。

（六）禁止损坏堤防设施。堤防上的防汛屋、通信线路、观测设备、测量标志、路桩等均是为了堤防管理、防汛而设置的。应妥善保护，以防受到破坏。

另外，对堤防及其附属工程设施应进行经常性的保养维护，以保证堤防的正常工作。要特别注意堤顶、堤坡、辅道的养护以及交通和附属设施的维护，要经常检查和防治兽穴和蚁穴，并搞好堤防绿化工作。具体要求可根据各地有关堤防养护条例执行。

第三节　河道整治工程

为防止河道的不利变形，常需通过工程措施对其进行治理，凡是以河道整治为目的所修筑的建筑物，称为河道整治建筑物，又称河工建筑物。

一、整治建筑物作用及类型

按照建筑物的作用及其与水流的关系，可以分为护坡、护底建筑物，环流建筑物、丁坝、顺坝等坝类建筑物。

护坡、护底建筑物是用抗冲材料直接在河岸、堤岸、库岸的坡面、坡脚和基础上做成连续的覆盖保护层，以抗御水流的冲刷，属于一种单纯性防御工事。环流建筑物，是用人工的方式激起环流，用以调整水、沙运动方向，达到整治目的的一种建筑物。

各种不同类型的坝类建筑物使用较多，坝的形式、结构基本相同，根据其地质、地形、作用、水流等使用条件而选用。

二、丁坝

丁坝是使用较多的整治建筑物，其一端与河岸相连，另一端伸向河槽，在平面上与河岸连接如丁字形。丁坝能起到挑流、导流的作用，故又名挑水坝。根据丁坝的长短和对水流的作用，可分为长丁坝、短丁坝、透水丁坝、淹没与非淹没丁坝等。

（一）丁坝的平面布置

丁坝平面上布置坝与堤或滩岸相连的部位称为坝根，伸入河中的前头部分为坝头。在不直接遭受水流淘刷的坝根及坝身的后部，仅修土坝即可，在可能被水流淘刷的坝头及坝身的上游面需要围护，以保证坝体的安全。坝头的上游拐角部分为上跨角，从上跨角向坝根进行围护的迎水部分称为迎水面，坝头的前端称前头，坝头向下游拐角的部分称为下跨角。

坝头的平面形状，对水流和坝身的安全有较大影响。目前采用的坝头形式主要有：圆头形坝、拐头形坝和斜线形坝三种。

圆头形坝的主要优点：能适应各种来流方向，施工简单，缺点是控制流势差，坝下回流大。拐头形坝的主要优点：送流条件好，坝下回流小，但对来流方向有严格的要求，坝上游回流大是其主要缺点。斜线形坝的特点介于以上两者之间。

一般情况下，圆头形坝修筑在工程的首部，以发挥其适应各种来流方向的优点；而拐头形坝布置在工程的下部，用作关门坝；斜线形坝多用在工程的中部以调整水流。这种扬长避短的布设各种坝头形式，可收到良好的效果。

（二）丁坝的剖面结构

丁坝由坝体、护坡及护根三部分组成。坝体是坝的主体，亦称土坝基，一般用土筑成。护坡是防止坝体遭受水流淘刷的，而在外围用抗冲材料加以裹护的部分。护根是为了防止河床冲刷，维护护坝的稳定而在护坡以下修筑的基础工程，亦称根石，一般用抗冲性强、适应基础变形的材料来修筑。

护坡的结构常采用散抛块石护坡、护坡式干砌（扣）护坡、重力式砌石护坡。以防洪为整治目的丁坝的高程略低于防洪堤顶高程，一般为设计防洪水位加波浪壅高和安全超高。

以控制中水河槽为整治目的建筑物高程一般略高于滩坎或与滩地平，其高程为设计中水流量时响应的水位加弯道壅水高及安全超高。

三、顺坝

顺坝是坝身顺水流方向，坝根与河岸相连，坝头与河岸相连或留有缺口的整治建筑物。顺坝亦分淹没和非淹没。坝顶高程和丁坝一样，视其作用而异，如系整治枯水河床，则坝顶略高于枯水位；如系整治中水河床，则坝顶与河漫滩平；如系整治洪水河床，则坝顶略高于洪水位。顺坝的作用主要是导流和束狭河床，有时也用作控导工程的联坝。

四、锁坝（潜坝）

锁坝是一种横亘河中而在中水位和洪水位时允许水流溢过的坝。主要用作调整河床，堵塞支汉，如修筑在河堤、串沟，则可加速堤河、串沟的淤积。由于锁坝是一种淹没整治建筑物，因此对坝顶应进行保护，可以用石料或植草的办法加以保护。

在枯水位以下的丁坝、锁坝常称潜坝，用以增加河底糙率、缓流落淤、调整河床、平顺水流。潜丁坝可以保护河底、保护顺坝的外坡底脚及丁坝的坝头等免受冲刷破坏。在河道的凹岸，因河床较低，有时在丁坝、顺坝的下面设一段潜丁坝，以调整水深及深泓线。

以上各种坝型，有的单独使用，有的联合使用，效果更佳。

第八章　水利工程施工

第一节　水利工程施工的任务及特点

一、水利工程施工的任务及要求

目前我国项目建设中，已形成了以项目法人责任制、招标投标制、建设监理制为核心的建设管理体系。其目的是促进参与工程建设的项目法人、承包商、监理单位，科学系统地进行管理，确保工程质量和工期，减小风险和提高投资效益。

一般来讲，水利工程施工的主要任务可归纳为以下几方面：

（一）编制施工组织设计。根据工程特点和施工条件，充分利用有限的资源，按网络计划原理，编制工程施工的组织计划，进行资源优化配置。

（二）精心组织施工，确保工程质量。施工开始后，按施工组织计划，严格管理。工程的质量是管理核心，施工管理工作要紧紧围绕此中心进行。

（三）开展观测、试验研究工作。根据工程的特点和管理要求，要卓有成效地开展工程原型观测和相关的科学试验研究工作，为工程设计、科学施工和运行管理提供可靠数据。

针对水利工程施工需要和特点，进一步研究安全、经济及快速施工的技术和方法。

二、水利工程施工的特点

由于水利工程施工受自然条件的影响较大，涉及专业工种较多，施工组织和管理比较复杂。一般水利工程施工具有以下特点。

（一）受自然条件影响大

水利工程一般建在江河、湖泊上，受地形、地质、水文、气象等影响较大。为便于作业和保证工程质量，需采取施工导流、基坑排水等工程措施，另外，还应注意雨、雪天气和防洪度汛问题。

（二）施工条件艰辛，工程量大

水利工程大多远离城市，交通、电力、生活条件艰苦，工作地点不稳定，生活环境差。由于水利工程的土石方工程、混凝土工程、金属结构及机电设备安装工程量均较大。往往施工强度高，施工机械多，施工干扰大，施工组织复杂，施工工期较长。

（三）施工技术复杂

涉及专业多水利工程施工涉及土石开挖、混凝土、钢结构、机电设备、计算机等技术领域，施工程序多且技术要求高。施工作业平面、立体交叉，存在一定安全隐患。因此，需精心组织，妥善安排。使工程在保证施工质量的前提下，施工连续、均衡、高效、安全。

（四）水利工程的重要性

水利工程规模大、投资多，在防洪、发电、经济、战略等方面，具有重要影响。如施工质量不良，轻则影响其效益和寿命，重则可能给国家和人民带来毁灭性的灾难。

（五）工程施工对生态环境有影响

工程建成后，可减轻水旱灾害，改善水质和局地气候，使生态系统向有利方向发展。但工程施工时，可能对环境带来不利影响，如土石方开挖，会砍伐树木和破坏植被，施工产生的废渣、废油等也会产生一些污染。因此，在施工时，特别注意保护自然生态环境，使施工对生态的影响降低到最小。

三、施工总体布置

（一）施工总体布置的原则及内容

施工总体布置，即根据工程特点和施工条件，研究施工期间的各种施工设施的平面和立面布置问题，为顺利施工创造条件。

1. 施工总体布置的原则如下：

（1）工地可划分为施工区、辅助企业及仓库区、行政管理及生活区。（2）临时工程的布置应与主体工程密切配合，不得妨碍主体工程施工。（3）要尽量减少材料的运转次数和运输距离，场地布置要符合经济合理的原则。（4）布置要符合施工技术规范要求，如混凝土拌和、空压机等要符合有效作用半径。（5）必须考虑防洪度汛、安全、防火、卫生、环保等要求。（6）布置尽量紧凑，少占耕地，并结合以后的城镇规划。

2. 施工总体布置的主要内容。

（1）根据主体工程的施工要求和地形、地质等条件，进行施工场地分区、辅助企业、大型临时设施等布置。（2）对场内主要交通运输线路、电力供应、供水供气管路等进行综合布置。（3）拟订几种可能方案，进行比较和论证后优选。

（二）施工平面总体布置图

施工平面总体布置图是施工组织设计的一项主要成果。一般施工平面总体布置图应包括以下内容：

1. 地上、地下一切已建和待建的永久建筑物和房屋。

2. 服务于施工的一切临时性建筑物。如各种仓库、生产、生活的各种临时房屋。

3. 各种临时工程建筑物、各种料场及加工系统、混凝土制备系统。

4. 机械修配及加工系统、金属结构和机电设备安装及加工基地。

5. 水、电和动力供应系统、运输系统。

6. 其他施工辅助企业以及安全、消防等系统。

在总规划的基础上，先进行各项建筑物的布置。然后布置各种临时设施和线路。最后对施工总体布置平面图进行协调和修整。施工总体布置图的比例一般控制为1∶1000 ~ 1∶5000。

第二节　施工导流和截流

水利工程施工过程中，将河中水流全部或部分地导向下游，称施工导流，其目的是保证主体建筑物干场施工，且不影响下游的用水。

施工导流贯穿工程施工的全过程。施工导流设计是根据水文、地质、地形、枢纽布置和施工条件等资料，划分导流时段，选定导流标准，确定导流设计流量；选择导流方案及导流建筑物的型式、布置、构造与尺寸。拟订导流建筑物的修建、拆除与封堵方案。

一、施工导流的方式

施工导流的方式主要有全段围堰法和分段围堰法。

（一）全段围堰法导流

全段围堰法导流又称河床外导流，即在主体工程的上下游各修建一条拦河围堰，截断水流，使河水经河床外修建的临时或永久泄水建筑物向下游宣泄。

采用全段围堰法导流时，主体工程施工受水流干扰小，工作面较大，有利高速度施工，并可利用围堰作两岸交通。但需修建专门的临时泄水建筑物，增加导流工程费用。

1. 隧洞导流。隧洞导流是在河岸中开挖隧洞，在基坑的上下游修建围堰，河水通过隧洞下泄。

隧洞尽可能布置成直线。隧洞进出口与河道主流的交角以 30° 左右为宜；导流隧洞应尽量使导流隧洞与永久隧洞相结合。

2. 明渠导流。明渠导流是在河岸或滩地上开挖渠道，在基坑上下游修建围堰，使河水经渠道向下游宣泄。一般适用于河流流量较大、岸坡平缓或有宽阔滩地的平原河道。

导流明渠要以水流畅通、施工方便、渠线开挖量小为原则，结合工程具体情况，合理进行布置。

（二）分段围堰法导流

分段围堰法又称河床内导流，即用围堰将基坑分段围护起来，分别进行施工。其适用于河流流量大、河槽宽、覆盖层薄的坝址。分段围堰法前期是利用束窄的河床导流，后期可用坝体底孔、坝体缺口、明槽等导流。一般发电、通航建筑物宜先施工。

1. 底孔导流。导流底孔是在坝体设置的临时泄水孔或永久底孔。全部或部分导流流量经底孔宣泄到下游。

对于临时底孔，在工程完工后需封堵。其底孔尺寸、数目和布置，须结合导流的任务、封堵闸门、结构特点等，通过水力计算确定。

2. 坝体缺口导流。在汛期流量较大，其他导流建筑物不足以宣泄全部流量时，可在未完建的混凝土坝体上预留缺口以宣泄汛期洪水，汛后再继续修筑缺口。

对于混凝土坝，特别是修建大体积混凝土坝时，常采用此导流方法。

例：三峡水利枢纽工程导流方案

三峡水利枢纽工程采用三段三期导流方式。第一期导流，利用中堡岛修建一期土石围堰围护右岸汊河，一期基坑内修建导流明渠和碾压混凝土纵向围堰。同时在左岸修建临时船闸。本期江水及船舶仍从主河床通过，第二期导流，修建二期上、下游横向围堰，与混凝土纵向围堰形成二期基坑，进行河床泄洪坝段、左岸电站坝段、左岸电站厂房施工。同时在左岸修建永久通航建筑物。二期导流期间，江水经导流明渠下泄，船舶经明渠或临时船闸通行，第三期导流，修建三期碾压混凝土围堰，拦断明渠并蓄水至135m高程，左岸电站及永久船闸可开始投入运用。三期围堰与混凝土纵向围堰形成三期基坑，修建右岸大坝和电站。三期导流期间，江水经永久深孔和设于泄洪坝段的22个临时导流底孔下泄，船舶经永久船闸通行。

二、围堰工程

围堰是用来围护基坑，保证水工建筑物干地施工的挡水建筑物。属临时性工程。围堰工程直接关系主体工程的施工安全、工期和造价，在导流工程中具有举足轻重的作用。

一般要求围堰安全可靠，能满足稳定、抗渗、抗冲等要求。结构简单，施工方便，易于拆除并能充分利用当地材料及开挖的砂石料。

围堰可分为横向围堰和纵向围堰；按导流期间基坑是否淹没，可分为过水围堰和不过水围堰。按使用材料，有土石围堰、草土围堰、钢板桩围堰和混凝土围堰等。

（一）围堰型式及构造

1. 土石围堰。土石围堰构造简单，适应性好。可充分利用当地材料或废弃的土石方。施工时，可与截流戗堤结合，是应用最广泛的围堰型式。

土石围堰抗冲刷能力较低，占地面积大，堰身沉陷变形大，一般多用于横向围堰。如葛洲坝工程的一期导流工程、水口和三峡工程的导流明渠施工均采用了土石围堰。

土石围堰一般不允许堰顶过水。土石围堰常用土质斜墙或心墙防渗，在防渗料不足或覆盖层较厚时，可采用混凝土防渗墙或帷幕灌浆进行防渗。

2. 草土围堰。草土围堰是一种草土混合结构。一般多用捆草法修建，用长 1.2～1.8m 的草束扎成捆，从河岸开始沿整个设计宽度范围内逐层铺草捆，上面铺土压实。堰体进占，后部堰体逐渐沉入河底，直至围堰露出水面并达到设计高程。

草土围堰施工简单、速度快、造价低，堰体容量小，能适应沉陷变形等优点，但不能承受较大水头。用于水深不超过 6m、流速不超过 3.5m/s，使用期两年以内的工程。

3. 钢板桩围堰。钢板桩围堰是由多块钢板桩通过锁口互相连接而成为格型整体。钢板桩的锁口有握裹式、互握式和倒钩式三种。其平面型式有圆筒形格体、扇形格体及花瓣形格体等，格体内填充砂卵石等透水性较强的填料。

钢板桩围堰具有坚固、抗冲、抗渗、围堰断面小、便于机械化施工、可重复使用等优点，适于在束窄度大的河床段的纵向围堰。

钢板桩围堰既可在岩基上使用也可在软基上使用。一般最高挡水水头为 30～20m。

4. 混凝土围堰。混凝土围堰抗冲防渗性能好，占地面积小，但造价较高，适用于过水围堰。混凝土围堰有重力式、支墩式、框格式（预制钢筋混凝土材料）以及拱形混凝土围堰等。实际工程中，纵向或横向围堰多采用重力式。如丹江口、岩滩、水口、宝珠寺等工程；当堰址河谷狭窄且堰基和两岸地质条件良好时可考虑采用混凝土拱形围堰。

实际工程中，混凝土拱形围堰一般多用于隧洞导流、河床一次断流的工程。

近年来，随着碾压混凝土施工技术的发展，碾压混凝土围堰得到了较广泛的应用，如三峡导流工程的纵向围堰，沿右岸导流明渠全长 1218m，最大堰高达 95m，碾压混凝土量达 142 万 m³。岩滩水电站，采用导流明渠，上下游围堰均为碾压混凝土。

（二）围堰拆除

围堰是临时建筑物，导流任务完成后，设计上要求拆除的应予以拆除，以免影响永久建筑物的施工和运行。

以散粒材料堆成的土围堰、土石围堰、草土围堰，可用挖土机直接挖除或用爆破方法拆除。钢板桩围堰首先用抓斗或吸石器将填料清除，然后用拔桩机拔起钢板桩。混凝土围堰一般用爆破法拆除。

三、施工截流

当导流泄水建筑物建成后，可截断河床水流，迫使河水经导流泄水建筑物下泄的过程，称为截流。截流是水利水电工程施工的关键环节，如截流失败，则可能使整个工期延误一年，后果非常严重。

截流一般包括戗堤进占、龙口裹头及护底、合龙、闭气等工作。在河床的一侧或两侧向河床中填筑截流戗堤，这种向水中筑堤的工作叫进占；戗堤进占到一定程度，河床束窄，形成流速较大的泄水缺口称龙口。龙口一般选在水深较浅，覆盖层较薄部位，以降低截流难度。在龙口处采用抛投大块石、铅丝笼等工程防护措施，称龙口裹头与护底。一切准备就绪后，进行龙口的封堵，即合龙；合龙以后，龙口段及戗堤仍然漏水，必须在戗堤全线设置防渗措施，这一工作叫闭气。

（一）截流的基本方法

1. 平堵法。沿戗堤轴线，在龙口处设置浮桥或栈桥，用自卸汽车沿龙口全线均匀地抛填截流材料，逐层上升，直至戗堤露出水面。

此种截流方式，龙口的单宽流量及最大流速均较小，流速分布均匀，截流材料的单个重量也较小。截流时工作前线长，抛投强度较大，施工进度快。我国二滩等工程采用了架桥平堵截流方法。截流时平抛钢桥长 135.7m，宽 6m，龙口宽度 52m，最大流速 7.14m/s，截流实际流量 1440m³/s，合龙用特殊材料为 0.7m 石料，截流历时 3.4h。

2. 立堵法。立堵法截流是用自卸汽车将截流材料从龙口一端向另一端或从两端向中间抛投进占，逐步缩窄龙口直至合龙截断水流。

单戗立堵一般适用于截流落差小于 3.5m，双戗立堵可用于截流落差超过 3.5m 的工程，如三峡工程三期截流采用双戗立堵截流方式。

立堵法不需架设浮桥或栈桥，施工简便，没有水上作业，造价较低，应用较广泛。

（二）截流日期和截流设计流量

1. 截流日期。截流日期（时段）的选择，主要取决于河道的水文、气象条件、航运条件、施工工期及控制性进度、截流施工能力和水平等因素，截流应选在枯水期进行。至于截流具体时间，要保证截流以后，挡水围堰能在汛前修建到拦洪水位以上。截流时间应尽量提前，一般安排在枯水期的前期。一般来说，截流宜安排在 10～11 月，南方一般不迟于 12 月底，在北方有冰凌的河流上，截流不宜在流冰期进行。

2. 截流设计流量。截流标准一般采用截流时段重现期 5～10 年的月或旬平均流量。如水文资料不足，可根据条件类似的工程来选择截流设计流量。并根据当地的实际情况和水文预报加以修正，作为指导截流施工的依据。

（三）截流材料

截流材料要充分利用当地材料，特别是尽可能利用开挖弃渣料。抛投料级配满足戗堤稳定要求，入水稳定，流失量少。开采、制作、运输方便，费用低。

目前，国内外大河截流一般首选块石作为截流的基本材料。当截流水力条件较差时，使用混凝土六面体、四面体、四脚体及钢筋混凝土构架等材料。如葛洲坝在进行"大江截流"时，关键时刻采用铁链连接在一起的混凝土四面体，取得截流的成功。

对平原地区也可采用打混凝土桩、木桩等方法进行截流。截流材料的尺寸或重量主要取决于龙口的流速。各种材料的适用流速。

第三节　水利工程施工技术

一、土方工程施工

土方工程施工应尽可能采用机械化施工，以减轻繁重的体力劳动。另外，要合理安排施工计划，尽可能避开雨季施工，以保证工程质量和降低工程造价。

（一）土的工程分类

对土石体，按其性质及开挖难易分成十六级。一般土类分Ⅰ、Ⅱ、Ⅲ、Ⅳ级，Ⅴ～ⅩⅥ级属岩石，不同级别的土应采用不同的施工方法和施工设备。

（二）土方开挖与运输

土方开挖时，在工程量较少、施工地点分散和缺少设备情况下可采用人工开挖；冻土或岩石一般采用爆破的方法；淤泥等可采用水力机械进行开挖。

1. 单斗土方开挖机械。单斗式挖掘机是仅有一个铲土斗的挖掘机械，由行走装置、动力装置和工作装置三大部分组成。按行走装置有履带式、轮胎式和步行式三类。常用的为履带式，它对地面的单位压力小，可在较软的地面上开行，但转移速度慢；按动力装置有电动和内燃机两类，国内以内燃机式使用较多；按工作装置有正向铲、反向铲、拉铲和抓铲四类。工作装置可用钢索操纵或液压操纵，大、中型正向铲一般用钢索操纵，小型正向铲和反向铲大多用液压操纵。

2. 多斗式挖掘机。多斗式挖掘机具有若干个铲土斗，主要有链斗式采砂船、斗轮式挖掘机两种。

斗轮式挖掘机是陆上使用较广的一种多斗式挖掘机，它的生产率很高。该机装有多个铲斗，开挖料先卸入输送皮带，再由皮带导向卸料口装车。美国在建造圣路易·沃洛维尔高土坝时，仅用了一台斗轮式挖掘机承担了该工程66%的采料任务，其生产率达到了2300m³/h。

3. 铲运机械。铲运机械主要包括各种型号的推土机和铲运机。推土机是在履带式拖拉机上安装推土刀等工作装置的一种铲运机械，主要用于平整场地，开挖宽浅的渠道、基坑、回填沟壑等。铲运机是能连续完成铲土、运土、卸土、铺土和平土等施工工序的综合土方机械，其生产率高、运转费用低，适于平整大面积场地、开挖大型基坑、填筑堤坝和路基等。

4. 水力开挖机械。水力开挖是利用水枪的高速射流将水上土方冲成泥浆或用挖泥船的绞刀将水下土方绞成泥浆后，运走或筑坝（吹填法）的土方开挖方法。水枪开挖最适于砂土、亚黏土和淤泥。吸泥船用于水下开挖，疏浚河道及水库、湖泊、海港清淤，还可用于开辟水道。绞刀绞成的泥浆由泥浆泵吸起经浮动输泥管输至岸上或运泥船运走。

5. 运输机械。土方的运输机械种类较多，较常用的有各种类型的汽车、带式运输机和装载机等。带式运输机根据有无行走装置，分为移动式和固定式。装载机是一种短程装运结合的机械。常用的斗容量为 $1 \sim 3m^3$，运行灵活方便，在水利工程中使用较广。

（三）土料压实

1. 土料压实特性及压实标准。影响土料压实的主要因素有土壤性质、铺土厚度、压实功（压实遍数）、含水量等。

黏性土的压实，应控制适当的含水量。含水量过小，土粒间的摩阻力和粘结力较大，难以压实。但含水量过大（超过最优含水量），土粒空隙中开始出现自由水，土体所受的有效压力减小而使压实效果变差。

在工程施工中，粘性土的压实标准用干重度 vd 或压实度来控制，对于非黏性土以相对密度 D 来控制。具体标准随建筑物的等级不同而异。一般 D 可取 0.65~0.75。但施工现场用相对密度较为不便，一般将其转化为干重度 vd 来表示。

2. 压实方法与压实机械。压实方法可分为碾压法、夯击法和振动法三类。碾压法和夯击法可适于各类土，振动法仅适于砂石料。当前常用的碾压机械有羊足碾、气胎碾、蛙式打夯机、强夯机、振动碾等。振动碾具有碾压与振动两种作用，在土石坝工程中应用广泛。

二、岩石开挖施工

岩石开挖可分为岩石钻孔、装药爆破、通风散烟、装载出料等工序。

（一）岩石爆破设计参数和内容

岩石爆破参数主要包括：爆破介质与炸药特性、药包布置、炮孔的孔径和孔深、装药结构及起爆药量等。爆破过程包括布孔、钻孔、清孔、装药、捣实、堵气、引爆等几道工序。

（二）岩石钻孔钻爆

作业中，钻孔常采用风钻、回转式钻机、冲击式钻机。风钻和回转式钻机可钻垂直孔、斜孔，其钻进速度快。冲击式钻机工作时只能钻垂直孔。钻具凭自重下落冲击岩石。钻孔时每冲击一次，钻具旋转一个角度，以保证钻具均匀破碎岩石，形成圆形钻孔。

潜孔钻是钻孔效率提高的一种旋转式钻机，钻进过程中，将粉尘由设在孔口的捕尘罩将粉尘吸入集尘箱处理。潜孔钻运行可靠，是一种较好的深孔钻孔机械。

（三）起爆器材与起爆方法

常用的起爆器材有：导火索、雷管、导爆管和导爆索等；起爆方法有导火索起爆法、电力起爆法、导爆管起爆法和导爆索起爆法等。

1. 导火索起爆法。导火索起爆法又称火雷管起爆法，是利用导火索产生的火焰使火雷管爆炸，从而引起药包爆炸。导火索一般由压缩的黑火药做线芯，外缠纱线并涂沥青防水。

2. 电力起爆法。按起爆时间，可分为即发电雷管、秒延发电雷管和毫秒微差电雷管三种。一般电雷管因爆点附近有杂散电流而容易产生意外爆炸，国产 BJ-1 型安全电雷管则有抗杂散电流的功能。常用的电爆网络连接方法有串联法、并联法和混合联。为了准爆和减小电流消耗，施工中多采用混合连接。

3. 导爆管起爆法。导爆管传递的爆轰波是一种低爆速的爆轰波，只能起爆与之相匹配的非电雷管，再由雷管爆炸引爆炸药。导爆管用火或撞击均不能引爆，须用起爆枪或雷管才能起爆。

导爆管是一根外径 3mm，内径 1.4mm 的塑料软管，内壁涂有薄层烈性炸药，多用串联连接。它只能用雷管起爆，不受爆点附近杂散电流及火花影响。储运和使用比较安全。

4. 导爆索起爆法。利用绑在导爆索一端的雷管起爆导爆索，由导爆索引爆药包，即导爆索的传爆可直接引爆起爆药包。多用于深孔和洞室爆破。导爆索是由黑索金或泰安等单质炸药卷成，外涂红色或红白间色。导爆索可用火雷管或电雷管引爆。

（四）特种爆破技术简介

1. 预裂爆破。预裂爆破即在开挖主体爆破之前，先沿设计开挖线爆破，使岩体形成一条沿设计开挖线延伸的宽 1~4cm 的贯穿裂缝，在缝的"屏蔽"下再进行主体爆破，冲击波的能量可被预裂缝削减 70%，保留区的震动破坏得到控制，设计边坡稳定平整，同时避免了超挖和欠挖。预裂爆破常用于大劈坡、基础开挖、深槽开挖等爆破施工中。

2. 光面爆破。光面爆破即沿开挖周边线按设计孔距钻孔，采用不耦合装药毫秒爆破，在主爆孔起爆后起爆，使开挖后轮廓获得保留良好边坡壁面的爆破技术。开挖线上的光爆孔，将作为保护层的"光爆层"爆除，从而形成光滑平整的开挖面。

3. 微差挤压爆破。所谓微差挤压爆破，就是在大规模的深孔爆破中，将炮孔以毫秒级的时间间隔，分组进行顺序起爆。由于前面爆破为后面爆破形成新的临空面，爆破效果提高；另外，由于前后的起爆时间有微差间隔，因而爆破地震强度大大降低。常用于拆除爆破。

三、混凝土工程施工

混凝土工程的工序包括混凝土制备、钢筋制安、模板架立、混凝土浇筑、养护等。

（一）钢筋工程

1. 钢筋加工。钢筋加工主要包括钢筋冷拉、钢筋冷拔、钢筋调直等工序。钢筋使用前应除污、除锈皮等。可采用人工除锈、机械除锈或稀盐酸酸洗除锈等。

钢筋切断可用手动、电动钢筋切断机，可切断直径 6~40mm 不等的钢筋。特粗钢筋还可用氧炔焰或电弧切割。

钢筋弯曲一般采用人工或钢筋弯曲机，可弯曲直径 6~40mm 的钢筋。

2. 钢筋连接。工程中钢筋的连接方法有焊接、机械连接和绑扎搭接。

（1）钢筋焊接。采用焊接，可节约钢材，改善结构受力性能，提高工效，降低成本。对于轴心受拉和小偏心受拉构件中的钢筋必须采用焊接连接。

（2）钢筋绑扎。绑扎是用 20~22 号铁丝把钢筋就位并将需连接的钢筋绑在一起。钢筋可全部在现场进行绑扎，或预制成骨架（网片）后，进行现场接头的绑扎。

（二）模板工程

模板系统包括模板和支撑两部分，前者是形成混凝土构件形状和设计尺寸的模板，后者是保证模板形状、尺寸及其空间位置的固定。工程中一般要求模板具有足够的强度、刚度和稳定性，能承受设计要求的各项施工荷载；模板表面光洁平整、拼缝密合、不漏浆，以保证混凝土表面质量。

1.模板的分类。按制作材料分，有木模、胶合板模、钢模、钢木组合模、胎模、混凝土模、钢筋（预应力钢筋）混凝土模及塑料模板、树脂模板等。另外，按其受力等可分为非承重模板、承重模板以及固定式模板、移动式模板、滑动式模板。

2.模板架立。先利用连接件将模板组合，在模板外侧用钢或木质楞木固定，模板就位后，在其内部设拉筋固定，外部进行支撑。保证其在混凝土浇筑过程中，模板不变形、不移位。

（三）混凝土浇筑

1.混凝土拌和。混凝土是由石子、砂子、水泥、活性掺和料、水及外加剂按一定级配混合，经混凝土搅拌机拌和，而形成的一种低流态状混合体。

拌和机可分自落式和强制式两大类。自落式又可分为鼓筒式和双锥式。

自落式搅拌机具有构造简单、维修方便等特点。适用于搅拌塑性混凝土。强制式搅拌机多是立轴水平旋转的。通过盘底部旋转开放的卸料口卸料，搅拌机的搅拌作用强，拌和质量好，时间短，宜于拌制干硬性、高强度和轻骨料混凝土。

2.混凝土运输。由于运输中的振动，易引起粗骨料下沉而砂浆上浮的分离现象；混凝土自由下落高度不能过大。混凝土暴露在空气中会损失水分而降低和易性或使混凝土受冻破坏。故施工中运输时间应尽量短。混凝土运输过程中不能漏浆、要防雨、防冻，自落高度超过 1.5m 时，要设置溜槽、溜管等缓降装置。

混凝土水平运输可选用手推车、混凝土搅拌运输车、皮带机、轻轨斗车等；垂直运输可选用塔带机、各类起重机、缆机及混凝土泵等。运输工具和机械可根据运输量、运距及设备条件合理选用。

混凝土泵的水平运距可达 300m。它是一种有效的短距离连续运输工具，可同时完成水平和垂直运输。但泵送混凝土要求和易性好、坍落度大（12～18cm），常用 1～2 级配，常加入外加剂。泵送混凝土水泥用量较大，单价较高。

3.混凝土浇筑。在浇筑混凝土前，先对原基面进行处理。对土基面，常先浇筑一层素混凝土垫层。对岩石基础，应清除松动、尖棱岩石，用高压水冲净岩石面，对施工缝上老混凝土面，应进行凿毛和冲洗处理。

入仓后的混凝土按要求摊平，通常层厚 30～50cm，然后进行振捣，使混凝土拌和物颗粒间的摩擦力和黏结力减少，使混凝土密实。

混凝土振捣器有电动软轴式、电动硬轴式、风动式和表面振动式等。表面式在混凝土表面进行振捣，适用于薄板结构。

混凝土振捣应达到：混凝土表面无明显的下沉；无明显气泡生成；表面出现浮浆；混

凝土有均匀的外形，并充满模板的边角。每点上的振动时间以 15～25s 为宜。

4. 混凝土养护

养护方法主要是洒水养护和喷洒养护剂两类。其作用是保证混凝土水化凝结正常进行，以利混凝土凝结、硬化，防止温度干缩裂缝。

一般塑性混凝土养护在浇筑后 6～18h 开始，对于低塑性混凝土宜在浇筑完毕后立即喷雾养护。混凝土应连续养护，养护期内应始终保持混凝土表面湿润，养护持续时间不宜少于 28 天，有特殊要求的部位可适当延长。

第四节　施工组织设计

施工组织设计是水利工程设计文件的重要组成部分，是编制工程设计概算、招标、投标文件的主要依据。不同设计阶段，施工组织设计要求的工作深度有所不同。

一、概述

（一）施工组织设计任务

施工组织设计的任务是从施工的角度对枢纽布置、主要建筑物的位置、型式进行方案比较；选定施工方案并拟订施工方法；确定施工程序及施工进度；计算工程量及相应的建筑材料、施工设备、劳动力及工程投资需用量；进行各项业务的组织，确定施工场地布置和临时设施等。

根据编制的阶段、范围和作用，施工组织设计分为：以建设项目为对象的施工组织总设计；以单项工程为对象的施工组织设计（或施工计划）；在施工过程中的分部（分项）工程施工组织设计。

（二）施工组织编制依据

编制施工组织设计的主要依据有：

1. 可行性研究报告及审批意见、设计任务书、上级单位对工程建设的要求和批件。

2. 工程所在地区有关建设法规或条例、地方政府对工程建设的要求。

3. 工程所在地和河流的自然条件、施工电源、水源及水质、交通、环保、旅游、防洪、灌溉、航运、过木、供水等现状和近期发展规划。

4. 当地现行建筑材料、生产物资、劳动力、施工设备条件，居民生活、风俗习惯等。

5. 勘测、设计成果。施工导流及通航、过木等水工模型试验、结构模型试验成果，各种原材料试验、岩土物理力学试验等成果。

二、施工组织设计内容

（一）工程概况分析

工程所在地点，对外交通运输，枢纽建筑物及其特征；地形、地质、水文、气象条件；主要建筑材料来源和供应条件；当地水源、电源情况，施工期间通航、过木、过鱼、供水、环保等要求；对工期、分期投产的要求；施工用地、居民安置以及与工程施工有关的协作条件等。

（二）施工导流与截流

综合分析导流条件，确定导流标准，划分导流时段，明确施工分期，选择导流方案、导流方式，进行导流建筑物的设计，提出导流建筑物的施工安排，拟订截流、拦洪度汛、基坑排水、通航过木、下闸封孔、供水、蓄水发电等措施。

（三）主体工程施工方案

主体工程，包括挡水、泄水、引水、发电、通航等主要建筑物，应根据各自的施工条件，对施工程序、施工方法、施工强度、施工布置、施工进度和施工机械等，进行分析比较优选。

（四）施工交通运输

根据工程对外运输总量、运输强度和重大部件的运输要求，确定对外交通运输方式，选择线路和标准，并提出场外交通工程的施工进度安排。

结合主体工程的施工运输，选定场内交通主干线路的布置和标准，提出工程量。施工期间，如有船、木过坝情况，应专门进行分析论证，提出相应解决方案。

（五）施工辅助企业和大型临建工程

根据工程施工的任务和要求，对骨（土）料开采加工系统，混凝土拌和、制冷系统，钢筋加工厂，预制构件厂，木料加工厂，机械修配系统的位置、规模、工艺、占地面积、建筑面积等进行布置，并提出土建安装进度和分期投产的计划；对导流设施，施工道路，施工栈桥、过河桥梁、风水电、通信系统等临时设施，要做出其工程量和施工进度安排。

（六）施工总体布置

施工总体布置主要是根据工程规模、施工场区的地形地貌、枢纽主要建筑物的施工方案、各临建设施的布置，研究主体工程施工期间所需的辅助企业、交通道路、仓库、施工动力、给排水管线等设施的总体布置问题，使工地形成一个统一的整体（布置图）。

（七）施工进度计划

根据工程的自然条件、工程设计方案、工程施工方案、工程施工特性等，研究确定关键性工程的施工进度，从而确定合理的总工期及相应的总进度。

为了合理安排施工进度，必须分析导流程序、对外交通、资源供应、临建准备等各项控制因素，拟订准备工作、主体工程和结束工作在内的施工总进度，确定各项目的起止日期；对导流截流、拦洪度汛、封孔蓄水、供水发电等控制环节，工程应达到的形象面貌，需做出专门的论证；对土石方、混凝土等主要工程的施工强度和劳动力、主要建筑材料、主要机械设备的需用量，要进行综合平衡。

（八）主要技术及物资供应计划

根据施工总进度的安排和定额资料分析，对钢材、木材、水泥、粉煤灰、油料、炸药等材料和主要施工机械设备，列出总需要量和分年度计划。

（九）拆迁赔偿和移民安置计划

拆迁赔偿和移民安置计划主要包括拆迁数量、征地面积、补偿标准以及生活生产安置等。

三、施工进度计划编制

（一）网络图及表示法

施工进度计划可用进度横道图或网络图等形式表示。横道图较为直观，一目了然，但不能反映各工序间的内在联系，只适用于单位工程及单项工程。

网络计划技术是用网络图解模型表达计划管理的一种方法。其原理是用网络图描述一项计划中各个工作（活动、过程、工序）的先后顺序和相互关系，并通过计算找出计划中的关键工作和关键线路。网络图法以关键线路法（CPM）和计划评审技术（PERT）为代表，广泛用于工程施工计划和组织管理。并在缩短工期、提高效率、降低造价及提高管理水平等方面取得了显著效果。

网络图分双代号和单代号两种方法，以下以双代号网络图为例来说明其主要内容。

1.箭线。在双代号网络图中，箭线表示工作。将工作名称放在箭线的上方，所需时间写在箭线下方，箭尾表示工作的开始，箭头表示结束，箭线的长短和曲折不限（时标网络图除外）。一般的工作需占用时间和消耗资源，也有些工作只占用时间而不消耗资源。因此，凡占用时间的工作，应在网络图中有相应的箭线。为正确表示各工作之间的逻辑关系，常引入"虚工作"，它既不占用时间，也不消耗资源，以虚线表示。

2.节点。用圆圈表示的箭线之间的连结点称为节点。它表示工作的开始、结束或衔接等关系。首节点叫起始节点，末节点叫终结节点。网络图中所有节点均统一编号，不能重复。箭尾节点号应小于箭头节点号，即 i<j。

3. 线路。从起始节点沿箭线方向顺序通过中间节点，到达终结节点的通路称为线路，线路有很多条，需用工作时间最长的线路，称为关键线路。关键线路上的工作称为关键工作。

（二）双代号网络图的编制

1. 双代号网络图的绘制。逻辑关系指客观上的先后顺序关系和施工组织要求的相互制约、依赖的关系。前者称为工艺逻辑，后者称为组织逻辑。逻辑关系的正确与否，是反映工程实际情况的关键。一项工作和其他工作的相互关系可以分为紧前工作、紧后工作、平行工作。绘网络图时，一般应遵循以下规则：网络图中不允许出现闭合回路；只能有一个起始节点和一个终结节点（多目标网络图除外）；节点编号连续或间断，但不能重复；网络图中不允许双向箭头或无箭头的线段及没有起始节点的工作。

2. 双代号网络计划时间参数的计算。网络图的时间参数是确定关键工作、关键线路和计划工期的基础，也是进行计划优化、调整与动态管理的依据。网络计划的时间参数可在图上计算，也可列表计算或用电算法计算。网络计划中常用的时间参数有：最早可能开工时间 ES；最早可能完工时间 EF；最迟必须完工时间 LF；最迟必须开工时间 LS；总时差 TF；自由时差 FF 等。

3. 双代号网络计划调整。调整网络图结构的方法有两种：一是改变施工方法，网络图应重新绘制和计算；二是施工方法不变，调整工作的逻辑关系（调整组织逻辑关系），并对网络图进行修正和重新计算参数。

（三）单代号网络图

单代号网络图具有易绘制、无虚工作、便于修改等优点。单代号网络图也是由许多节点和箭线组成，单代号网络图的节点表示工作，通常将一项工作的工作名称、持续时间、连同编号等一起写在圆圈或方框里，而箭线只表示工作之间的逻辑关系。

绘制单代号网络图的逻辑规则与双代号网络相同，但当单代号网络图在开始和结束时的一些工作缺少必要的逻辑联系时，必须在开始和结束处增加虚拟的起始节点和终结节点。单代号网络图的计算与双代号网络图的计算方法基本相同。

（四）时标网络计划

时标网络计划是以时间坐标表示工作时间的网络计划。它具有横道图直观易懂的特点。对双代号时标网络计划可按最早时间也可按最迟时间绘制。绘制方法是先计算网络计划的时间参数，再在时标上进行绘制，也可不经计算直接绘制。

第九章　水利建设中的环境保护

第一节　可持续发展战略

一、可持续发展战略

生存与发展是人类社会的永恒主题。随着农耕业的出现，人类从自然生态系统的食物链中解脱出来以后，建立了农业社会和农业文明。18世纪的"工业革命"以后，人类改造自然、利用资源的能力空前提高，生产力快速发展，消费欲望高度膨胀。同时也产生了人口增长、资源短缺、环境恶化及生态危机等一系列问题。直到20世纪80年代，经过不断探索和反复酝酿，可持续发展的观念逐步形成，并受到国际社会的极大关注。1987年世界环境与发展委员会发表了布伦特兰报告——《我们的共同未来》，呼吁世界各国维护资源，保护环境，开辟持续发展的道路，并把"可持续发展"定义为："既满足当代人的需要，又不对后代人满足其需要的能力构成危害的发展。"1992年，在巴西召开的"世界环境与发展大会"，提出了纲领性文件——《21世纪议程》，它明确指出："将可持续能力纳入经济管理的第一步。"

实现可持续发展是人类面向未来的理性选择，是世界各国共同面临的重大而紧迫的任务。可持续发展思想的内涵与外延是极其丰富的。社会发展的不同阶段，强调的重点也不相同。当前，可持续发展思想注重长远发展和发展的质量，强调人口、资源、环境、经济和社会的协调发展，根本目的是提高人类生活质量，促进全社会今天和明天的健康发展；包含了满足当代人与后代人的需求、国家主权、国际公平、自然资源、生态承载力、环境和发展相结合等重要内容。

由于世界的复杂性和社会经济发展水平的不同以及文化背景的差异，可持续发展作为世界各国的共同纲领，不同国家与地区可以根据自身的基础、条件、特点和要求确定不同的发展模式。中国作为发展中国家，实施可持续发展战略，把"发展"作为核心，把"协调"和"公平"作为持续发展的基础与条件。"发展"指的是促使经济不断增长，社会不断进步，人类财富不断增加，从而满足当代人和后代人不断增长的物质和精神需求。在发展过程中，强调社会、经济和生态环境"协调"，社会结构均衡有序，经济运行健康顺畅，生产方式优化高效，生活消费科学有度，人与生态关系和谐。在发展过程中，注重"公平"，国家之间、国内不同区域之间、当代人和后代人之间以公正的原则担负起各自的责任，以公平的原则使用和管理全人类的资源环境，以合作谅解的精神缩小人际间的认识差异，从而达到社会、经济和生态环境持续、协调发展的目的。

可持续发展的本质是创建与传统方式不同的思维方式与发展模式。在思维方式方面，人类要以最高的智力水平和高度责任感来规范自己的行为，正确处理"人与自然"和"人与人"两类基本关系，创造一个和谐发展的世界。在发展模式方面，要保持健康状态的经济增长，提高增长的质量、效益，以便较好地满足就业、粮食、能源及其他人类生存所必需的基本要素；经济发展不能以过度消耗资源与损害生态环境为代价，主要依赖人力资源素质的提高、知识与科技创新能力的增长，有利于资源持续利用和生态系统良性循环，达到社会进步、经济繁荣、物质丰富、人际关系和谐、生态环境优美、资源配置代际公平的目的。

二、实现可持续发展的宏观机制研究

实现可持续发展的宏观机制，要用系统论的观点来剖析"自然－经济－社会"系统的结构、功能、运行机制与规律。"自然－经济－社会"复合系统可以分解为自然生态、经济、社会三个子系统。

在自然生态子系统中，通过"生产者"(绿色植物)、"消费者"(动物)和"分解者"(微生物)与周围环境进行永无休止的物质循环、能量转换和信息传递，形成自然生产力，为人类提供各种物质、能量和生存环境。"所谓生态平衡，就是在某一特定的条件下，适应环境的生物群体相互制约，使生物群体之间以及生物跟环境之间，维持着某种恒定状态，并且系统内在的调节机能遵循动态平衡的法则，使能量流动、物质循环和信息传递达到一种动态的相对稳定结构状态。"

一个生态系统或生态群落发展到成熟、稳定阶段，其结构(种群类型及其比例，各种群个体数量)及功能(物质循环、能量转换、信息传递等)都处于动态的稳定状态，也就达到了生态平衡。达到生态平衡的系统具有较强的自我调节能力，遇到外界压力或冲击时，只要关键的限制因子不超过生物可承受范围，生态系统可以调整自身的运行，保持稳定。但是，如果外部干扰超过生态系统的调节能力，就会引起生态失衡，使系统的结构、功能遭到破坏。因此，在经济发展过程中，要通过加强生态环境保护和建设，有效利用自然资源，提高产出率，节省自然资源，保持生态系统的动态平衡，从而以稳定的数量和多样的品种为人类提供生产资料、消费物品和生产生活环境，实现资源持续利用。经济子系统通过社会生产的生产力和生产关系有效结合，形成一系列经济活动来创造社会财富。社会化生产是通过人的体力、智力投入，利用生态子系统提供的物质、能量和环境，创造各种物质产品和精神产品，以满足人类不断增长的需求，同时又将生产、生活的废弃物排放到周围环境中。商品经济包括生产、交换、分配和消费四个环节，以市场交换为纽带、商品价格为杠杆，利用市场配置资源的基础作用和政府的宏观调控作用，在充分就业的前提下实现供给与需求均衡，达到资源最优配置的目的。两个子系统相互依存、相互制约。作为生态子系统基本单元的食物链，经济子系统基本单元的生产—交换—消费链，纵横交错，相互连接，构成立体网状结构。两个子系统的基本矛盾是人类需求不断增长和生产力发展有限、生产不断发展与资源环境容量有限的矛盾。自然生产力和社会生产力是系统运行的动力，这些矛盾的运动推动系统从低级向高级演进。这一演进过程，既遵循生态系统的规律，按照生物生长与进化规律进行自然再生产；又遵循经济规律，通过人类体力和智力的投入，利用自然资源进行社会再生产。人类劳动（其中包括创新劳动和管理劳动）的投入，强化了自然生产力的作用；社会再生产扩大了自然再生产的效率，使得物质充分利用、能量有效转化、价值增值迅速、信息有效传递。但是，如果经济活动过度利用自然资源，过多的废弃物排放到环境之中，超过生态环境系统自身的承受能力，生态系统就会失去平衡，甚至崩溃；经济系统也难以实现应有的功能。仅有经济均衡和生态平衡还不够。在此基础上，只有实现生态与经济之间的协调和平衡才能实现可持续发展。人是"自然－经济－社会"系统中最活跃的因素，社会子系统是以一定物质生活为基础而相互联系的人类生活的共同体，是联结与协调生态和经济两个子系统的关键。人是社会的主体，劳动是人类社会生存和发展的前提，物质资料的生产是社会存在的基础。人们在生产中形成的与一定生产力发展状况相适应的生产关系构成社会的经济基础，在这一基础上产生与之相适应的上层建筑。要从总体上协调生态环境与经济的关系。不仅要不断调整生产关系，使之适应先进生产力的发展要求，完善上层建筑使之适应经济基础的需要；而且要充分利用现代科学技术和管理手段以及长期积累的有效经验，顺应自然规律、用适当方式改造、干扰自然，通过自然资源综合利用及深度加工使价值增值。既创造更多的社会财富，提高经济效益，又节约自然资源，维护生态平衡，保持良好的自然环境。此外，还要求人类以高度责任感，处理好人与自然的关系，转变传统的自然观、价值观，从自然"征服者"的角色转变为人是自然界的成员，尊重自然规律。在向自然索取的同时，也向自然回馈，有目的地保护与建设生态系统，自控自律、合理消费、节约资源；同时，还要转变传统的伦理道德观念，树立"明天与今天同等重要"的思想，公平、公正地处理当代人之间、当代人与后代人之间的关系。只有当"自然－经济－社会"系统在达到动态的经济均衡、生态平衡的基础上，生态与经济之间协调平衡时，才能实现可持续发展。

三、可持续发展能力建设

可持续发展是一个战略目标，也是一个动态发展过程。可持续发展能力的大小，既是衡量可持续发展战略成功程度的标志，又是发展过程中发展能力和精神能力的总和。牛文元将可持续发展能力定义为："一个特定系统成功地延伸到可持续发展目标的能力。"美国的 Hansen. J. W 和 Jones. J. W 解释为："一个系统可以达到可持续的水平。"中科院可持续发展研究组认为，可持续发展的能力包括以下方面：

（一）人口承载能力：这是一个国家或地区人均资源数量和质量对于该区域人口生存和发展的支撑条件，也可以称为"基础支撑能力"。如果该区域的资源和环境能够满足当代人的生存和发展的需要，又为后代人的生存发展奠定了基础，则具备了可持续发展的基本条件。如果在自然条件下达不到这一条件，就必须通过控制人口增长、依靠科技进步提高资源利用率或者寻求替代资源等措施，使资源环境能够满足该区域人口生存和发展的需要。"基础支撑能力"以供养人口并保证延续为标志。

（二）区域生产能力：这是一个国家或地区的资源、人力、技术和资本能够转化为产品和服务的总体能力，也称为"动力支持能力"。在现代社会，人们已经不满足初步地利用自然状态下的"第一生产力"（通过光合作用利用太阳能），而且要进一步通过利用不可再生资源，依靠多种要素组合，以更高的效率，生产更多的产品，满足除了维持生存以外的更多、更高的需求。可持续发展要求这一能力在不危及其他能力和子孙后代的发展基础的前提下，能够与人的进一步需求同步增长。

（三）环境缓冲能力：人类对区域的开发、资源的利用、经济的发展、废物的处理等都应该维持在资源环境的允许容量之内，也称为"容量支持能力"。人类的生存支持系统和发展支持系统必须在环境支持系统的允许范围之内，才能不断增长。这样，资源环境的缓冲力、自净力、抗逆力以及它们之间的平衡与协调就显得非常重要。

（四）社会稳定能力：在人类社会经济发展过程中，不能由于出现自然干扰（如大的自然灾害或不可抗拒的外力干扰等）和社会经济系统的波动（如战争、重大决策失误等）而带来灾难性后果，通常也称为"过程支持能力"。为此，提高社会—经济—生态环境系统的抗干扰能力、应变能力和系统的弹性、稳健性十分重要。只有具备社会稳定能力，系统一旦受到某种干扰或冲击后，它的抗冲击能力才是强劲的，重建过程才是迅速的。

（五）管理调节能力：可持续发展要求人的认识能力、行为能力、决策能力和创新能力能够适应总体发展水平，一般称为"智力支持能力"。也就是人的智力发展和对于社会—经济—生态环境系统的驾驭能力与发展水平是适应的。管理调节能力关系到一个国家、地区的制度合理程度和完善程度，涉及到教育水平、科技竞争力、管理水平和决策水平。上述五方面的能力是相互联系、不可分割的。任何一个国家、地区可持续发展能力的形成、培育和增强，绝不是某一方面能力的单独作用，而是所有方面共同支持的结果；再者，任何一方面能力的削弱、丧失，将或早或迟导致可持续发展能力的毁坏。它们之间的相互关系大致可以概括为：人口承载能力是可持续发展的基础支撑，区域生产能力是动力牵引，环境缓冲能力是安全屏障，社会稳定能力使系统有序运行，管理调节能力是驾驭系统的关键。可持续发展作为一个动态过程，可持续发展能力建设是一个永无止境的过程。联合国《21世纪议程》对于可持续发展能力的建设明确表述为："一个国家的可持续发展能力，在很大程度上取决于在其生态和地理条件下人民和体制的能力。具体地讲，能力建设包括一个国家在人力、科学、技术、组织、机构和资源方面的能力培养和增强。能力建设的基本目标就是提高对政策的发展模式评价和选择的能力，这个能力提高的过程是建立在其国家的人民对环境限制与发展需求之间关系的正确认识的基础上的。所有国家都有必要增强这个意义上的国家能力。"具体来说，可持续发展的能力建设包括以下主要方面：

1. 生态环境保护与建设：自然生态环境是经济建设的条件，又为生产提供物质资源。采取开发与节约并举、把节约放在首位的资源利用方针，坚持"在保护中开发、在开发中保护"的原则，努力提高资源利用率。优化人力资源和自然资源的组合，坚持用高新技术改造传统产业，改变资源消耗过度的局面。探索新的经济发展模式，以高新技术为切入点，对资本、人力和资源的传统关系进行变革，以更少的资源，制造更多的产品，创造更多的就业机会，获取更多的收入，增加更多的社会财富。转变消费方法，逐步建立起资源节约型社会。

2. 基础设施建设：基础设施是一个地区社会、经济活动的基本载体，它反映一个地区物质、能量与信息、知识交流的能力。

3. 人力资源培养：不仅包括劳动者的数量，更重要的是劳动者的综合素质。人力资源是一个地区社会经济发展的直接推动力。人力资源的培养既要发展适合当地需要的教育体系，也要形成留住人才、吸引人才、优秀人才脱颖而出的良好环境。

4. 资本聚集能力的培育：资本是融通、聚集资源要素的关键，也是区域发展的直接推动力；而融资的关键是引进技术、人才和管理能力。融资有许多措施，比如优惠政策融资、利用资源或市场融资、科技成果融资、营造优良环境融资等。在激烈的竞争中，后两种措施更具有活力和持久性。

5. 科技创新能力的提高：科技创新能力不仅包括区域自主创新能力，对经济欠发达地区，促进科技成果转化为直接生产力，引进、吸收、推广、应用先进技术，在一定阶段内可能更为重要。

6. 体制创新能力的增强：好的体制可以更为有效地聚集、利用资源，增加信息量，减少信息成本和交易成本；加强管理，形成良好的市场秩序和社会信用，能够规避或减少风险。

7. 观念创新与先进文化建设：社会主义市场经济的健康发展要依靠优秀的道德传统、社会主义精神文明与科学信仰来统一思想、形成合力、减少摩擦。要以最高的智力水平和高度责任感来规范社会、经济行为，创造一个和谐发展的局面。

第二节　水资源持续利用

一、水资源的自然属性与开发利用特点

广义地说，地球上能为人类和其他生物的生存和繁衍提供物质和环境的自然水体，均属于水资源的范畴。狭义的水资源一般指在循环周期（一般为一年）内可以恢复和再生，能为生物和人类直接利用的淡水资源。这部分资源是由大气降水补给，包括江河、湖泊水体和可以逐年恢复的浅层地下水等，受到自然水文循环过程的支配。天然水资源具有以下自然属性：

（一）流动性：受地心引力的作用，水从高处向低处流动，由此形成河川径流。河川径流具有一定的能量。

（二）随机性：虽然地球上每年的降水基本上是一个常量，但受气象水文因素的影响，水资源的产生、运动和形态转化在时间和空间上呈现出随机性。水资源分布存有明显的时空不均匀性，且差异很大。

（三）易污染性：外来的污染物进入水体后，随着水的运动，迅速扩散。虽然水对污染物质有一定的稀释和自净能力，但有一定限度。当进入水中的污染物质超过这一限度时，就在水体中存留，并随着水流动、下渗、沉淀，以及通过生物链富集，迅速扩散，影响水的使用功能。江河水体中携带的泥沙沉淀后，还会造成河道、湖泊淤积。

（四）利害两重性：天然水是宝贵的资源，发生干旱灾害，水太少；水太多，则造成洪涝灾害，危及人类的生命财产和陆生生态系统，损害生态环境。水体污染后，对人类的健康、生活、社会、经济以及生态环境系统产生很大的负作用。

水资源是人类及一切生物赖以生存和发展的最基本的自然资源，水资源开发利用具有以下特点：

（一）功能多样性：水具有多种用途，可以满足许多不同的需求。水是生态环境系统的控制性因子，是人类生存和发展的基本物质。在经济建设中，水可以发挥多种作用，如市政供水、灌溉、水力发电、航运、水产养殖、旅游娱乐、稀释降解污染物质及改善美化环

境等。城乡生活用水、生态环境用水，以及边远贫困地区的灌溉用水具有一定的公益性，工业用水、水力发电、水产养殖和利用水域旅游娱乐则具有更多的直接经济效益。所以，水资源是一个国家综合国力的有机组成部分。

（二）不可替代性：水资源在人类生活、维持生态系统完整性和多样性中所起的作用是任何其他自然资源都无法替代的。水资源对社会经济发展有许多用途，除极少数的情况（如水力发电、水路运输等）外，其他资源无法替代水在人类生存和经济发展中的作用。所以，水资源是一种战略性物资。

（三）利用方式多元性：为了满足需求，人类对同一水体可以从不同的角度加以利用，除了供水、灌溉要消耗水量外，还可以利用水能发电，利用水的浮托力发展航运，利用水体中的营养物质从事水产品养殖，利用河流湖泊形成的景观发展旅游娱乐，利用水体的自净能力改善环境，利用水的热容量为火力发电、化工生产提供冷却媒介，这些基本上不消耗水量。再者，防洪与兴利既是矛盾的，又是统一的。将洪水存蓄起来，既减缓洪涝灾害，又为兴利贮备了水源。总之，水资源可以综合利用。

二、我国水资源状况

20世纪80年代水利部对全国水资源评价结果表明，我国的年平均降水总量为62000亿 m^3，除去蒸发和通过土壤直接为生态系统利用外，可通过水循环更新的地表水和地下水的年平均水资源总量为28000亿 m^3，占全球水资源总量的6%左右。根据1997年的人口计算，人均水资源量为2220m^3；如果人口增长到16亿，人均水资源量将降到1760m^3。按国际上一般公认的标准，人均水资源量小于1700m^3为用水紧张国家。除了人均水资源量紧张外，水资源时空分布极不均匀。从地区分布来看，长江流域及其以南地区，水资源占全国总量的80%；黄河、淮河、海河三大流域的河川径流量不到全国总量的6%，其中海河流域耕地的亩均水量低于以干旱著称的以色列；西北地区国土面积占全国的1/3，水资源量仅占全国总量的4.6%。从时间分布来看，受季风气候影响，我国降水季节十分集中，大多数地区汛期四个月的降水量占全年降水量的60%~80%，大约水资源量的2/3是洪水径流，形成明显的洪水期和枯水期；降水量年际间剧烈变化，丰水年来水量可能为枯水年的几倍，甚至十几倍，且经常出现连年洪涝和连年干旱的现象。因此，我国未来水资源形势是严峻的。我国江河水力资源的理论蕴藏量达6.8亿kW，年发电量可达58000亿kWh；其中技术可开发量为3.8亿kW，年发电量19000亿kWh。

另外，我国江河中下游和沿海地区都是人口密集、经济发达、社会繁荣的精华之地，但防洪安全仍然缺乏保障。长江的荆江河段和黄河主要堤防在三峡和小浪底，水利枢纽及其配套工程完成后，可以达到防御百年一遇洪水的标准；淮河、海河、辽河、松花江、珠江等河流，除少数重点城市外，大部分堤防只能防御20年一遇的洪水。全国江河两岸、湖泊周边的堤防总长度，从20世纪70年代的11万km，发展到80年代16万km，20世纪末则增加到25万km。堤线越来越长，堤坝越来越高，洪水蓄泄的空间越来越小。许多江河在同样流量下，洪水位不断抬高，形成堤防不断加高加固和洪水位不断升高的恶性循环。这样，防汛负担不断加重，洪灾风险不断增加，一旦出现堤防不能抵御的洪水，损失将更加惨重。

再者，水质污染严重。根据2011年《中国环境状况公报》，全国工业和城镇生活污水排放总量为428.4亿t，其中工业废水排放量200.7亿t。排放1m³工业废水造成的经济损失为2.02元。我国七大水系监测的752个重点断面中，Ⅰ～Ⅲ类水质占29.5%，Ⅳ类水质占17.7%，Ⅴ类和劣Ⅴ类水质占52.8%，各水系干流水质好于支流。2001年度七大水系污染由重到轻的顺序依次是：海河、辽河、淮河、黄河、松花江、长江和珠江。

三、水资源持续利用

水资源持续利用是在维持水的再生能力和生态系统完整性的条件下，支持人口、资源、环境与经济协调发展和满足当代人及后代人用水需要的全部过程。具体内容包括：水资源开发利用必须在承载能力和环境容量的限度之内，保持水循环的持续性、生态环境的完整性和多样性，坚持公平、效率与协调的原则，支持人口、资源、环境、社会与经济的和谐、有效的发展，同时不仅要满足当代人发展的需要，而且不能对后代人用水需要构成危害。水资源持续利用具有自然基础。除深层地下水外，水资源是以年为周期的再生资源。在太阳辐射和地心引力的作用下，地球上的水通过包括海洋在内的水面蒸发、陆面蒸发、水汽输送、凝结、降水、陆面产流和汇流，最后汇集到海洋，形成地球水循环过程。正是这一循环，使得河川径流和地下径流得到不断的更新和补充。就水质而言，在人为或自然因素作用下，总有一些外来物质进入水体。在水的流动过程中，外来物质掺混、稀释、转移和扩散，在物理、化学和生物作用下，这些物质被分解、沉积，水体得到净化。这种能力称为水的自净能力。只要进入水体的外来物质在自净能力之内，水质就不会进一步恶化。正是这年复一年、周而复始的地球水循环和水的自净能力，为水资源持续利用提供了自然支撑条件。虽然整个地球的年降水量基本上是一个常量，但天然水资源在时间和空间上分布极不均匀，很难保证人类多方面的用水需求，干旱、半干旱地区甚至不能维持生态平衡的用水要求。适当地兴建一些水利水电工程，既是当代社会经济发展的需要，也是可持续发展的要求。中华民族的历史是一部与频繁水、旱灾害长期斗争的历史。中华人民共和国成立以后，不断进行大规模的水利建设，在兴利除害两方面都取得了巨大成就。但是，以水资源紧张、水污染严重和洪涝灾害为特征的水危机已成为我国可持续发展的重要制约因素。我国人口众多，人均土地、水资源和生物资源都十分有限。在进入全面建设小康社会，加快推进社会主义现代化建设新阶段的时候，必须进一步从社会、经济、人口、资源和环境的宏观视野，对水资源问题总结经验，调整思路，制订新的战略。

四、我国水资源持续利用的举措

为了做到水资源的持续利用，支持我国社会经济的可持续发展，中国工程院重大咨询项目《21世纪中国可持续发展水资源战略》提出了以下八方面的战略

（一）人与洪水协调共处的防洪减灾战略

洪水是一种自然现象。我国在人多地少的条件下，为了开发江河中下游、湖泊四周的冲积平原，不断修筑堤防，与水争地，缩小了洪水下泄和调蓄的空间，当洪水来量超过了江河湖泊的蓄泄能力时，堤防溃决，形成洪灾。要完全消除洪灾是不可能的。人类既要适当控制洪水，改造自然；又必须主动适应洪水，协调人与洪水的关系。要约束人类自身的各种不顾后果、破坏生态环境和过度开发利用土地的行为。发生大洪水时，有计划地让出一定土地，提供足够的空间蓄泄洪水，避免发生影响全局的毁灭性灾害，同时将灾后救济和重建作为防洪工作的必要组成部分。城乡建设要充分考虑各种可能的洪灾风险，科学规划、合理布局，尽可能地减少洪水发生时产生的损失。要建立现代化的防洪减灾信息系统和防汛抢险专业队伍，完善防洪保险，健全救灾抢险及灾后重建的工作机制。这样，使防洪减灾从无序、无节制地与洪水争地转变为有序、可持续地与洪水协调共处；从建设防洪工程体系为主转变为在防洪工程体系的基础上建成全面的防洪减灾工作体系，达到减缓洪灾的目的。

（二）以建设节水高效的现代灌溉农业和现代旱地农业为目标的农业用水战略

改变传统的粗放型灌溉方式，以提高水的利用效率作为节水高效农业的核心。把水利工程措施和农业技术措施结合起来，最大限度地利用水资源，包括充分利用天然降水、回收水，利用经处理的劣质水。实行水旱互补的方针，重视发展旱地农业。实现了这一战略转变，我国就基本上可以立足于现有规模的耕地和灌溉用水量，满足今后16亿人口的农产品需要。

（三）节流优先、治污为本、多渠道开源的城市水资源持续利用战略

针对目前水资源短缺与用水浪费、污染严重并存的现象，大力提倡节流优先、治污为本、多渠道开源的城市水资源持续利用战略。"节流优先"不仅是根据我国水资源紧缺情况所应采取的基本方针，也是为了降低供水投资、减少污水排放、提高资源利用效率的理性选择。要根据水资源分布状况调整产业结构和工业布局，大力开发和推广节水器具和节

水的生产技术，创建节水型工业和节水型社会。强调"治污为本"是保护供水水质、改善水环境的必然要求，也是实现城市水资源与水环境协调发展的根本出路。必须加大污染防治力度，提高城市污水处理率。"多渠道开源"指除了合理开发地表水和地下水外，还应大力提倡利用处理后的污水及雨水、海水和微咸水等非传统水资源。

（四）以源头控制为主的综合防污减灾战略

在我国经济的迅猛发展中，由于工业结构的不合理和粗放式的发展模式，工业废水造成的水污染占我国水污染负荷的50％左右。长期以来采用的以末端治理、达标排放为主的工业污染控制策略，已经被大量事实证明耗资大、效果差，不符合可持续发展战略。应该坚持以源头控制为主的综合治理策略。大力推行以清洁生产为代表的污染预防战略，淘汰物耗能耗高、用水量大、技术落后的产品和工艺，在生产过程中提高资源利用率，削减污染物排放量。加强点源、面源和内源污染的综合治理。特别要把保障安全卫生饮用水作为水污染防治的重点，保护好为城市供水的水库、湖泊和河流。

（五）保证生态环境用水的水资源配置战略

生态环境是关系到人类生存发展的基本自然条件。保护和改善生态环境，是保障我国社会经济可持续发展所必须坚持的基本方针。在水资源配置中，要从不重视生态环境用水转变为在保证生态环境用水的前提下，合理规划和保障社会经济用水。保证生态环境用水，有助于全球水循环可再生性的维持，是实现水资源持续利用的重要基础。

（六）以需水管理为基础的水资源供需平衡战略

目前我国的用水效率还很低，每立方米水的产出明显低于发达国家，节水还有很大潜力。在水资源的供需平衡中，要从过去的"以需定供"转变为在加强需水管理、提高用水效率的基础上保证供水。加强需水管理的核心是提高用水效率，是现代城乡建设、发展现代化工农业的重要内容。节约用水和科学用水是水资源管理的首要任务。

（七）解决北方水资源短缺的南水北调战略措施

黄淮海流域，尤其是中下游的黄淮海平原是我国最缺水的地区。目前以超采地下水和利用未经处理的污水来维持经济增长。为了改变这一局面，在大力节水治污、合理利用当地水资源的基础上，有步骤地推进南水北调。坚持"先生活，后生产；先地表，后地下；先治污，后调水"的原则，保障这一地区的社会经济可持续增长。

（八）与生态环境建设相协调的西部水资源开发利用战略

在西部大开发中，要从缺乏生态环境意识的低水平开发利用水资源，转变为在保护和改善生态环境的前提下，全面合理地开发利用当地水资源，为经济发展创造条件。合理调整农、林、牧业的结构，着重建设现代化节水高效的灌溉农业和高效牧业。大力发展中、小、微型水利工程（包括集雨窖），有条件的地方适当建设大型水利骨干工程；进行水土保持综合治理，在退耕还林还草的同时，建设有一定灌溉保证的基本农田，为脱贫致富和恢复生态环境创造条件。西南地区要发挥水能资源优势，开发水电，西电东送，取代东部地区的污染环境、效率低下的小火电，加快当地经济发展。

第三节 水利工程建设与生态环境系统的关系

由于水资源的自然属性，天然径流在空间与时间、水量与水质方面都难以直接满足人类社会和生态系统的需求，必须修建一定的水利工程（包括江河治理、水土保持、蓄水、输水和水力发电工程等）对天然径流进行调蓄，重新分配，开发利用，兴利除害，满足社会经济、生态环境等方面的不同需求。中华人民共和国成立60多年来，国家先后投入1500亿元，人民群众筹资投入1480亿元进行了大规模的水利水电工程建设，形成了3000多亿元的固定资产。累计修建加固堤防25万km，建成各类水库8万多座，形成了5600亿 m^3 的年供水能力。1998年长江、松花江洪水之后到2002年，四年间全国水利建设投资3562亿元，扣除价格变动因素，相当于1950年到1997年全国水利建设投资的总和。一批重大水利设施项目相继开工和竣工。江河堤防加固工程开工3.5万km，完成了长达3500多千米的长江干堤和近千千米的黄河堤防加固工程，防洪能力大大增强。举世瞩目的长江三峡水利枢纽二期工程已经完成，黄河小浪底等水利枢纽工程投入运行，南水北调工程开工建设。这些水利工程发挥或即将发挥巨大的防洪、除涝、供水、发电、航运、水产养殖和生态环境保护等综合功能，为保障经济迅速发展和社会进步创造了条件，使得我国以占全球约6%的可更新水资源、9%的耕地，支持了占全球22%人口的小康生活和社会经济发展。

一、改善生态环境是水利工程的重要功能之一

在自然系统长期的演进过程中，河流、湖泊与水文气象、天然径流、土地、动植物相互适应、相互协调，成为自然生态系统的有机组成部分。与其他工程建筑类似，水利工程作为调节或控制天然径流、开发利用水资源的基础设施，对社会经济会产生积极的作用，同时在一定程度上干扰、影响自然生态系统。这些影响，有些是有益的，有些是有害的；有些可以通过生态系统的自适应机制进行调整，适应变化了的环境，以保持种群的生存繁衍，有些则可能使生物种群消亡；有些影响是永久的，有些是周期性的，也有些是短暂的。

随着工程规模的增大，水利工程对控制调节天然径流能力增强，对社会经济和生态环境产生的影响也更显著、广泛、深刻。但是，从本质上讲，水利工程的作用是兴水利除水害，不仅具有显著的社会、经济效益，而且可以促使社会经济和生态环境协调发展，改善生态环境是其重要功能之一。

（一）减少洪水灾害对生态系统的摧残。超过河流湖泊承载能力、四处泛滥的水流现象称为洪水。虽然洪水是自然生态环境的有机组成部分，但在易受洪水淹没的地方，生态系统结构简单，生物多样性程度降低；发生不常遇的特大洪水，对自然生态系统则是极大的摧残，对某些物种甚至是毁灭性的打击。洪水不仅淹没土地，毁坏社会财富，中断交通、通信和输电，影响生产生活秩序，干扰经济发展；同时还会造成人员伤亡，灾民流离失所，疫病流行。对生态环境而言，洪水淹没土地，摧毁陆生生态系统；破坏河流水系，冲刷地表土层，造成水土流失；致使有害物质扩散，病菌和寄生虫蔓延。洪水是世界上大多数国家的主要自然灾害。水库、堤防和河道整治等水利工程可以控制、调蓄、约束或疏导洪水水流。有些工程（如堤防等）可以使保护范围免遭洪水侵害，保持相对稳定环境，不仅使荒洲变良田，而且增加了陆生动植物的生存空间；有些工程（如水库、蓄洪区等）可以减小洪水流量，减缓洪灾损失。利用工程措施和非工程措施相结合防灾减灾，可以促使社会稳定，经济发展，保护生态环境，提高环境质量。

（二）缓解干旱对生态系统的危害。水可以使沙漠变为绿洲。持续的干旱导致土地干化、江河断流、湖泊枯竭、地下水水位下降、加剧土地沙化，这些变化都会影响到陆生和水生生物的生存与繁衍。干旱还导致地表水污染加剧，海水侵进河口，并使周围地区盐碱化。水利工程蓄丰补枯，为人类生活和社会经济活动提供水源，枯水季节增加了河流流量，有利于水生生物生长繁衍，稀释水体中的污染物质，抵制咸水入侵，抬升地下水水位。特别在严重干旱发生时，水利工程供水可以使生态系统维持水量平衡，包括水热平衡、水沙平衡、水盐平衡等，免受毁灭性的打击。随着人类对生态环境问题的重视，即使在没有严重干旱发生时，许多水利工程也把提供生态环境用水作为运行目标之一。

（三）水力发电是一种清洁能源，替代火电，可以减少大气污染。由此可以减少酸雨产生的面源污染，缓解全球气候变暖的趋势。

（四）修建水库，高峡出平湖，美化了自然景观。许多大型水库库区已成为风景名胜区或旅游休闲场所。

（五）在天然湖泊面积缩减的情况下，水库增加了地表水的面积，对维持全球水文循环有积极意义。

二、水利工程对生态环境的不利影响

河流、湖泊是自然生态系统的重要组成部分、全球水循环的重要环节。河流及其集水区域的自然生态系统（包括河道，河势，流量，水位，水流流速，输沙，蒸发，下渗，地下水，地形，地貌，地应力，局部气候，植被及栖息其中的生物种群数量和比例，当地居民的生产生活方式等）是经过千万年的发展与演替，逐步形成的动态平衡系统。水利工程是人类改造自然，利用资源，为人类自身福利服务的设施与手段，也是对自然生态系统的一种干扰、冲击或破坏。在获取社会、经济和生态环境效益的同时，对生态环境也有一定的负面影响。有些影响是不可避免的，比如，水库的修建要淹没土地，把陆生生态环境改变为水生生态环境，引起自然生态环境的急剧变化，原有的生态系统几乎全部被破坏，新的系统必须重建。有些必须经过较长时间的"磨合"与演替，才能适应变化，建立新的平衡。特别是利用高坝大库对江河径流过度控制可能会产生较为严重的生态环境问题。比如，埃及尼罗河上的阿斯旺高坝处于半干旱地区，控制流域面积的85%，库容系数（水库总库容与年径流平均值之比 β）为2.01，几乎可以对天然径流进行全面控制。在取得巨大的发电、灌溉和防洪效益的同时，对生态环境也产生了许多不利影响。水库淹没了大量耕地、居民点和文物古迹；因蒸发损失许多水量；泥沙淤积，河床下切，海岸线退缩；进入地中海的水量减少，导致近海水循环及水质变化，近海浮游生物减少，影响了沙丁鱼的捕获量；农田灌溉水中的有机质减少，地下水位上升；血吸虫病传染区域增大，等等。

再者，修建水库前，如果对当地的某些自然条件了解不够，对自然规律认识不足，导致水利工程规划、设计或运行调度存在某些失误或缺陷，可能会遭到大自然的无情惩罚，甚至导致灾难性后果。比如，由于对坝址地质构造情况了解不深入，法国东南部的玛尔帕塞拱坝在蓄水不到五年就突然崩溃，造成惨重损失。意大利的瓦依昂坝蓄水后，由于库区左岸发生大规模山体滑坡，使水库电站全部报废，居民死亡近2000人，其原因在于对库区河道两岸的地质构造了解不够。中华人民共和国成立初期，由于水文资料缺乏，对暴雨、洪水发生规律掌握不够，1975年8月一场特大暴雨，使淮河上游的板桥、石漫滩两座大型水库、其他两座中型水库和56座小型水库全部溃坝失事，造成严重灾难。我国黄河三门峡水利水电枢纽设计时对黄河泥沙规律认识不足，水库建成后，仅在试运行的一年半内，库区淤积严重，淹没大量农田，威胁到西安、咸阳和关中平原的安全。后来两次被迫改建，才基本实现进出库泥沙相对平衡。

但是，并非所有的水利工程都会产生生态环境问题。只要了解客观实际、顺应客观规律，适度干扰自然，趋利避害，水利工程在取得显著的社会经济效益的同时，也能够取得明显的生态环境效益，都江堰水利工程就是这样的典范。都江堰水利工程位于成都平原扇形三角洲顶部、四川省都江堰市（原灌县）附近的岷江干流上，是战国时期蜀郡守李冰在公元前256～251年间率领劳动人民修建的。这是一座两级分水、两级排沙的无坝引水工程。工程设计科学，运行合理，效益卓著，活力无穷。2000多年来，不断为中华民族的历史添景增色。如今已发展成为一座具有灌溉、航运和防洪等综合效益的现代大型水利工程。都江堰具有全面效益和强大生命力的重要原因在于，从河流水沙运动的整体出发，通过选择都江鱼嘴、飞沙堰、宝瓶口的合理位置和恰当规模，以调节为手段，发挥自然系统自适应、自组织的内在机制，以简单驾驭复杂，协调平衡各类矛盾，把引水可靠、防洪安全和排沙有效和谐地统一在水沙运动的动态平衡之中，从而取得了社会、经济和生态环境等各方面的多重效益（详见案例三）。就是国外的"反坝人士"也不得不承认："在少数官方组织修建并经得起时间考验的灌溉工程中，著名的都江堰工程是其中之一。"

案例一：埃及阿斯旺高坝

阿斯旺高坝位于埃及尼罗河上，控制流域面积的85%，坝型为黏土心墙沙石坝，高110m，长3830m。总库容1689亿 m^3，其中活动库容1470亿 m^3，大坝上游形成6500km² 的大湖，称为纳赛尔湖，回水区全长约500km。平均年入库径流量为840亿 m^3，总装机容量210万kw。1964年开始蓄水。这一大坝有以下特点：

（一）建立在半干旱地区，水库蓄水后，随着库水位高低变化，按理论计算，每年的水量蒸发损失比建库前增加110亿～210亿 m^3，1968～1974年实际每年多蒸发为72亿～164亿 m^3。

（二）库容系数大，$\beta = 2.01$，可以将大洪水全部拦住，减洪峰流量75%以上。

（三）大坝上游有一非常溢洪道，直接将洪水排到海里，尼罗河在埃及境内没有一条支流，扣除蒸发损失及苏丹用水185亿 m^3（1959年协议规定），年入库径流与灌溉用水（约555亿 m^3）相当，大坝下游的河道几乎成为人工河流。大坝建成蓄水后，社会和经济效益十分显著：

1. 平均每年提供灌溉用水550亿 m^3，新开垦耕地486万 hm²，改善灌溉面积2426万 hm²，加上改进作物耕种制度（变一年一熟为一年双熟或多熟），适当补充化肥等措施，使粮食产量从满足3000万人的需求提高到可满足6000万人需求的水平。在新开垦的土地上建设居民点，增加了就业机会。

2. 几乎完全消除了大坝下游的洪水危害。

3. 大坝电站设计年发电量约70亿 kWh。1982年实际发电量达到86亿 kWh，相当埃及当年发电量的37%。通过水库调节，还提高了老阿斯旺坝的发电量和供电保证率。

4. 改善了尼罗河通航条件。发展了水库渔业，1981年库区鱼产量达3.4万 t，占全国总产量的 17%。阿斯旺高坝、纳赛尔湖及附近的历史古迹成为世界旅游热点，建坝前平均每年旅游人数约 6 万，1972 年超过 25 万。

总之，水库的经济效益十分显著。包括输电线路在内的工程总投资为 4.5 亿埃镑，每年直接收益平均达 2.5 亿埃镑，间接效益更大。由于工程对天然径流控制力度大，加上特殊的地理位置，水库蓄水后对生态环境产生了一系列不利影响：

（1）水库淹没大量耕地、居民点和文物古迹。库区内约 10 万少数民族努比亚人需要迁移安置。淹没了许多努比亚人留下的文化古迹，特别是 17 座古庙，在联合国和世界其他国家的支持下，挽救和迁移了其中的 10 座。

（2）水库淤积、河床下切和海岸线退缩。纳赛尔湖蓄水以来，年平均泥沙淤积量为 8640 万 m^3。由于清水下泻，冲刷了下游河床。根据 1981 年的观测，冲刷深度为 0.25～0.70m，局部地方深达 2m；有些地方由于河床下切引起塌岸，宽度为 1～30m。河床下切造成河道水位下降，80 天水位平均值下降 0.72～1.03m，200 天的平均值为 0.28～0.6m。库区泥沙淤积也断绝了河口海滩的泥沙补给，引起海岸退缩，一般每年后退 150m 左右，10 年后退 1km，个别地方后退 3km。

（3）由于蒸发损失及灌溉引水，使尼罗河直接进入地中海的水量减少了 60%，影响了离海岸 80km、最大水深达 150m 范围的近海水循环过程，使河口附近水域盐分含量增加。建坝前 0.39% 含盐量等值线距海岸 80km，小于 0.3% 的等值线距海岸 8～20km；水库蓄水后，沿海岸表层海水含盐量达 0.39% 以上。由于近海水循环及水质变化，使近海浮游生物减少，地中海沙丁鱼捕获量一度减少，改进捕捞技术后有所恢复。

（4）有机质减少和地下水位上升。由于水流中泥沙减少，下游农田灌溉水中的有机质减少，每年大约损失氮 1800t 左右。下游农田失去天然肥料补给，土地贫瘠化，农业减产。通过施用化肥等措施，这一问题有所缓解。由于常年灌溉，部分地区地下水位抬升，出现盐碱化、沼泽化及土地板结等问题。后来通过改进排水系统，情况显著好转。

（5）地方病问题。水库建成后，下游水流变急，灌溉渠道中水体变清、流速均匀，有利与水草生长。随着灌溉面积扩大，血吸虫病传染区域增大。

案例二：三门峡水利工程

三门峡水利水电枢纽位于河南、山西交界的黄河中游下段，控制流域面积的 92%，平均入库流量 1330m^3/s。中华人民共和国建立初期，我国水利水电建设技术力量不足、经验缺乏，水库主要由前苏联水电设计院进行规划设计。设计正常蓄水位 360m，预留 147 亿 m^3 作为堆沙库容。1957 年 4 月工程开工，1958 年对设计方案进行修改，第一期按正常蓄水位 350m 施工（相应库容 360 亿 m^3，库容系数 β ＝ 0.86），初期运行水位不超过 354m，拦洪水位不超过 333m，同时还降低了死水位和泄水孔高程。1960 年 9 月三门峡水利工程建成蓄水，投入运行。由于对黄河泥沙规律认识不足，水库基本建成后，仅在试运行的一年半内，库区淤积严重，330m 高程以下损失库容 15.7 亿 m³，潼关河床抬高 4.31m，渭河口形成拦门沙，潼关以上黄河干流、渭河及北洛河下游严重淤积，淹没农田 25 万亩，两岸农田大片盐碱化，5000 人被库水围困。到 1964 年，库内淤沙已达 50 亿 t，335m 高程以下损失库容 40.3%，淤积"翘尾巴"，严重威胁到西安、咸阳和关中平原的安全，水库也有可能报废。

1965 年，根据"在确保西安、确保下游的前提下，实现合理防洪，排沙放淤，径流发电"的原则，水库开始改建，首先将 4 根发电引水钢管改为泄流排沙管，另开 2 个泄洪排沙洞，1966 年汛期开始启用。从 1966～1969 年潼关以下的水库淤沙冲走 2.7 亿 t，但潼关河床高程仍升高 0.7m，水库中继续增淤 20 亿 t，渭河淤积继续发展，上沿 15.6km。

1970 年开始进行第二次改建，打开 8 个施工导流用底孔，降低 4 条发电引水钢管的高程用于泄洪，水库按"蓄清排浑、控制运用"的规则运行，非汛期兴利控制水位为 310m。1973 年改建后，收到较好效果，水库由淤积变为冲刷，330m 高程以下库容恢复 10.5 亿 m³，潼关河床下降 1.8m 左右，渭河末端的淤积也得到了控制，水库基本处于不淤不冲的状态。同时在防洪、防凌、发电和灌溉等方面也发挥了一定的综合效益。

三门峡水利工程两次被迫改建，标志着原来的规划设计方案的失败。但是改建后的工程在防洪、防凌、发电和灌溉等方面发挥了较好的效益，给我们在大江大河中下游及多泥沙河流上开发利用水资源的模式、工程规模和运行方式提供了十分难得的经验和借鉴。水资源开发利用要适度，使得对自然生态系统的冲击，可以通过系统的自适应、自组织机制进行调整，实现新的平衡，使水利工程产生的不利影响控制在人类和生态系统可承受的范围内。

案例三：都江堰水利工程

（一）都江堰水利工程简介

都江堰水利工程位于成都平原扇形三角洲顶部、四川省都江堰市（原灌县）附近的岷江干流上。岷江摆脱两岸山体的束缚流到灌县附近，水流游荡无羁，河道变迁无常；夏秋涨水，泛滥成灾。岷江水流中推移质数量多、粒径大，河床容易淤积。平水年推移质输沙量约 150 万 t，最大粒径超过 1m。对一座引水工程而言，引水、分洪和排沙是相互影响、相互对立的三个方面。只有在引进充足水量满足下游用水要求的同时，避免引水过多发生洪灾，防止泥沙淤塞渠道，才能保证工程效益正常发挥。许多现代水利工程一般通过设置引水闸、分洪闸和冲沙闸，从时间、空间上将引水、分洪和排沙分开控制，从而满足上述要求。都江堰是一座两级分水、两级排沙的无坝引水工程。由于没有大坝，几乎不产生淹没损失，对周围的生态环境也没有明显的不利影响。都江堰渠首枢纽的主要工程设施包括：百丈堤、都江鱼嘴、金刚堤、飞沙堰、人字堤和宝瓶口等，其作用为分水、溢洪、排沙、引水和护岸。前人在没有全面认识自然规律和掌握水利科学知识的条件下，从河流水沙运动的整体出发，通过选择都江鱼嘴、飞沙堰和宝瓶口的合理位置和恰当规模，以调节为手段，发挥自然系统自适应、自组织的内在机制，以简单驾驭复杂，协调平衡各种矛盾，把引水可靠、防洪安全和排沙有效和谐地统一在水沙运动的动态平衡之中。都江堰是战国时期蜀郡守李冰在公元前256～251年间率领劳动人民修建的。司马迁在《史记·河渠书》中记述："于蜀，蜀守冰凿离碓，辟沫水之害，穿二江成都之中。此渠皆可行舟，有余则用溉鸡，百姓飨其利。"晋代人常璩在《华阳国志·蜀志》中更详细地记述了李冰的业绩："冰能知天文地理……冰乃壅江作堋，穿郫江、检江，别支流双过郡下，以行舟船；岷山多梓、柏、大竹，颓随水流，坐致材木，功省用饶。又溉灌三郡，开稻田，于是蜀沃野千里，号为陆海。旱则引水浸润，雨则杜塞水门。故记曰：'水旱从人，不知饥谨，时无荒年，天下谓之天府也。'"都江堰水利工程设计科学，运行合理，效益卓著，活力无穷。2000多年来，不断为中华民族的历史添景增色。如今已发展成为一座具有灌溉、航运和防洪等综合效益的现代大型水利工程，有效灌溉面积已达到1000万亩。下面具体探讨都江堰分水、排沙的原理以及这些原理成功实施的原因。

（二）因势利导协调水沙运动

都江堰在解决分水排沙矛盾时，突出了系统与周围环境的高度协调性。渠首工程有意布置在岷江出山口的一个弯道上，根据弯道水沙运动规律，通过合理选择有关工程设施的地理位置，成功实现了分水排沙功能。都江鱼嘴是修筑在岷江干流江心洲上的分水堤，起第一级分水排沙作用。它把岷江分成内、外二江。内江主要作引水河道，将岷江部分水量引导到地势较高的宝瓶口，外江主要作泄洪输沙河道。在都江鱼嘴的作用下，洪水季节，岷江60%的水量和绝大部分泥沙进入外江，内江仅引进40%的水量。而在枯水季节，鱼嘴将60%的水量引入内江，以满足下游灌区用水要求，仅将40%的水量排入外江。这就是古人所称的"鱼嘴分四六"原则，并为现代观测资料所证实。可以看到，内江位于河流弯道凹岸一侧，外江位于凸岸一侧。河流弯道水流特点是"低水傍岸，高水居中"。枯水季节，水流动能小，主流线曲率大，主流靠近凹岸。加上凹岸一侧河床深，内江过水断面大于外江。因此，在鱼嘴作用下，大部分水量进入内江。枯水季节河流中泥沙少，排沙不是主要矛盾。洪水季节，水流动能大，惯性作用强，主流离开凹岸，居于河道中间。加上此时外江过水断面大于内江，鱼嘴将大部分水量送到外江。虽然洪水季节河道中泥沙多，但主流流速高、能量大，挟沙力强，大部分泥沙随主流运动，排到外江中去了。因此，只要确定鱼嘴的恰当位置，就可以按照需要调节内、外江分流排沙比例。洪水季节进入内江的水量远远超过下游用水要求，水流中还挟带了一定的泥沙。都江堰利用宝瓶口和飞沙堰进行第二级分水排沙。宝瓶口是控制下游引水的咽喉。内江水位较低时，飞沙堰起拦水进入宝瓶口的作用。洪水期间则形成都江堰最壮观的分水排沙景象：宝瓶口在引进足够数量的清水到下游灌区的同时，飞沙堰则让泥沙随着多余水量从堰顶排到外江之中，引水、分洪与排沙从时空两方面高度统一在河道水沙运动之中。

与鱼嘴分水排沙原理类似，都江堰第二级分水排沙功能的实现也是利用飞沙堰和宝瓶口的合理位置对水沙运动进行调节。宝瓶口位于河流弯道凹岸一侧，飞沙堰则在凸岸一侧。水流在河流弯道中形成螺旋状环流：在水流顺江向下运动的同时，表层流流向凹岸，底层流流向凸岸。另外，在重力作用下，表层流中泥沙含量少，底层流中泥沙含量多。处于凹岸的宝瓶口正对表层流流向，处于"正面取水"的势态，将泥沙含量较小的表层流引到下游；处于凸岸的飞沙堰正对底层流流向，挟带泥沙的底层流从堰顶翻越到外江。这样，在河道螺旋环流的作用下，宝瓶口引水，飞沙堰溢洪排沙在空间上非常协调，时间上高度统一。根据实测资料分析，当岷江流量超过2000m³/s，内江流量超过1000m³/s，飞沙堰分流比超过40%，分沙比可达70%左右。水量越大，飞沙堰分流比越高，排沙效果越显著。

（三）调节为主简单驾驭复杂

为了实现都江堰水利工程运行目标，第二级分水排沙过程必须比第一级更为精确。单靠宝瓶口、飞沙堰的合理位置尚不能达到这一要求，必须对影响水沙运动的关键因素进行定量控制。定量控制的手段是"功垂不朽、千秋永鉴"的都江堰治水"六字诀"——"深淘滩，低作堰"。

"低作堰"指的是飞沙堰不宜修得太高。飞沙堰附近河道能否形成一种对引水排沙同时有利的流态完全取决于飞沙堰的高度。要使飞沙堰有效排沙，河道中必须保持良好的环流流态。若飞沙堰高，这种环流就无法形成，挟带泥沙的底层流就越不过飞沙堰。另外，若飞沙堰太低，对排沙当然有利，但大部分水量均从飞沙堰流进外江，宝瓶口的引水流量难以满足下游用水的要求。协调这一矛盾的办法就是找到适宜的飞沙堰堰顶高程，使飞沙堰在有效排沙的前提下，宝瓶口引水流量尽可能大。在工程运行中，飞沙堰堰顶高程由宝瓶口崖壁上刻画的"水则"来确定。《宋史·河渠志》记述："岁作侍郎堰（飞沙堰旧称），必以竹为绳，自北引而南，准水则第四以为高下之度。"

"深淘滩"指岁修时必须深掏宝瓶口口门前的河床。由于飞沙堰堰顶高程受排沙制约已经确定，宝瓶口口门前水面高程也随之确定了。而宝瓶口口门宽度是固定不变的（宽

17m）。这样，增加宝瓶口引水流量的惟一途径是深掏宝瓶口前的河床，向下扩大进水断面。因此在《灌江备考》中有"深淘一尺，得水一尺"之说，在工程实践中埋有"卧铁"作为深掏的控制标准。

（四）共生互补高效和谐可靠

都江堰地处岷江推移质高沉积河段，飞沙堰的排沙效果也是十分惊人的。不仅100多kg的卵石可以从堰顶排出，1966年竟从堰顶排出过2t多重的石块！飞沙堰上水流能量从何而来？宝瓶口以上内江河道宽70m左右，纵坡降达0.5%。内江的螺旋状环流中，顺江向下的流速分量较大，横向流速分量较小。如果没有飞沙堰，湍急的水流到达宝瓶口时，由于过水断面突然束窄，流速大大减小，大部分水流动能转变为势能，宝瓶口门前壅水，迫使泥沙沉积。这就是所谓"静水停泥"过程。为了防止泥沙沉积，必须修建冲沙设施，并提供有能量的水流来冲沙，称之为"动水冲沙"。"静水停泥、动水冲沙"是现代水利工程解决泥沙问题的常用方法。都江堰与上述方法完全不同。宝瓶口与飞沙堰相互配合、共生互补，形成了自组织机制。由于宝瓶口附近设有飞沙堰，为即将束窄的水流提供另一条横向通道。附近河道中的螺旋环流态也随之发生急剧变化，顺江向下的流速分量因宝瓶口口门束窄被迫减小时，并非使动能转变为势能，而是使横向流速分量相应增大。同时，水中的泥沙运动状态也随之改变。由于水流以更大的速度冲向飞沙堰，这样就为排沙提供了有利条件。水流挟沙力与相应方向的流速的高次方成正比，飞沙堰的排沙效果变得极其显著。在宝瓶口、飞沙堰的自组结构中，不仅泥沙运动不必经过"由动到静，再由静到动"的耗费能量的过程，而且把顺江向下流速分量减小迫使泥沙沉积这一不利因素直接转变为排沙动力——横向流速分量增大，化害为利，共生互补。在物质（水量）和能量（流速）一定的条件下，其排沙的效果自然比"静水停泥，动水冲沙"模式要好得多。

（五）反馈循环不断完善发展

为什么没有掌握现代科学技术的古人能够创建科学合理，令今人为之赞叹的都江堰？为什么2000多年来都江堰功效卓著、盛久不衰、活力无穷？前人是如何找到了"深淘滩、低作堰"这一影响分水排沙关键因素及其定量控制准则的？大量的史料证实，都江堰不是在李冰一代或某一历史时期内全面建成的，而是通过历代增修逐步发展完善的。从"引言"中引用的两条史料可知，李冰主修都江堰时，在岷江江心洲上修建的分水堤（"壅江作堋"），并引水到成都平原（"穿二江成都之中"）。当时的都江堰以航运为主，灌溉为辅。经西汉孝文帝末年的扩建，到东汉、三国时代已发展成为设有专职官员进行管理的灌溉工程。唐代是都江堰发展史上又一关键时期，经多次大规模扩建，修建了榿尾堰（鱼嘴）、侍郎堰（飞沙堰）。从此，都江堰具备了多层次的分水排沙功能，各类工程设施的结构与布局已趋成熟，以后各代没有本质的变化。宋代不仅对都江堰进行扩建，而且制订了严格的岁修制度，并为以后各代相沿袭。与各工程设施的布局、结构相比，掌握调节水沙运动的关键因素——"深淘滩，低作堰"及其精确的控制标准，则经历了更长的时间。《华阳国志·蜀志》记载：李冰"于玉女房下白沙邮作三石人，立三水中，与江神约：水竭不至足，盛不没肩"。这是都江堰最早的观测水位、控制分水的标记。《宋史·河渠志》首先详细描述了宝瓶口石壁上的水则及侍郎堰高度的确定方法，水则这一创举一直为后人继承，但各朝代刻画数不尽相同。有关"深淘滩、低作堰"的确凿记载，最早出现在明洪武初年成书的《元史·河渠志》中，明代在凤栖窝河床中深埋铁棒两根，平卧江底，名为"卧铁"，作为掏滩深度的终止标记。在都江堰水利工程演变过程中，有三个值得重视的特点：1. 随着生产力的发展，都江堰灌区不断扩大，用水要求不断增长。2. 完善了有专人组织实施的大修、岁修与抢修制度。3. 各类工程设施始终采用石料竹木等当地产的材料构筑，费用低廉，易修善管。自李冰主修都江堰后2000多年来，为了满足下游灌区不断增长的用水要求，历代劳动人民在大修、岁修过程中，总是试图通过增减各类工程设施或改变它们的位置、规模及结构来增加宝瓶口的引水流量。如果某一措施达到了预定目的，同时在防洪和排沙方面未产生不利影响，这一措施就会保持下来，甚至在下一次大修岁修中强化；如果某一措施导致下游灌区发生洪灾，或泥沙淤积渠道，或危及工程安全，这一措施将会取消或淡化。这样就形成一个利用信息反馈，通过大修岁修改变工程布局、规模与结构的过程，在满足防洪安全、排沙有效和运行可靠的前提下，达到增加宝瓶口引水流量的目的。这一过程几乎一年或几年重复一次。在2000多年的历史进程中，人们几乎尝试了一切可能增加宝瓶口引水流量的方法，实践也无情地检验了这些方法。凡是科学合理、有效可靠的措施都保留下来了，凡是违背客观规律的措施，或迟或早都被淘汰掉了。这样，尽管前人没有全面掌握自然规律和先进的科学技术，但在生产力不断发展的推动下，在追求工程最佳效益的不懈探索中，经过实践的反复检验，逐步找到了各工程设施最适宜的位置、最完善的结构、最恰当的规模；逐步找到了影响分水排沙的关键因素及其定量控制准则；使都江堰水利工程在社会、经济、生态环境和工程技术等各方面都呈现出最优性能。

（六）启发

都江堰水利工程在不过分改变河川径流的天然状态前提下，以简单的工程设施调节复杂的水沙运动，从而取得了显著的社会、经济和生态环境效益。前人在没有完全掌握客观规律的时候，以生产力发展为动力，从调理功能着手，利用有效的信息传递与反馈，辨证探方，"摸着石头过河"，使都江堰水利工程不断完善发展，始终保持着最优状态，从而盛久不衰、活力无穷。

第十章　水利行业发展现状

第一节　我国水利建设与管理的发展和成就

一、我国水利建设与管理的发展

（一）我国的基本水情

由于我国地域广大，地势高低不同，大多数地区处于季风气候区，另外，我国人口众多，与其他国家相比，我国的水情更具特殊性、复杂性，所以，根据我国的地域、气候、河流等诸多原因，主要可以分为以下四个部分。

一是我国水资源分布不均，部分地区水资源严重短缺。我国的水资源现状，一直很不乐观，基本状况是人多水少、水资源时空分布不均匀，南多北少，沿海多内地少，山地多平原少，耕地面积占全国64.6%的长江以北地区仅为20%，近31%的国土是干旱区（年降雨量在250mm以下），生产力布局和水土资源不相匹配，供需矛盾尖锐，缺口很大。从水资源时间分布来看，降水年内和年际变化大，60%～80%主要集中在汛期，地表径流年际间丰枯变化一般相差2～6倍，最大达10倍以上；而欧洲的一些国家降水年内分布比较均匀，比如英国秋季降水最多，占全年的30%，春季降水最少，也占全年的20%，丰枯变化不大。从水资源空间分布来看，北方地区国土面积、耕地和人口分别占全国的64%、60%和46%，而水资源量仅占全国的19%，其中黄河、淮河、海河流域GDP约占全国的1/3，而水资源量仅占全国的7%，是我国水资源供需矛盾最为尖锐的地区。由于气候变化和人类活动的影响，自20世纪80年代以来，我国水资源形势发生明显变化，北方黄河、淮河、海河、辽河流域水资源总量减少13%，其中海河流域减少25%。从总体看，我国水资源并不优越，尤其是水资源分布不均，导致我国水资源开发利用难度大、任务重，部分地区水资源严重短缺。

二是我国南北差异巨大，河流结构复杂。河流的水源来自雨水、季节性积雪融水、永久积雪和冰川融水、湖泊、沼泽水和地下水。雨水补给是赤道、亚热带及温带地区多数河流的主要补给源，以雨水补给为主的河流，其水量及变化主要取决于流域上的降雨量及其随时间的变化过程。北温带及寒带地区，河流洪水主要来源于春季积雪融化，河流中水量及其变化与流域上积雪量和春季气温变化情况有密切关系。寒带极地及北温带的高山地区，冰川缓慢地移动到雪线以下消融而补给河流，河流水量及其变化取决于流域内永久积雪和冰川的储量以及春夏季气温情况。对多数河流来说，地下水补给也是河流补给的重要组成部分，它是一种相对稳定的河水补给。我国江河众多、水系复杂，流域面积在100平方公里以上的河流有5万多条，按照河流水系划分，分为长江、黄河、淮河、海河、松花江、辽河、珠江七大江河干流及其支流，以及主要分布在西北地区的内陆河流、东南沿海地区的独流入海河流和分布在边境地区的跨国界河流，构成了我国河流水系的基本框架。河流水系南北方差异大，南方地区河网密度较大，水量相对丰沛，一般常年有水；北方地区河流水量较少，许多为季节性河流，含沙量高。河流上游地区河道较窄、比降大，冲刷严重；中下游地区河道较为平缓，一些河段淤积严重，有的甚至成为地上河，比如黄河中下游河床高出两岸地面，最高达13米。这些特点，加之人口众多、人水关系复杂，增大了我国江河治理的难度。

三是地处季风气候区，暴雨洪水频发。海陆表面的热力差异导致海洋和陆地之间气压和风向的季节变化而形成的季风环流与具有日变化的海陆风是不同的，虽然都是海陆热力差异引起环流变化，但前者的空间尺度和周期要比海陆风大得多，海陆风是在沿海地区由气压的日变化引起的昼夜风向变化，以一天为周期，且仅局限在有限的沿海附近，而季风的风向和气压场转换周期为一年冬季大陆冷高压，海洋热低压夏季大陆为热低压，海洋为高压冷源。因此海陆热力作用的季节变化与季风演变之间有密切的关系，对中国东部季风区而言，冬季风盛行时，大陆影响大于海洋夏季风盛行时，海洋影响大于大陆，两者的相互转换主要取决于太阳辐射的变化，且海陆热力差异的季节变化最明显地体现在气压场的季节变化上，所以，受季风气候影响，我国大部分地区夏季湿热多雨、雨热同期，不仅短历时、高强度的局地暴雨频繁发生，而且长历时、大范围的全流域降雨也时有发生，几乎每年都会发生不同程度的洪涝灾害。比如，1954年和1998年，长江流域梅雨期内连续出现9次和11次大面积暴雨，形成全流域大洪水；1975年8月，受台风影响，河南驻马店林庄6小时降雨量高达830毫米，超过当时的世界纪录，造成特大洪水，导致板桥、石漫滩两座大型水库垮坝。我国的重要城市、重要基础设施和粮食主产区主要分布在江河沿岸，仅七大江河防洪保护区内就居住着全国1/3的人口，拥有22%的耕地，约一半的经济总量。随着人口的增长和财富的积聚，对防洪保安的要求越来越高，对洪水的防治越来越重视。

四是我国生态环境脆弱，水土流失严重。我国是世界上生态脆弱区分布面积最大、脆弱生态类型最多、生态脆弱性表现最明显的国家之一。我国生态脆弱区大多位于生态过渡区和植被交错区，处于农牧、林牧、农林等复合交错带，是我国目前生态问题突出、经济相对落后和人民生活贫困区。同时，也是我国环境监管的薄弱地区。加强生态脆弱区保护，增强生态环境监管力度，促进生态脆弱区经济发展，有利于维护生态系统的完整性，实现人与自然的和谐发展，是贯彻落实科学发展观，牢固树立生态文明观念，促进经济社会又好又快发展的必然要求。另外，由于特殊的气候和地形地貌条件，特别是山地多，降雨集中，加之人口众多和不合理的生产建设活动影响，我国是世界上水土流失最严重的国家之一，水土流失面积达356万平方公里，占国土面积的1/3以上，土壤侵蚀量约占全球的20%。从分布来看，主要集中在西部地区，水土流失面积297万平方公里，占全国的83%。从土壤侵蚀来源来看，坡耕地和侵蚀沟是水土流失的主要来源地，3.6亿亩坡耕地的土壤侵蚀量占全国的33%，侵蚀沟水土流失量约占全国的40%。此外，我国约有39%的国土面积为干旱半干旱区，降雨少，蒸发大，植被盖度低，特别是西北干旱区，降水极少，生态环境十分脆弱。比如塔里木河、黑河、石羊河等生态脆弱河流，对人类活动干扰十分敏感，遭受破坏恢复难度大。其次，中国是个多山国家，山地面积占国土面积的2/3；又是世界上黄土分布最广的国家。山地丘陵和黄土地区地形起伏。黄土或松散的风化壳在缺乏植被保护情况下极易发生侵蚀。大部分地区属于季风气候，降水量集中，雨季的降水量常达年降水量的60%～80%，且多暴雨。易于发生水土流失的地质地貌条件和气候条件，这都是我国环境脆弱、水土流失的主要原因。

（二）我国水利建设现状

水利工程建设关系着我国的全面发展，国家对此非常地重视，并多次强调要大力发展水利建设事业，为社会经济的发展保驾护航，更关乎到人民群众的生命财产安全。水利工程设计的意义在于实现多项建设目标，它对水利工程项目的安全性及其功能的发挥，具有至关重要的作用，实际上就是灵魂与核心。在大力发展现代水利工程，实现国民经济快速增长的今天，加强对水利工程设计现状及其发展趋势的研究，具有非常重大的现实意义。水利工程是用于控制和调配自然界的地表水和地下水，达到除害兴利目的而修建的工程。水是人类生产和生活必不可少的宝贵资源，但其自然存在的状态并不完全符合人类的需要。只有修建水利工程，才能控制水流，防止洪涝灾害，并进行水量的调节和分配，以满足人民生活和生产对水资源的需要。水利工程需要修建坝、堤、溢洪道、水闸、进水口、渠道、渡漕、筏道、鱼道等不同类型的水工建筑物，以实现其目标。中华人民共和国成立之初，我国大多数江河处于无控制或控制程度很低的自然状态，水资源开发利用水平低下，农田灌排设施极度缺乏，水利工程残破不全。60多年来，围绕防洪、供水、灌溉等，除害兴利，开展了大规模的水利建设，初步形成了大中小微结合的水利工程体系，水利面貌发生了根本性变化。

一是我国的防洪抗灾体制基本完善。近年来，按照现代水利、可持续发展水利的思路，水利部编制完成了一系列水利规划，保证了各项水利重点工程的开工建设。国务院批复了首都水资源、黑河治理、塔里木河治理、黄河近期治理等规划，批转了长江、松花江、嫩江、太湖、淮河、海河等近期防洪建设意见。水利部会同有关部门制订了全国农业节水发展纲要、西部地区水利发展规划纲要，制订了全国病险水库除险加固专项规划和农村饮水解困工程意见。目前，正在抓紧南水北调工程总体规划、全国防洪规划和全国水资源综合规划的编制工作。七大江河基本形成了以骨干枢纽、河道堤防、蓄滞洪区等工程措施，与水文监测、预警预报、防汛调度指挥等非工程措施相结合的大江大河干流防洪减灾体系，其他江河治理步伐也明显加快。目前，全国已建堤防29万公里，是中华人民共和国成立之初的7倍；水库从中华人民共和国成立前的1200多座增加到8.72万座，总库容从约200亿立方米增加到7064亿立方米，调蓄能力不断提高。大江大河重要河段基本具备防御中华人民共和国成立以来发生最大洪水的能力，重要城市防洪标准达到100～200年一遇。今年，长江九江段、鄱阳湖发生21世纪以来最大洪水，我省遭受严重洪涝灾害，亟待开展灾后水利建设，进一步提高防汛抗洪能力，进一步提高堤防标准，基本消除病险水库、山塘的安全隐患；完成重点水毁工程修复治理，增强农村重点地区排涝应急能力；水利工程管理和防汛应急体制机制进一步完善，管理水平和能力显著提升，使我国的抗洪防灾体制基本得到系统完善。

二是完善农田水利配套，构建流域灌排体系。20世纪70年代初期，在完成骨干河道治理的同时，为解决滚坡水成灾，在对支流河道和主要洼地的治理上，采取高低水分排、洪涝水分排、排灌分设和分割治水的措施，调整了支流排水线路，对解决滚坡水发挥了明显作用。特别是20世纪50～70年代，开展了大规模的农田水利建设，大力发展灌溉面积，提高低洼易涝地区的排涝能力，农田灌排体系初步建立。全国农田有效灌溉面积由中华人民共和国成立初期的2.4亿亩增加到目前的8.89亿亩，占全国耕地面积的48.7%，其中建成万亩以上灌区5800多处，有效灌溉面积居世界首位。通过实施灌区续建配套与节水改造，发展节水灌溉，反映灌溉用水总体效率的农业灌溉用水有效利用系数，从中华人民共和国成立初期的0.3提高到0.5。农田水利建设极大地提高了农业综合生产能力，以不到全国耕地面积一半的灌溉农田生产了全国75%的粮食和90%以上的经济作物，为保障国家粮食安全做出了重大贡献。另外，全国累计修建农村各类饮水工程315万处，解决了干旱缺水地区2亿多人，1.3亿头牲畜的饮水困难。改善了群众生产生活条件。在人口稠密地区建成乡镇供水工程3.2万处，日供水能力达到5000万t，受益人口达到1.5亿人，受益企业24万个，有力地促进了小城镇建设和乡镇企业的发展，完善了我国水利设施，构建了完善的灌排体系。

二、我国水利建设成就

（一）水利工程中存在的一些问题

水利工程是国家经济建设中十分重要的项目之一，其发展的速度和工程建设的质量关系到我国农业的发展，关系到人民的生活和社会的稳定。然而因为我国对水利工程的管理还处于初级阶段，水利工程本身又比较复杂，工程量大且建设周期长，所以在管理方面和国外发达国家还是有一段差距。我们必须要正视水利工程管理中存在的问题，然后积极主动地去面对去完善，因为只有发现管理中的问题，消除这些阻碍水利工程的因素，才能保证水利工程项目的顺利进行，才能拓展水利工程的发展空间。首先是水利工程管理人员素质偏低。通过对水利工程管理的调查和研究，能够发现在水利工程管理中，管理工作人员素质普遍适应不了现代化的水利工程管理工作，尤其是在一些偏远地区的水利工程区域，整个水利工程管理人员往往还是按照传统的管理方式进行管理，很多地区的管理方式较为传统落后。当然一些发达地区的水利工程管理人员人才饱和与偏远基层人才缺乏的现象是同时存在的，所以就必须要对整个管理人员的素质和管理方式进行优化调整，才有助于提高整个水利工程管理的效率。

其次，勘测设计不合理。在水利工程施工中，由于施工企业缺乏经费，使项目计划书、设计文本以及可行性报告等组成的项目规划只能是对现有资料的分析，对施工的现场环境、水资源的配置以及当地的经济状况都缺乏有效的分析。这样就不能对工程进行全方位的考察检测，使水利工程整个项目的立项和评估都没有达到标准要求，这样就严重影响了水利工程的施工质量。另外，水污染严重，水环境日益恶化，我国每年未处理水的排放量是 2000 亿 t，这些污水造成了 90% 流经城市的河道受到污染，75% 的湖泊富营养化，并且日益严重。因此，在南方地区，多为水质性缺水。我国一方面严重缺水，另一方面水资源浪费也很严重。1 万元的 GDP 用水是世界平均水平的 5 倍。同时，各种工业废水、工业冷却水、工业废弃物存放引起的水体恶化等都影响到民众的身体健康。

最后，从农田水利管理体制上分析，过去大中型水库、支渠桥涵、管闸等设施虽然是由地方政府的财政直接投入，但其工程施工方的人工费用大部分由当时公社组织，农村劳动力义务或是在很微薄的补偿之下完成，其日常的管理和维护主要由水利局主管部门负责，设备的维护费用一般由地方政府财政部门额外补贴或是公社集体经济募集资金，水道清淤所产生的劳力成本一般由村各个小组集体负担，主要管理形式是组织灌溉农田受益区的农民义务完成。随着农村水利建设综合改革的发展，乡镇水利事业发展受到严重挑战。原因是水利站作为水利部门在乡镇的办事机构，同其他七站八所全部被改制成为以钱养事的机制。另外，由于政府对农田水利建设的投入不足，使得农田水利建设的管理跟不上进度，以上几点都是水利工程建设中存在的主要问题。

（二）水利工程管理的发展趋势

我国当前水利工程管理不仅要结合水利工程管理中存在的问题，而且还应从水利工程的长远发展来规划水利经济的发展机制。我国水利工程良性循环发展机制还应从提高人们的节水意识方面进行宣传，在平时的点滴生活中加以渗透，提倡人民对水资源的重复利用、避免水资源的污染等。水利工程规划的目的是全面考虑、合理安排地面和地下水资源的控制、开发和使用方式，最大限度地做到安全、经济、高效。当前世界多数国家出现人口增长过快，可利用水资源不足，城镇供水紧张，能源短缺，生态环境恶化等重大问题，都与水有密切联系。水灾防治、水资源的充分开发利用成为当代社会经济发展的重大课题。水利工程的发展趋势主要是：(1)防治水灾的工程措施与非工程措施进一步结合，非工程措施越来越占重要地位；(2)水资源的开发利用进一步向综合性、多目标发展；(3)水利工程的作用，不仅要满足日益增长的人民生活和工农业生产发展的需要，而且要更多地为保护和改善环境服务；(4)大区域、大范围的水资源调配工程，如跨流域引水工程，将进一步发展；(5)由于新的勘探技术、新的分析计算和监测试验手段以及新材料、新工艺的发展，复杂地基和高水头水工建筑物将随之得到发展，当地材料将得到更广泛的应用，水工建筑物的造价将会进一步降低；(6)水资源和水利工程的统一管理、统一调度将逐步加强。所以，根据新形势下的经济社会发展要求，加强水利工程管理，把水利工作的重点转移到管理工作上来，确保工程的安全运行和提高发挥工程的综合效益，是水利管理工作永恒的主题。水利工程管理是一项综合性工作，涉及面很广，几乎与国民经济各个部门均有关系，应当全面考虑防洪、治涝、灌溉、发电、工业与民用供水、航运、水产等各方面的需要，在确保安全的前提下，统筹兼顾兴利与除害的关系，上游与下游的关系，近期与远景的关系，充分发挥工程的综合效益，是我国水利工程发展的主要趋势。

（三）我国水利建设主要成就

水利建设是我国社会发展的重要动力，也是社会发展不可代替的生命资源。我国水资源短缺，水需求量不断增加，并且水旱灾害频繁。随着经济的发展，从国家全局性和战略性的角度出发，水资源必须保障能够得到可持续利用。因此，从严峻的水资源形势出发，必须实行最严格的水资源管理制度，实现由供水管理向需水管理转变，开源节流并举，进一步加强水资源的管理和保护水平。我国的水利建设，可以上溯到夏朝的大禹治水，已有四千多年的历史。这一方面说明中国文化之悠久，另一方面也说明中国的水资源分布有不利之处，人民为了生存和发展，不得不很早就兴修工程以抗御灾害。中国位于欧亚大陆东南部，濒临太平洋，西北接入欧亚大陆腹地，地势西高东低，季风气候明显。季风气候的强烈变异性，导致降水时空分布的极不均匀，从而产生频繁的水旱灾害。所谓降水的时空不均性，在空间上表现为西部、北部的干旱和东部、南部的湿润。现阶段，国家对农田水利建设给予了大力的支持，由此取得了非常大的成就，但是就目前工程建设水平而言，与新农村建设水平还相去甚远。比如，虽然某些农村地区有水利工程，但是由于运行时间比较长，而且当时的施工技术水平有限，有很多水利工程都是由农民手工完成，结构简单，也没有专业的人员加以指导，再加之，当时民众的后期维护意识非常差，所以很多水利工程由于年久失修，已经无法使用。在我国，水利工程建设都需要一次性投资完成，回收期非常长，同时还具有公共使用性。很多农村地区，由于水利工程年久失修，相关设备报废等情况时有发生，这对后期维修有一定的影响，但是与工程建设也有莫大的关系。目前，中国除了三峡工程外，还有"大西线南水北调工程"。这项空前伟大的水利工程足以改善国家的生态环境和国家的经济发展布局。方案构思是利用西藏高原（海拔5000米）到西北内陆盆地（海拔3380米）的落差；和西南多雨，西北干旱的降水量差距，从西藏雅鲁藏布江调水至四川阿坝草地入黄河。有关科研机构建议在雅鲁藏布江朔马滩筑92米之堤坝，将水位抬高至海拔3581米，引水到波密入怒江。在夏里筑坝堵江，此坝高396米，筑成后是雅黄工程第一大水库，往东引水入澜沧江。在昌都麦曲水库筑坝181米高，引水东进入金沙江。再建金沙江大水库，坝高386米，将水引入雅砻江。在甘孜南筑坝，高100米，引水东至卜水河，经大渡河上游的多柯河和麻尔柯河，再过若尔盖草地入黄河。流程全长达1800公里，引水量2000亿立方米，工程造价逾2250亿元，建设工期五年。我国西北地区，地处欧亚大陆的干旱和半干旱区，气候干燥少雨，植被稀疏，生态环境恶劣，以致农耕困难，经济贫困落后。为了解决西北地区日益沙漠化，必须从根本上解决水的问题。我国南水多，北水少。因此南水北调有利同时解决南涝北旱的灾荒。随着我国水利建设的不断完善，将对我国经济、社会、生态有巨大的效益。

第二节 水利建设与管理的意义

在我国各方面发展中，水利工程作为一项重要的基础设施，可以发挥很大的作用，并且它还可以保障和服务民生，有效促进国民经济和社会的发展。因此，就需要对水利工程管理进行强化，保证工程可以稳定安全地运行，将水利工程效能充分地发挥出来，扩大经济效益，提高水资源供给以及生态保护的能力，为社会经济发展做出更大的贡献。另外，水利工程是我国国民经济和社会发展的重要物质基础，长期以来，水利工程在防洪、排涝、防灾、减灾等方面对国民经济的发展做出了重大的贡献，同时在工业生产、农业灌溉、居民生活、生态环境等生产经营管理中发挥了巨大的作用。加快水利工程管理体制改革的步伐，分析体制改革中存在的主要问题，研究解决这些问题的措施，促进水利工程管理单位的健康发展，实现水资源的可持续利用，则是我国水利建设未来的重要目标。我国的发展需要水力资源的大力支持，为东部的经济建设提供源源不断的动力，我们可以自信地说中国在不远的将来将会创造更大的奇迹，水利建设的完善将带动我国的经济与科技等多方面发展。

一、水利工程建设与管理的重要性

我国的经济在改革开放之后迅速发展，国民生活水平大幅度提高。各项制度也在不断完善，在水利设施建设上也大刀阔斧地进行开发。随着经济的高速发展，水资源需求也急速增加，水利工程建设与管理的完善与进步都推进了我国经济等方面的迅速发展。水利工程在我国已经存在了很长的一段时期，为我国国民经济的发展做出了突出贡献，不仅具有防洪排涝的作用，还可以有效地抗旱和减灾。因此，就需要将水利工程管理的步伐适当加快，促进水利工程管理单位更好更快地发展，提高水资源的利用率，将环保作用充分的发挥出来。水资源在人们的生活中是不可或缺的，因此，为了更好地满足人们的生活需求，同时也为了更好地促进经济的发展，一定要对水资源进行更好的利用。人们在生活和工作中要利用的水资源通常情况下是指在自然条件下形成，是不需要人们利用技术手段就能够直接使用的水资源，因此，在进行水资源开发的时候，要对自然规律进行了解，这样能够更好地利用科学技术对水资源进行统筹规划。在经济快速发展的情况下，人口数量也在不断增长，这样就使得在这种情况下，水资源出现了越来越紧缺的情况，水资源的紧缺使得它人们生活中的地位越来越高，因此，建设水利工程对我国发展势在必行。

另外，水利工程管理是一项非常综合的学科，而且，在进行管理的时候也是各个学科相互交叉，因此，在进行管理的时候也非常的复杂，影响因素众多。为了更好促进我国经济的发展和社会的进步，近年来，水利工程的建设项目越来越多，而且水利工程建设对国民经济的影响越来越重要。在水利工程建设项目不断增多的情况下，水利工程建设也出现了越来越多的情况，而且，在进行施工的时候也出现了水利工程管理任务越来越重的情况。在水利工程建设过程中进行必要的管理非常重要，因此，要想更好地建设水利工程一定要更好地增强水利必要的产权意识，同时在管理方面要提高水平，这样能够更好地完善经营管理体制。其次，在水利工程方面，基础就是建设，而十分关键的内容则是管理。俗话说：三分建，七分管，足以看到管理的重要性；通过实践研究表明，水利工程的效益发挥以及水利工程的正常运行会在很大程度上受到工程管理质量的影响。水利工程建设得再好，管理质量较低，经常出现损坏等问题，那么水利工程的作用也无法充分发挥出来。因此，对水利工程管理工作进行强化，保证完成建设的工程处于一个最佳的工作状态，将工程的效能充分发挥出来，在水利建设方面有很重要的影响。

二、水利工程对国民经济发展的作用

随着社会的快速发展，水利已经成为国民经济的基础产业和基础设施，具有"兴利"和"除害"的功能，水利工程则是水利经济的载体，按其功能性质划分，水利投资结构包括防洪工程投资、灌溉工程投资、水库工程投资、供水工程投资、水土保持工程投资及其他工程投资等。水利作为国民经济的基础产业和基础设施，其对于国民经济的发展显然也具有一定的拉动作用。另外，水利工程经济效益是指有工程和无工程相比较所增加收益或减少的损失，如提供生产使用水使工农业增产所获得的收益，兴建防洪除涝所减少洪涝灾害损失。水利工程作为一项基础设施，与人们的生产生活紧密相连，搞好水利工程，充分发挥其经济效益，对推动整个社会的发展有着不可替代的作用。改革开放之后，我国的社会经济发展得到了迅速的发展，水利建设对于作为我国经济和社会发展的基础也发挥了其不可替代的基础保障作用。我国当前和今后的很长一段时期内，正处于发展的重要阶段。我国的水利建设要进一步加强防止和减少灾害的产生，对水资源要加强节约保护，提高农业的抗灾害的能力和农业的水利基础的保障水平，为我国的粮食生产和安全提供保障并实现现代化。水利作为国民经济和社会发展的基础，决定了水利事业需要相应的大量投入，建立合理的水利基础设施投入结构，加大对已建水利工程的管理和维修养护投入，扩大水利建设的经济效益和社会效益。

三、水利工程对农业发展的作用

水利建设是人类应用自然力量的第一项内容，世界上的文明古国，如中国、古印度、古埃及、古巴比伦早在几千年以前就出现了人工灌溉的农业。建于公元前200多年的中国四川都江堰工程，就是中国古代水利建设的一项伟大成就。在古代农业向近代农业和现代农业转化过程中，农业水利建设日益发展和趋于现代化。主要表现为：农业水利建设从依靠经验转变为依靠科学；水利建设和管理日益机械化、电气化，并应用了电子计算机等尖端技术；并从单纯的工程建设发展到与植树、种草等生物措施相结合，从单纯的排灌水利建设发展到对水资源以及土壤资源的保护和综合利用。其中，农田水利建设就是通过兴修为农田服务的水利设施，包括灌溉、排水、除涝和防治盐、渍灾害等，建设旱涝保收、高产稳定的基本农田。主要内容是：整修田间灌排渠系，平整土地，扩大田块，改良低产土壤，修筑道路和植树造林等。小型农田水利建设的基本任务，是通过兴修各种农田水利工程设施和采取其他各种措施，调节和改良农田水分状况和地区水利条件，使之满足农业生产发展的需要，促进农业的稳产高产。(一)采取蓄水、引水、跨流域调水等措施调节水资源的时空分布，为充分利用水、土资源为发展农业创造良好条件；(二) 采取灌溉、排水等措施调节农田水分状况，满足农作物需水要求，改良低产土壤，提高农业生产水平。随着我国市场经济的进一步繁荣和发展，资本市场对农业的关注度也有所上升，在我国出现了一些较为新兴的灌溉服务公司，以及各地成立的节水抗旱服务组织，在工程的管理运行方面积累了一些经验。各地推广的小型农田水利工程的租赁、拍卖、承包等形式，对于明晰产权，国有资产保值增值，调动农民的积极性都有重要的作用，是推动我国农业发展的主要内在动力。

要实现农村可持续发展需要多方面共同努力，任何一个单方面的工作是无法实现可持续发展战略下农业的科学发展的。农业的可持续发展，首当其冲的是对与农业联系最为密切的水利工程提出了新的要求，水利工程必须顺应农业的发展趋势做出相应的改革和调整，如此才能实现农业的可持续发展。要想保持农业水利工程长期可持续性发展，就必须做好对现有农业水利工程的使用管理和维护工作。唯有做好使用管理和有效的维护，才能为农业生产和人民日常生活奠定良好的基础。要做好水利工程配套设施建设，工程建设每个环节都重要，建设质量一定要保证，绝不能掉以轻心，因小失大，做好工程设施管护，对小型水利工程设施要登记造册，绘制工程分布图，分类排列，对重点工程实施挂牌，专人重点管理，落实目标责任制，确保重大型项目的设施管理安全，真正地让农业水利工程用之于民，造福于民。另外，要把现代水利建设作为关系经济安全、生态安全、国家安全的战略举措，高度重视水利工程建设，着力解决农业靠天吃饭的问题。要全面构建充满活力、富有效率、更加开放、有利于科学发展的水利体制机制，不断完善适合我国国情水情的水利发展模式，以水资源的可持续利用来支撑和保障经济社会又好又快发展。要坚持科学用水，大力发展有效灌溉面积，建设旱涝保收、高效优质的高标准农田，加快推进小型农田水利工程建设，努力做到尽量蓄住天上水、高效使用地表水、合理开发地下水，切实提高供水保障能力。要坚持高效节水，大幅度增加高效节水灌溉资金投入，大力发展节水型设施农业，完善节水灌溉技术服务体系，将大力推进我国农业发展，进而促进我国经济发展。

四、水利工程对生态环保发展的作用

随着我国对生态环境的重视程度的加大，国家在基础设施建设上的投入越来越大，水利工程作为基础设施中的重要环节和基础工程日益受到重视。可持续发展概念的提出要求我们在发展经济、建设开发时要更加注重长远的生态效益，因而我们在进行水利设施建设时必须把环保作为一个重要的考量因素。水利工程的建设对生态环境造成不同程度的影响，在人类享受水利工程带来的巨大经济和社会效益的同时，也使河流、湖泊等水生态系统遭到了破坏，乃至造成对自然生态系统的影响，许多影响具有长期性和不可逆性。在水利工程设计与建设中，应积极主动采取环保措施与对策，确保生态环境健康、持续发展。除此之外，在生态水利工程建设的时候不仅是在规划阶段要融入生态水利的理念，在生态水利工程建设的各个环节中都要融入生态水利的理念，从而更好地促进流域的合理开发以及与自然和谐相处的统一。在进行生态水利工程建设时可以选择就地取材，利用区域内成活率高的喜水性植物来进行河道两岸的保护，从而促进水土的保持、水源的涵养、流域绿化面积的增多以及流域内空气的净化等。同时在进行改建流域时要遵循能宽则宽的原则，保留足够宽度的河漫滩，采取堤防后退等措施来不断增加河道水流的连通性以及河流的最大国过水量，从而给流域中动植物留有足够的栖息地及预防洪水的危害。此外，在生态水利工程建设的评价阶段要建立健全一个完善的生态影响的评价体系，对量化评估标准进行不断的细化，并及时整改和改进那些对流域生态环境不利的环节。

　　水利工程建设不仅推动了人类生产，给人们的生活带来了方便，还促进了自然资源的合理利用，使自然资源得到了更加充分的利用。因此，搞好水利工程对经济建设和社会的发展都有重要的意义。首先，水利工程对土壤环境的影响是利弊参半的，区域内通过筑堤建库、疏通水道等可保护农田免受洪水淹没及冲刷等灾害，并可通过对天然径流与地表径流间的相互调节使得土壤内水分及土壤内的营养成分得到改善。但在浸没区，因土壤中的通气条件很差，而造成土壤中的微生物活动减少，肥力下降，影响作物的生长，从而形成土地浸没。还会由于水位上升引起地下水位上升，土壤出现沼泽化、潜育化，过分湿润致使植物根系衰败，呼吸困难，甚至导致死亡。另外，水利工程在施工过程中会引起诸多环境因素变化，如施工期产生的废污水、废气、噪声、固体废弃物等，会影响施工的卫生环境和当地居民及施工人员的健康。水利工程在运行过程中会改变某些病原体孳生环境及传媒柄息地。例如，阿斯旺水利枢纽工程建成后相关疾病的传媒体不再被洪水冲刷。因此血吸虫病、疟疾、肠胃炎等发病率急剧上升。据统计，水库一带居民血吸虫病发率约为80%，部分三角洲地带几乎高达100%。对当地居民的健康造成严重威胁。其次，水利工程的兴建不仅可以防洪、供水，而且也可以发展供电、航运、港口等各项任务，为国家的国民经济建设和社会发展提供了必要的基础条件，对工农业生产的发展、交通运输条件的改善和人民生活水平的提高等许多方面都起了巨大的促进作用。随着大坝等水利工程的修建，带动了养殖、旅游等新兴产业的发展，同时为能源急速消耗的当代社会提供了电能，使中国这个自古以农业为主的国家在灌溉、供水、排水上得到了更大的发展，为我国的基础建设和经济、环境、工农业的发展提供了源源不断的内在动力。

第三节　水利建设与管理的任务和内容

水利建设是社会发展的主要动力，是各项产业发展的重要依托，是推动经济发展的重要动力。加快发展现代水利是各省经济社会进一步发展的必然选择，意义重大，刻不容缓。现在水利基础设施建设滞后问题十分突出，与其在经济社会发展中的基础性、全局性、战略性地位极不相称。现有农田水利基础设施标准低，老化失修严重，抗御水旱灾害能力不强，与打造千亿斤粮食产能工程和发展现代农业的要求不相适应；水资源调控能力不足，难以满足经济社会发展对水资源的需求，与加快工业和煤电化基地建设以及保障城市供水安全的要求不相适应；水资源利用结构不合理，用水浪费严重，与建设节约型社会和实现经济社会可持续发展的要求不相适应；农村饮水不安全人口多，水土流失、水污染、水生态环境退化尚未得到有效控制，与建设社会主义新农村和构建和谐社会的要求不相适应；水资源的优势和水利综合效益没有得到充分发挥，与"以水富民、以水兴业"的要求不相适应。水利工程的运用、操作、维修和保护工作，是水利管理的重要组成部分。水利工程建成后，必须通过有效的管理，才能实现预期的效果和验证原来规划、设计的正确性。工程管理的基本任务是：保持工程建筑物和设备的完整、安全，经常处于良好的技术状况；正确运用工程设备，以控制、调节、分配、使用水源，充分发挥其防洪、灌溉、供水、排水、发电、航运、水产、环境保护等效益；正确操作闸门启闭和各类机械、电机设备，提高效率，防止事故；改善经营管理，不断更新改造工程设备和提高管理水平。主要工作内容：(一) 开展水利工程检查观测；(二) 组织进行水利工程养护修理；(三) 运用工程进行水利调度；(四) 更新工程设备，适当进行技术改造。工作方法是：(一) 制定和贯彻有关水利工程管理的行政法规；(二) 制订、修订和执行技术管理规范、规程，如：工程检查观测规范、工程养护修理规范、水利调度规程、闸门启闭操作规程等；(三) 建立、健全各项工作制度，据以开展管理工作，主要工作制度有：计划管理制度、技术管理制度、经济管理制度、财务器材管理制度和安全保卫制度等。水利工程种类多，其作用和所处的客观环境互不相同，主要管理的任务与内容有以下几点：

一、水库管理

古语有云，水是生命之源、生产之要、生态之基。兴水利、除水害，事关人类生存、经济发展、社会进步，历来是治国安邦的大事。促进经济长期平稳较快发展和社会和谐稳定，夺取全面建设小康社会新胜利，必须下决心加快水利发展，切实增强水利支撑保障能力，实现水资源可持续利用。近年来我国频繁发生的严重水旱灾害，造成重大生命财产损失，暴露出农田水利等基础设施十分薄弱，必须大力加强水利建设。其中水库建设是农田水利的重中之重，是调节径流的工程。水库管理的突出重点是做好大坝安全管理工作，防止溃坝而造成严重后果。水库效益是通过水库调度实现的。在水库调度中，要坚持兴利服从安全的原则。水库的兴利调度要权衡轻重缓急，考虑多方面需要，如工、农业和城市供水、水力发电、改善通航条件、发展水库渔业，以及维护生态平衡和水体自净能力等需要。为了充分发挥水库的综合效益，在水库调度中，需要进行许多技术工作。多泥沙河流上的水库调度，为了减少库区淤积、延长水库寿命，还需要进行水库泥沙观测和专门研究水沙调度问题。在我国水利工程建设当中，水库管理是非常关键的一部分内容，为促使工程施工水平得到强有力的保障，对水利水电工程实施科学系统化管理是十分重要的，这是确保工程各项工作顺利开展、在预期内高质量完工的关键所在，也是推动我国水库管理的基本动力。

二、水闸管理

水利工程建设作为一项基本民生项目，其建设质量的好坏对于我国人民的生活质量以及经济建设将会产生较大的影响。现阶段，我国对于水利工程建设项目的投资力度越来越大，由于水利工程施工一般工程项目庞大，所需要花费的建设周期较长，如果不做好相应的建设管理工作，将会使水利工程的建设质量得不到保障，从而可能会严重影响到当地居民的生命安全及经济发展。通过有计划、有目的地启闭闸门，控制流量，调节水位，发挥水闸作用的重要工作。水闸是用以挡水，控制过闸流量，调节闸上、下游水位的低水头水工建筑物，有节制闸、分洪闸、进水闸、排水闸、冲沙闸和挡潮闸等类。发挥水闸的作用是通过水闸调度实现的。水闸管理中最常见的问题是：过闸流量的测定不准确，闸门启闭不灵，闸门漏水、锈蚀和腐蚀，闸基渗漏和变形，闸上下游冲刷和淤积等。为保持水闸的正常运用，需要做好技术管理工作。(一) 率定闸上下游水位、闸门开度与过闸流量之间的关系，保证过闸流量的测读准确性；(二) 进行泄流观测和其他各种水工观测；(三) 按规章制度启闭闸门；(四) 按规章制度进行闸门启闭设备、闸室消能工等和水工建筑物的养护修理；(五) 靠动力启闭的水闸，必须有备用的动力机械设备或电源。另外，为了改进水闸的运用操作，需要积极开展有关科学研究和技术革新，如改进雨情、水情、工情等各类信息的采集、处理手段；率定水闸上下游水位、闸门开度与实际过闸流量之间的关系；改进水闸调度的通信系统，改善闸门启闭操作条件；设置必要的闸门自动化监控设备；设置可靠的备用电源等，从而系统的控制流水来，以保证水利建设的有序进行。

三、堤防管理

水是自然界的重要组成部分，是自然界的再生性能源，随着水文循环，重复再生，水力发电在运行中不消耗燃料，运行管理费和发电成本远比燃煤电站低。水力发电在水能转化为电能的过程中不发生化学变化，不排泄有害物质，对环境影响小，因此水力发电所获得的是一种清洁的能源，它的利用是社会进步到现阶段的产物，在水利工程建筑的实施中，技术是它的根本，只有技术作保障才能在艰巨的重大工程中按质完成工程建筑的施工，水利工程建筑的施工技术将直接关联作用到水利的效益和产生的影响，它并不只是简单的一个工程而已，它是构成整个水电水利工程的一个重要要素。而堤防是水利建设中的重要组成部分，堤防是约束水流的挡水建筑物，特点是堤线长、穿堤涵闸、管线等与堤身接合部容易形成弱点，土堤所占比例较大，河道堤防往往由于河势变化而形成险工，堤身内部往往存在隐患。堤防管理的中心任务就是防备出险和决口。管理工作的特点是：(一) 堤防与相对应的河道由一个机构统一管理并实行分段管理；(二) 进行堤防外观检查测量和必要的河道观测，根据堤身变形和河势变化及时采取堤防的加固除险措施；(三) 有计划地开展堤坝隐患探测，发现隐患及时处理；(四) 堤防养护除工程措施外，生物措施往往更经济有效，如：绿化堤坡代替护坡，护堤地营造防浪林等；(五) 汛期组织防汛队伍准备抢险料物以应急需等。堤防是我国工程建设当中非常关键的一部分内容，为促使工程施工水平得到强有力的保障，对水利工程实施科学系统化管理是十分重要的，这是确保工程各项工作顺利开展、在预期内高质量完工的关键所在。对于水利工程而言，只有做好工程管理工作才能够更好地创建高效的优质工程，才能更加有效地利用堤防实施水利建设。

四、引水工程管理

大家都知道，水是人类社会生存和发展的必然条件，是城市发展的依托，在一定程度上决定着城市的功能定位、发展方向和发展潜力。引水工程作为城市经济发展的命脉，按照计划经济的管理模式建立了一系列的管理程序和规范，但在人类社会跨入 21 世纪的今天，我国的社会经济形势和结构已经发生了重大的变革，计划经济体制正在被社会主义市场经济所取代，国际经济一体化正在深入到国民经济体系的每一个环节中，传统水利正在变革为现代水利。面对这一新的形势，必须加快引水工程管理体制改革的步伐，分析体制改革中存在的主要问题，研究解决这些问题的措施，促进引水工程管理单位的健康发展，实现水资源的可持续利用。引水工程位于一个行政区划范围内的，由该行政区的水利部门统一管理。引水工程跨两个或两个以上行政区划的，则由上一级或上一级委托一个主要受益地区管理。引水工程管理机构的组织形式有：(一) 枢纽工程与输水工程由一个管理机构统一管理。(二) 枢纽工程与输水工程分别由两个或几个管理机构管理。前者多为供水对象单一、规模较小的引水工程，后者多为综合利用的大型跨流域引水工程。(三) 企业化管理和股份制的引水工程。另外，引水工程的作用是把天然河、湖或水库中可以调出的水输送到需要地点。引水线路有的利用天然河道，有的是人工开渠或敷设管道，沿线可能有泵站、调节水库以及分水、跌水、平面或立体交叉等建筑物。引水工程建筑物种类和数量多，技术关系比较复杂，运行管理任务比较繁重。引水工程特有的管理工作主要是：(一) 对来水、用水情况经常进行分析预测；(二) 按照需要与可能统筹安排，有计划地引水、输水和分配水，并做好计量管理工作；(三) 设法降低输水损失，提高输水效率；(四) 提水泵站要设法降低能源消耗；(五) 采取有效措施，防止沿线水源污染，以满足用户的水质要求；(六) 工程设施的养护维修。总而言之，饮水工程对我国水资源短缺的地区意义重大，关系到基本民生建设，是一项利国利民的水利工程。

五、灌溉工程管理

农业是一个国家的基础，而水利是农业的命脉，在有限的水资源利用分配当中，农业分配水的利用率相对其他而言最低，大部分的水资源都被工业用水以及城市用水所挤占。而随着我国社会主义经济的快速稳定发展，农业方面也正逐步的迈向现代化农业，在其中作为农业重要保障的水利灌溉工程，也发挥着无法忽略的重要作用。水利灌溉就是水利工程建设的重要作用之一。所以，加强水利灌溉的管理是我国当前状况下最重要，同时也是必须要做的一项工作，它将直接影响我国整体的经济发展以及农业的快速发展。灌溉工程的主要任务是保证适时适量供给农作物用水，提高灌溉水的利用率。内容包括分析和预测水源供水情况，正确地编制和执行用 (供) 水计划，合理调配水量，及时地组织田间灌水，并通过灌溉试验，改进灌水技术，节约用水。随着计算机、遥控遥测、系统工程等技术在灌区管理工作中的应用，有些灌区的用水管理工作已进入一个新的阶段。在用 (供) 水上，不仅要满足农作物灌溉在水量和水质上的要求，而且要与水资源综合利用、土壤改良、盐碱化防治、低产田改造、水土保持以及生态环境改善等工作密切结合起来，以达到最合理地利用水资源，取得最大的经济效益。在灌溉管理中水源工程包括水库、拦河闸坝和引水渠道。水源工程的管理实际上也就是水库、水闸的管理。渠道工程还包括泵站和机电井，其管理特点是水泵、动力设备的操作、检修工作量所占比重较大。渠道一般分干渠、支渠、斗渠、农渠、毛渠五级，视灌区规模大小而异。灌溉渠道是一个系统，较大灌区的渠道需要按渠道的性质和自然条件，因地制宜分级管理，适当划分各级管理的范围和权限，制订各级渠道的检查养护制度，开展正常管理工作。渠道管理的主要任务是保持输水能力和降低输水损失。渠系建筑物种类繁多，有节制闸、进水闸、分水闸、冲沙闸、退水闸、渡槽、跌水、倒虹吸管、隧洞、涵管、桥梁和量水建筑物等。需要针对各类建筑物的不同功能、结构形式和所处的不同环境，制订规程、规范，进行检查养护和操作运用。渠系是一个整体，渠系建筑物的运用，必须服从统一调度安排。国家只有建立完善的灌溉管理系统，才能有效地保证我国农业的快速发展。

第十一章　水利工程组成、规划及未来展望

第一节　防洪治河工程

一、河流系统组成及特征

由于环境因素影响，河流系统是一个自然结构、生态环境和经济社会相互耦合的开放系统，由于水体的流动性、系统与外界不断进行物质和能量的交换以及信息的传递，同时通过系统内各组分之间的协同作用完成系统的自我组织、自我协调。河流从河源至河口构成一个完整的河流系统，它由许多部分构成，各组成部分间通过水流、生物活动等形成了河流系统的复杂结构。河流系统的组成部分既包括物质的，如河岸带、河床、水体、生物、建筑物等；也包括非物质的，如历史、文化。其中，河岸带、河床、水体构成了河流系统的自然结构；生物群落构成了河流系统的生态结构；历史和文化构成了河流系统的文化结构；建筑物构成了河流系统的调节工程。可见，河流系统主要包括自然结构、生态结构、文化结构、调节工程。河流水文循环是河流的时序特征，河流的流速、流量的季节性变化与河流两岸居民、河流两岸工农业生产及河流生物的季节变化节律相匹配，河流水文特征人为改变后的状态和依靠河流而生的生态系统节律不相匹配，直接导致城市生态系统的变化。最明显的例子是河流上游水库的兴建，使得河水温度变幅变小，河流流量均化。现以兰州市为例，冬日河水的温度变高，使城市起雾频率与强度加大，影响城市生活、生产与环境。而河流流量的均化，使得春季枯水季节出露的沙洲变小、消失，许多候鸟失去了家园，原来许多靠洪水生存的大片林地只能枯死，而原来河流季节性水量变化所抑制的许多有害生物物种却在较少变化的环境中时常爆发。这直接导致整个城市生态系统的改变。由此可见，河流与城市生态有着密切的关系，是建设良好生态环境的前提。

二、河床演变及河道整治

受自然界外力因素影响，河流无时不刻都处在发展变化过程之中。在河道上修建各类工程之后，受到建筑物的干扰，河床变化将人为加剧。由于山区河流的发展演变过程十分缓慢，因此，通常所说的河流演变，一般系指近代冲积性平原河流的河床演变。河流是水流与河床相互作用的产物。水流与河床，二者相互制约，互为因果。水流作用于河床，使河床发生变化；河床反作用于水流，影响水流的特性。由因生果，倒果为因，循环往复，变化无穷，这就是河床演变。另外，河床演变是水流与河床不断相互作用的过程，在这一过程中，泥沙运动是纽带。任意河段在特定水流条件下有一定挟沙能力，当上游来沙量与水流挟沙能力互相适应时，水流处于输沙平衡状态，河床保持相对稳定；如上游来沙量与水流挟沙能力不适应，水流输沙不平衡，河床就产生相应冲淤变化。河床变化反过来又会改变水流条件，从而引起水流挟沙能力的变化，变化的趋势是尽量使上游来沙量与水流挟沙能力相适应，使河床保持相对平衡，这一过程称为河流的自动调整作用。另外，按河床演变发展进程，分为在相当长时期内河床单一地朝某一方向发展的单向变形，如有些河流多年来河床一直不断淤积抬高；河床周期性往复发展的复归性变形，如浅滩在枯水期冲刷，在洪水期淤积，如此周期重复演变。此外，还有一些局部变形。河道输沙不平衡是河床演变的根本原因。当上游来沙量大于本河段的水流挟沙力时，水流没有能力把上游来沙全部带走，产生淤积，河床升高。当上游来沙量小于本河段的水流的挟沙力时，便产生冲刷，河床下降。在一定条件下，河床发生淤积时，淤积速度逐渐减少，直至淤积停止，河床发生冲刷时，冲刷速度逐渐减低，直至冲刷停止。这种现象是河床与水流共同作用，自动调节河床变化的因素。

随着我国对现代化建设的需求，城镇化和工业化进程逐步加快，社会主义新农村建设的全面推进，基础设施建设的不断增加，社会财富的日益增长，人民生活水平的提高，全面建设小康社会和经济社会发展对防洪安全保障、生态环境保障等提出了越来越高的要求。可持续发展观对水利发展也提出了新的要求，水利发展须树立以人为本、节约资源、保护环境和人与自然和谐的观念以及全面、协调、可持续发展的观念，把解决关系广大人民群众切身利益的水利问题放在突出位置，统筹考虑流域、区域、城乡水利协调发展，不断提高政府对水资源的社会管理能力和水平，节约和保护资源，加强对生态的保护，促进人与自然和谐，以水资源的可持续利用支撑全省经济社会的可持续发展。其次，河道整治减少了因水土流失造成的土壤肥力丧失。河道整治可大大改善长期以来由于河流破坏带来的诸多问题，对于保障两岸人民的正常生产和生活起到重要作用。冲滩塌岸现象将大大减少，有利于稳定滩涂、改善滩区的生产生活条件，提高滩区的土地利用价值，使滩区及高岸的居民安居乐业，可以基本保障河两岸的人民安全定居，有利于改善两岸各种大、中、小型堤灌站的引水条件，保障两岸灌区和人民生活用水需求。在河道整治后，能够使河道变得干净，河道里的水也就会慢慢变清，环境自然会逐渐好起来，村民们以后的生活品质也会提高，说不定鱼儿成群的景象不久后就会出现。随着当前社会飞速发展，河流污染已成为当前环境破坏的重点。河道的整治已成为当前社会发展过程中的主要难题。河道的整治工作是一个系统化的工程，河道治理工作人员要根据城镇具体河道的分布特点和走向特点，研究其水文特征，全方位的考虑社会经济文化环保方面的因素，让河道为城镇建设更好地发挥作用，极大地推动城市环境的环保化发展。

三、江河防洪系统

（一）江河防洪系统组成

根据自然环境因素，防洪系统分工程防洪和非工程防洪。工程防洪措施是通过采取工程手段控制调节洪水，以达到防洪减灾的目的。主要包括水库工程、蓄滞洪工程、堤防工程、河道整治工程四大方面。通过这四个方面措施的合理配置与优化组合，从而形成完整的江河防洪工程体系。非工程防洪即指通过行政、法律、经济等非工程手段而达到防洪减灾的目的。在河道中上游修建水库，特别是干流上的控制性骨干水库，可有效地拦蓄洪水，削减洪峰，减轻下游河道的洪水压力，确保重要防护区的防洪安全。江河系统是以整个长江流域从根本上消除洪患为立足点，对远、近期防洪目标做出系统规划和安排，以便于制订整个长江流域防洪方案协调本流域防汛工作，指导滞洪区的安全建设，统一调度，统一指挥，使洪灾减少到最低限度。要科学地做好这个规划，必须要了解历史上曾经发生过的洪水次数、大小、造成危害的范围、损失大小，前人治水的思想、方略、经验以及教训。长江流域内大小江河、湖泊的演变规律及防洪工程的现有防洪能力、标准以及运行情况，流域内社会、经济情况等。对所在河流或地区的自然条件、社会经济情况、洪水与历史洪灾等进行勘察、调研，获取必要的资料，据以拟订比较方案，包括主要防洪工程措施的规模，再结合综合规划，通过比较或优选，编制河流防洪、城市防洪、海岸防洪等规划，并选定主体防洪工程（如堤、河道整治、分洪工程、水库等）和非防洪工程措施（如洪水预报警报系统、洪泛区管理、行洪道清障、洪水保险、防洪调度、超标准洪水紧急措施等）的规模，从而建立江河防洪系统，维护环境稳定。

（二）防洪规划

防洪规划需要根据自然环境下的洪水特性、历史洪水灾害，规划范围内国民经济有关部门和社会各方面对防洪的要求，以及国家或地区政治、经济、技术等条件，考虑需要与可能，研究制订保护对象在规划水平年应达到的防洪标准和减少洪水灾害损失的能力，包括尽可能地防止毁灭性灾害的应急措施。为了保护河流沿岸区域在一定洪水标准条件下免受洪水灾害，保护河流生态健康。依据河流自然条件特性、洪水灾害特点和生态环境存在问题，合理规划防洪工程体系，以全面治理洪水灾害，维系河流生态健康为出发点，实施防洪工程建设、加强河道管理、河道内建设项目审批、协调纠纷提供依据，核心是保障防洪安全。以城市堤防为例，城市防洪堤不但要具有防洪功能，还要具有景观环境功能，必要时具有交通、商业等多种功能，走可持续发展之路。人们对对防洪工程的认识在不断深化，单纯的工程水利正在逐步包含环境水利、资源水利等新的内容，从传统水利向现代水利转变。对于受洪水威胁的城市来说，防洪设施的首要功能是防洪抗灾。但随着人们的环境意识日益增强，对生态环境的要求越来越高，过去那种单一的防洪功能的堤防建设远远不能满足现代人的需求。在城市堤防建设中，如何把防洪工程与城市的生态建设有机地结合起来，怎样结合城市特点，发挥防洪设施的多种功能，为美化城市发挥作用，是建设者们必须考虑的问题。在加强堤防建设，提高抗洪能力的同时，积极探索绿化城市、美化城市、造福于民的多方位堤防功能，成为一条结合城市建设、完善堤防功能的新思路，从而建立完善的城市防洪系统，保证人民生命财产安全。

（三）防汛抢险

防汛抢险是指，在汛期，迅速处置险情、抢救人民生命财产，防止或减少洪水造成的损失。汛期特别是发生暴雨、洪水、台风、地震、河库水位骤降及持续高水位行洪期间，要派专人昼夜巡视检查。重点检查堤顶、堤坡、堤脚有无裂缝、冲刷、坍塌、滑坡、塌坑等险情发生；堤坝背水坡有无散浸、渗浑水，坡脚附近有无积水坑塘和冒水、涌沙、流土现象；迎水坡护砌工程有无裂缝、沉陷、损坏、脱坡、崩塌等问题；沿堤闸涵与堤坝的结合部有无裂缝、位移、滑动、漏水、不均匀沉陷等迹象；土石坝有无变形、渗漏、裂缝、坍塌等险情发生。对于尚未经过洪水浸泡的新堤或者水位已超过历史最高水位的堤段，要专人负责，昼夜巡查。发现问题要登记造册，作好标记（如白天插红旗，夜晚挂红灯等），并尽快报告防汛指挥部，立即采取抢护措施。首先，要做到科学精准预测预报。对灾害的准确预测和预警是赢得时间、早做准备、科学抢险的前提。面对特大洪灾，各级党委和政府不能只顾埋头救灾，更要抬头看天，抓好预测预报工作，为抗洪救灾大局着想。习近平指出："要密切监视天气变化，加强雨情水情监测预报预警，加强汛情、灾情分析研判，强化应急值守和会商分析，提前发布预警信息，及时启动应急响应，把握防汛抗洪主动权。要落实好群测群防机制和措施。要精准开展洪水调度，最大限度发挥水利工程防灾减灾效益。"其次，要突出防御重点和抢险重点。洪水肆虐，不仅面积大、险点多，而且瞬息万变，但是，再急再险也要突出重点。抓住关键、保住命脉，才能最大限度地减少损失、降低风险。习近平指出："要确保大江大河重要堤防、大中型水库、重要基础设施的防洪安全，努力减轻中小河流、山洪灾害、城市内涝和台风灾害损失。要针对江河圩堤洪水浸泡时间长、险情增加的情况，落实防汛巡查制度，加大查险排险力度。要加强薄弱地段、险工险段的重点防守，坚决避免大江大河发生溃口性重大险情。要全力做好南水北调、西气东输、重要铁路等重大设施防汛抢险相关工作。对水利工程中，汛期特别大有可能造成该地或下游某地发生较大规模洪水灾害，应该按照经验预先制订好足够的应急撤离计划，对受灾群众进行紧急的撤离、疏散和救援，以最大限度地降低洪涝灾害带来的人员伤亡与财产损失。而对于实际应急抢险中的人员撤离，需要在政府部门的主管与指导下进行，综合协调各方面力量共同应急响应，积极做好防汛抢险工作。"

第二节　取水枢纽工程

一、我国水资源现状

水作为自然界的重要组成部分，是维系生命与健康的基本需求，地球虽然有71%的面积为水所覆盖，但是淡水资源却极其有限。在全部水资源中，97.47%是无法饮用的咸水。在余下的2.53%的淡水中，有87%是人类难以利用的两极冰盖、高山冰川和永冻地带的冰雪。人类真正能够利用的是江河湖泊以及地下水中的一部分，仅占地球总水量的0.26%，而且分布不均。因此，世界上有超过十四亿的儿童、妇女及男人无法获取足量而且安全的水来维持他们的基本需求。在许多层面，水资源和健康具有密不可分的关系。我们所做的每项决策事实上都和水、以及水对健康所造成的影响有关。我国的"水"存在两大主要问题：一是水资源短缺，二是水污染严重。有资料显示，我国是一个干旱缺水严重的国家。人均淡水资源仅为世界平均水平的1/4、在世界上名列110位，是全球人均水资源最贫乏的国家之一。人均可利用水资源量仅为900立方米，并且分布极不均衡。20世纪末，全国600多座城市中有400多个城市存在供水不足问题，其中比较严重的缺水城市达110个，全国城市缺水总量为60亿立方米。所以我们要节约用水，以保护我们赖以生存的水资源。

中国位于太平洋西岸，地域辽阔，地形复杂，大陆性季风气候非常显著，因而造成水资源地区分布不均和时程变化的两大特点。降水量从东南沿海向西北内陆递减，依次可划分为多雨、湿润、半湿润、半干旱、干旱五种地带。由于降水量的地区分布很不均匀，造成了全国水土资源不平衡现象，长江流域和长江以南耕地只占全国的36%，而水资源量却占全国的80%；黄、淮、海三大流域，水资源量只占全国的8%，而耕地却占全国的40%，水土资源相差十分悬殊。降水量和径流量的年内、年际变化很大，并有少水年或多水年连续出现。全国大部分地区冬春少雨、夏秋多雨，东南沿海各省，雨季较长较早。降水量最集中的为黄淮海平原的山前地区，汛期多以暴雨形式出现，有的年份一天大暴雨超过了多年平均年降水量。有的年份发生北旱南涝，另外一些年份又出现北涝南旱。上述水资源特点是造成中国水旱灾害频繁，农业生产不稳定的主要原因。水资源的需求几乎涉及国民经济的方方面面，如工业、农业、建筑业、居民生活等，严重的缺水问题导致我国城镇现代化建设进程、GDP 的增长和居民生活水平的提高都受到了限制。虽然我国水资源总量多，但由于人口数量庞大，人均用水量低，而其中能作为饮用水的水资源有限。而工业废水、生活污水和其他废弃物进入江河湖海等水体，超过水体自净能力所造成的污染，这会导致水体的物理、化学、生物等方面特征的改变，从而影响到水的利用价值，危害人体健康或破坏生态环境，造成水质恶化的现象。所以，为缓解严峻的水形势，节约用水势在必行。这主要体现在控制需求，创建节水型社会。在国家发展过程中，选择适当的发展项目，建立"有多少水办多少事"的理念，杜绝水资源浪费。同时需要采用良好的管理和技术手段，提高水资源利用率。积极发展节水的工业、农业技术，大力推广应用节水器具，发现并杜绝水的漏泄，包括用水器具及输水管网中的漏泄。

二、取水工程概况

水利枢纽按承担任务的不同，可分为防洪枢纽、灌溉（或供水）枢纽、水力发电枢纽和航运枢纽等。多数水利枢纽承担多项任务，称为综合性水利枢纽。影响水利枢纽功能的主要因素是选定合理的位置和最优的布置方案。水利枢纽工程的位置一般通过河流流域规划或地区水利规划确定。具体位置须充分考虑地形、地质条件、使各个水工建筑物都能布置在安全可靠的地基上，并能满足建筑物的尺度和布置要求，以及施工的必需条件。水利枢纽工程的布置，一般通过可行性研究和初步设计确定。枢纽布置必须使各个不同功能的建筑物在位置上各得其所，在运用中相互协调，充分有效地完成所承担的任务；各个水工建筑物单独使用或联合使用时水流条件良好，上下游的水流和冲淤变化不影响或少影响枢纽的正常运行，总之技术上要安全可靠；在满足基本要求的前提下，要力求建筑物布置紧凑，一个建筑物能发挥多种作用，减少工程量和工程占地，以减小投资；同时要充分考虑管理运行的要求和施工便利，工期短。一个大型水利枢纽工程的总体布置是一项复杂的系统工程，需要按系统工程的分析研究方法进行论证确定。

三、地下（地表）取水工程

我国的城市供水作为城市发展的主要动力，取水工程是相当复杂的，如何有效地利用城市的地表水更是一个十分困难的课题，如何有效地开展这个课题是十分关键和必要的，在某种意义上是关系到国际名声的一件大事。水利行业的专家们通过实地调阅发现，污染型缺水是造成水污染的最直接也是最本质的根源性问题，故而，如何有效地开发地表水取水供水工程的生态成本和环境效益者两个关键因素之间的比例问题，是一个对城市的规划发展相当重要和必须要解决的问题。另外，人类社会的可持续发展面临着严峻地挑战，这迫使人类必须重视自然环境的保护与利用，自然资源的合理开发与利用这样一个生死攸关的大问题。而在这个大问题中，水又是最重要的.因为水是生命的源泉，"民以水为天"。水在自然资源中是应用最普遍，分布最广泛，对人类最重要的自然资源。随着人类社会的发展，人类已经认识到，水不是取之不尽用之不竭的，水是有限的。由于地表水资源贫乏和水污染加剧，致使一些地区对地下水进行掠夺式开发，地下水超采十分严重。据不完全统计，目前全国已形成地下水域性降落漏斗 149 个，漏斗面积 15.8 万平方千米，其中严重超采面积 6.7 万平方千米，占超采面积的 42.3%，多年平均超采地下水 67.8 亿立方米，有的漏斗中心水位埋深已达 60~80 米，有些城市还出现了地面沉降，造成后果。

地表水对人类的生产、生活十分重要，是地球上水资源的一个重要组成部分，具有水质洁净、温度变化小和分布广泛等优点，是居民生活、工农业生产和国防建设的一个重要水源。在世界各国供水量中，地下水占很大比例，如丹麦、利比亚、沙特阿拉伯与马耳他等国均占 100%，圭亚那、比利时和塞浦路斯等国占 80~90%，德国、荷兰与以色列占 67%~75%，苏联占 24%，美国占 20%。美国 1/3 的水浇地依赖地下水灌溉。原苏联地下水开采量每秒钟达 700 立方米，其中的 200 多立方米用于城市供水、200 多立方米用于农田灌溉。地表下水资源不仅具有可恢复性、水利水害两面性、地表水与地下水相互转化性，而且具有开发利用简便，使用方便、灵活，投资少，见效快，维修少，易管理，安全卫生等特征。在地表水源不足或地表水虽丰富而遭受严重污染的地区，开发利用地下水资源，可为各用水部门提供优质的水源。适度开采地下水，科学利用地下水的可开采资源，对人类是有益的，且能美化环境，创造更多的物质财富。另外，我国水资源已开发利用约为 5600 亿立方米，有 3000 亿立方米尚可开发。说明还有"开源"的空间，但衡量水资源利用程度的主要指标为"水资源开发利用率"。如果按通常规划概念的水资源开发利用率是指供水能力（或保证率）为 75% 时可供水量与多年平均水资源总量的比值，是表征水资源开发利用程度的指标。我国现状水资源开发利用率为 20%，国际上一般认为的对一条河流的开发利用不能超过其水资源量的 40% 的警视线，而黄河、海河、辽河、淮河的水资源利用率都超过了这一预警线，就可能会爆发严重的水资源和水环境危机，所以我国要积极开展地下水工程，以解决我国水资源短缺的现状。

四、海水取水工程

随着水资源的急剧短缺，海水淡化已成为全球应对淡水资源短缺的重要手段之一，海水淡化工程的建设量逐年加大。海水取水工程作为海水淡化厂的重要组成部分，其任务是确保在海水淡化厂的整个生命周期内提供足够的、持续的、适合的源水。取水方式的选择及取水构筑物的建设对整个淡化厂的投资、制水成本、系统稳定运行及生态环境都有重要的影响。取水工程的建设需要考虑到海水淡化厂的投资、建设规模、海水淡化工艺对水质的要求；需要在对取水海域水文水质、地质条件、气象条件、自然灾害等进行深入调查的基础上合理选择取水口及取水方式。海水中含硼，反渗透膜不能完全脱硼，硼含量超标的水会引起人体的不良反应。虽然我国自来水水质标准中，目前还没有对硼含量进行限制，淡化水完全满足用户乃至居民生活饮用的国家标准，但国际卫生组织已经对饮用水的硼含量有了限制，要求的饮用水含硼小于 0.5 mg/l 的标准，需要考虑国家将来提高饮用水标准。所以海水取水工程意义重大，海水淡化工程的取水主要有海滩井取水、深海取水及浅海取水三种方式。海滩井取水方式能够取到优质的源水，从而节省预处理部分的投资和运行费用，但要考虑海岸地质构造、水文水质以及运行过程中可能出现的水质不稳定等因素，进行深入调查论证后确定；深海取水方式能取到水质较好的海水，但由于其投资较大、施工较复杂等原因而工程应用较少；浅海取水方式可适用于不同的海水淡化工程，是应用较为广泛的一种取水方式。在进行海水取水工程设计时，应综合考虑海水对金属材料的腐蚀、海生物及潮汐的影响等因素，国家应该大力开展海水取水工程，以解决水资源短缺的问题。

海水淡化是我国生活用水的主要来源之一，我国海水淡化工程的取排水口主要集中分布在辽东半岛东部海域、渤海湾海域、山东半岛东北部及南部海域、舟山群岛海域及浙中南海域，多位于港口航运区、工业与城镇用海区、特殊利用区。工程用海水淡化方式，大部分为"取排水口用海"，少数为用于厂区建设的"填海造地用海"和"蓄水池、沉淀池等用海"。工程取水方式以岸边取水、管道取水和借用已有取水设施取水为主，少数工程采用海滩井取水、潮汐取水、真空虹吸取水等方式，取水距离从 30～3500 米不等，大多数为 100～300 米。浓海水排放方式主要分为两类：一类是排海处理，包括直接排入海洋、混合后排入海洋等；另一类是再利用，包括综合利用、温海水养殖等。海水淡化的方式有多种，一是海滩井取水，是在海岸线边上建设取水井，从井里取出经海床渗滤过的海水，作为海水淡化厂的源水。通过这种方式取得的源水由于经过了天然海滩的过滤，海水中的颗粒物被海滩截流，浊度低，水质好，对于反渗透海水淡化，尤其具有吸引力。能否采用这种取水方式的关键是海岸构造的渗水性、海岸沉积物厚度以及海水对岸边海底的冲刷作用。适合的地质构造为有渗水性的砂质构造，一般认为渗水率至少要达到 1000 m³/(d·m)，沉积物厚度至少达到 15 m。当海水经过海岸过滤，颗粒物被截流在海底，波浪、海流、潮汐等海水运动的冲刷作用能将截流的颗粒物冲回大海，保持海岸良好的渗水性，以获得大量的生活用水。二是反渗透法，通常又称超过滤法，是 1953 年才开始采用的一种膜分离淡化法。该法是利用只允许溶剂透过、不允许溶质透过的半透膜，将海水与淡水分隔开的。在通常情况下，淡水通过半透膜扩散到海水一侧，从而使海水一侧的液面逐渐升高，直至一定的高度才停止，这个过程为渗透。此时，海水一侧高出的水柱静压称为渗透压。反渗透海水淡化技术发展很快，工程造价和运行成本持续降低，主要发展趋势为降低反渗透膜的操作压力，提高反渗透系统回收率，廉价高效预处理技术，增强系统抗污染能力等。除这两种比较完善的海水淡化技术以外，我国还在开发其他海水淡化技术，并在逐步完善中。

第三节　灌排工程

一、灌溉排水工程规划

国家为防旱除涝，以及合理利用水土资源，发展灌溉和排水而制订的总体规划。它是水利建设的一项重要前期工作，用以安排灌溉排水的长期发展计划和确定近期灌排工程项目。灌溉排水规划由两部分组成，即灌溉规划和排水规划。由于不同地区在不同时期内有不同的要求，也可以单独编制灌溉规划或排水规划，根据国家的水利建设方针和农业生产发展的要求，研究规划地区的自然和社会经济的特点，提出防旱除涝及土壤改良的目的和任务；拟订灌排工程的项目、规模和建设程序；进行技术经济论证；选定近期工程项目及其实施步骤。灌区规划的主要任务是对灌区水土资源在国民经济各部门间进行科学分配，合理确定灌区规模和灌区农业的发展方向，因此灌区规划必须了解灌区所在流域和地区的历史变迁、经济发展状况、水土资源开发利用现状及存在问题等资料，按照流域规划、地区国民经济与社会发展规划等，紧密结合地区各专业规划和用水现状，以科学的态度，实事求是，才能制订出符合灌区实际、科学合理、现金可行的规划，促进灌区经济与社会的可持续发展。全面提升灌区建设和管理水平，不断创新灌区建设和管理理念，努力实现灌区投入多元化、建设规范化、管理系统化、环境园林化、用水科学化、效益最大化、提高农业综合生产能力，保障粮食安全，促进农业和农村经济持续稳定发展。工农渠始建于20世纪70年代初，灌溉方式较为粗放，以大水漫灌为主，随着灌水成本的提高和农业种植精细化，节水技术在90年代得到广泛推广，逐步实现了大块改小块，斗农渠逐步得到衬砌，灌水效率得到了有效提高。但仍以地面灌溉为主，由于白银市大环境绿化的进一步实施，市区周边工农渠灌区的部分耕地进行种植结构调整，种植经济林和生态林，其灌溉方式以高效节水为原则，采用滴灌技术。综合分析比较，确定工农渠灌区选用农田地面小畦灌溉和生态林滴灌相结合的方式。总而言之，灌溉排水工程的主要任务就是防旱除涝，以及合理利用土地资源，为我国农田发展提供新动力。

二、灌溉渠系的组成

随着水资源的日益紧张，灌溉排水工程在农业发展方面有很深远的影响。因此在规划、修建灌溉系统时，要求最大限度地节约水源，节省能源；在工程上，要求各级渠道的渗漏损失水量最小，凡有条件的地区多采用衬砌渠道；同时，要求用排水手段排出田间和土壤中多余水分，控制地下水位埋深，实现灌溉、排水系统配套，提高灌溉排水效益。一般灌溉系统应包括水源取水工程，各级输配水渠道，渠系配套建筑物和田间工程等。实际上很多灌区都有灌溉与排水两个方面的要求，包括旱时灌溉和涝时排水。所以还要安排与灌溉渠系相对应的排水沟系，组成灌溉排水系统，从而大力推进农田产业发展。

灌溉排水系统的主要内容是，将水从水源通过各级灌溉渠道（管道）和建筑物输送到田间，并通过各级排水沟道排出田间多余水量的农田水利设施。排水沟道一般应同灌溉渠系配套，也可分为干、支、斗、农、毛5级，或总干沟、分干沟、分支沟等。主要作用是排除因降雨过多而形成的地面径流，或排除农田积水和表层土壤的多余水分，以降低地下水位，排除含盐地下水及灌区退水。对于主要排水沟道要防止坍塌、清淤除草、确保畅通。主要步骤有以下几点，一是水源取水工程自水源取水并引入农田灌溉所需修筑的进水闸、拦河坝、水库、泵站等，均属于取水工程。二是各级输配水渠道按照灌区的地形条件和所控制灌溉面积的大小，灌溉渠系一般分为干、支、斗、农4级固定渠道。对于小型灌区、地形平坦、面积较小、只设干支两级渠道即可。干渠主要起输水作用，它把从渠首引入的水量输送到各灌溉地段。支渠主要起配水作用，把从干渠分来的水量，按用水计划分配给各用水户。三是渠系配套建筑物灌溉渠系配套建筑物，一般包括分水闸、节制闸、泄水闸、渡槽、倒虹吸、跌水、陡坡、涵洞、桥梁和量水建筑物等，其作用主要是输送、控制、分配和量测水量等。四是田间工程，田间工程是指农渠以下的毛渠、输水沟、畦和灌水沟以及护田林网、道路等。水田还包括格田田埂，其主要作用是调节农田水分状况，满足作物对灌溉、排水的要求，从而促进农业产业可持续发展。

三、渠系建筑物的布置规划

渠系建筑物在我国已经有很久的历史了，据《水经·渭水注》记载：汉惠帝元年（公元前194）筑长安城，用飞渠引水入城；《周礼》一书中的《考工记·匠人》篇（成书于2000多年前）记载："欲为渊，则勾于矩"；《汉书》卷89"召信臣传"记载：汉元帝建昭五年（公元前34），召信臣行视郡中水泉，开通沟渎，起水门提阏凡数十处，以广灌溉；《后汉书·张让传》记载：中平三年（公元186）毕岚作翻车、渴乌，施于桥西。上述之飞渠、勾于矩、水门及渴乌即为现今渡槽、跌水、水闸及虹吸管。渡槽、跌水、水闸在中国已有2000年以上的历史，虹吸管也有1800年的历史。建于战国前期的引漳十二渠是中国北方引河水灌溉最早的大型灌溉渠系。埃及尼罗河流域、美索不达米亚以及印度河流域等地区都有悠久的灌溉历史。这些地区最古老的灌排渠系建筑物可追溯到公元前2000多年。灌溉渠道需具有一定的过水能力，以满足输送或分配灌溉水的要求；同时还必须具有一定水位，以满足控制灌溉面积的要求。灌溉渠道的数量多，工程量大，影响面广，因此除应有合理的规划布局外，还应对其设计流量、流速、坡降以及纵横断面尺寸等进行精心设计。因此，渠系建筑物形式繁多，进行形式选择时，应根据灌区规划要求、工程任务并全面考虑地形、地质、建筑材料、施工条件、运用管理、安全经济等各种因素加以比较确定。渠系建筑物的特点是，单个工程的规模一般不大，但数量多，总工程量和造价却很大。湖南省韶山灌区总干渠与北干渠总造价中，渠系建筑物占44%，为引水枢纽造价的6.3倍。渠系建筑物由于同类建筑物工作条件相近，因此可广泛采用定型设计和装配式结构，以简化设计和施工，节约劳力和降低造价，以提高我国水利建设与发展。

渠系建筑物的作用是安全合理地输配水量以满足农田灌溉、水力发电、工业及生活用水的需要，在渠道（渠系）上修建的水工建筑物，统称渠系建筑物。灌溉渠道可分为明渠和暗渠两类：明渠修建在地面上，具有自由水面；暗渠为四周封闭的地下水道，可以是有压水流或无压水流。明渠占地多，渗漏和蒸发损失大，但施工方便，造价较低，因此应用最多。暗渠占地少，渗漏、蒸发损失小，适用于人多地少地区或水源不足的干旱地区。但修暗渠需大量建筑材料，技术较复杂，造价也较高。灌溉渠道需具有一定的过水能力，以满足输送或分配灌溉水的要求；同时还必须具有一定水位，以满足控制灌溉面积的要求。灌溉渠道的数量多，工程量大，影响面广，因此除应有合理的规划布局外，还应对其设计流量、流速、坡降以及纵横断面尺寸等进行精心设计。规划布置原则灌溉排水系统规划布置应考虑以下几点：(一)在灌区农业区划与农田水利区划的基础上进行，以适应农业灌溉用水和其他部门用水的需要；(二)充分利用水源，扩大灌溉面积，提高抗旱能力；(三)尽可能少占农田，并便于输水、配水及管理；(四)在综合利用水资源的基础上，进行技术论证，要求工程量小，投资少，而效益大；(五)灌溉系统与排水系统相配套，并尽可能做到渠灌和井灌相结合，尽可能实现自流灌溉及自流排水；(六)有利于水源养护和改善生态环境。随着灌溉农业的发展，水资源日趋紧张。因此在规划、修建灌溉系统时，要求最大限度地节约水源，节省能源；在工程上，要求各级渠道的渗漏损失水量最小，凡有条件的地区多采用衬砌渠道；同时，要求用排水手段排除田间和土壤中多余水分，控制地下水位埋深，实现灌溉、排水系统配套，提高灌溉排水效益，以提高农业产业发展速度。

四、农田水利灌排工程

（一）农田水利发展概况

随着我国社会各方面的快速发展，农业作为经济社会发展的基础，也得到了迅猛的发展。而在农业经济发展中，农田水利设施能够增强农业抗灾能力，有效提高农业生产能力，并对促进农民生活水平的提高及保护区域生态环境起到十分重要的作用。因此，做好农田水利建设工作十分必要。中国有悠久的农田水利建设的历史。早在夏商时期，人们就把土地规划成井田。井田即方块田，把土地按相等的面积作整齐划分，灌溉渠道布置在各块耕地之间。五代两宋时期建设了太湖圩田。明清时期建设了江汉平原的垸田及珠江三角洲的基围等。这些小型农田水利形式在以后得到继承和发展。至 20 世纪 50 年代初期，中国修建了许多近代灌溉工程，干支级渠道比较顺直整齐，但对田间渠系和田块没有及时进行建设和整修，田间工程配套不全。旱作灌区，土地不平整，大畦漫灌，水量浪费严重；水稻灌区串灌串排现象普遍存在，不仅影响合理灌溉、排水晒田，而且造成肥料流失、水量浪费。另外，田块面积小，形状不规则，与农业机械化生产很不适应。农田水利基本设施建设在我国的农业生产中起着十分重要的作用，它直接影响着广大农民的生产、生活，是农业生产的基础和关键。发展灌溉排水，农田水利以农业增产为目的的水利工程措施，能够调节地区水情，改善农田水分状况，防治旱、涝、盐、碱灾害，以促进农业稳产高产的综合性科学技术，提高抵御天灾的能力，促进生态环境的良性循环，使之有利于农作物的生产，为我国农业产业发展提供了很大的便利。

随着农田水利的不断发展，为农业生产的稳步发展和人民生活的改善提供了物质保证。与 1949 年相比，1996 年全国耕地面积虽然减少 3%、人口增加 1.26 倍，但粮食总产却在 1132 亿 kg 的基础上增长了 3 倍；人均粮食由 209 kg 增加到 412 kg，增长了近 1 倍。此外，棉花、油料、肉类、水产、果品、蔬菜等成几倍到十几倍增长。由于灌溉面积扩大和供水能力提高，全国水田面积大幅度增加，由于有了灌溉保证，北方冬小麦和棉花播种面积成倍增长，南方水田复种指数也有所提高。过去很多经常遭受旱涝灾害、产量很低的农田，通过治理，变成了旱涝保收、高产稳产的农田。经过几十年来大规模的水利建设，中国已初步建成了防洪、排涝、灌溉和供水体系，为国家的经济发展提供了基本保障。另外，农田水利建设就是通过兴修为农田服务的水利设施，包括灌溉、排水、除涝和防治盐、渍灾害等，建设旱涝保收、高产稳定的基本农田。主要内容是：整修田间灌排渠系，平整土地，扩大田块，改良低产土壤，修筑道路和植树造林等。小型农田水利建设的基本任务，是通过兴修各种农田水利工程设施和采取其他各种措施，调节和改良农田水分状况和地区水利条件，使之满足农业生产发展的需要，促进农业的稳产高产。一是采取蓄水、引水、跨流域调水等措施调节水资源的时空分布，为充分利用水、土资源和发展农业创造良好条件；二是采取灌溉、排水等措施调节农田水分状况，满足农作物需水要求，改良低产土壤，提高农业生产水平，为我国农业产业发展提供了源源不断的新动力。

（二）农田水利灌排工程任务

农田水利灌排工程作为农业产业发展的基础，直接关系到农业生产的收益以及农民生活水平的提高。因此，要结合当前农田水利建设的现状，采取有效的措施加强农田水利建设，并做好水利设施的维修管理工作，推广应用先进的农业技术，从而推动农业经济的稳定、可持续发展。农业基础设施建设一般包括：一是农田水利建设，如防洪、防涝、引水、灌溉等设施建设；二是农产品流通重点设施建设，商品粮棉生产基地，用材林生产基础和防护林建设；三是农业教育、科研、技术推广和气象基础设施等。而当中的农田水利建设是指为发展农业生产服务的水利事业。它的基本任务就是通过水利工程技术措施，改变不利于农业生产发展的自然条件，为农业高产高效服务。主要内容是：整修田间灌排渠系，平整土地，扩大田块，改良低产土壤，修筑道路和植树造林等。小型农田水利建设的基本任务，是通过兴修各种农田水利工程设施和采取其他各种措施，调节和改良农田水分状况和地区水利条件，使之满足农业生产发展的需要，促进农业的稳产高产。一是采取蓄水、引水、跨流域调水等措施调节水资源的时空分布，为充分利用水、土资源和发展农业创造良好条件；二是采取灌溉、排水等措施调节农田水分状况，满足农作物需水要求，改良低产土壤，提高农业生产水平。总而言之，我国要加强农田水利工程基本建设，以更大地推进我国农业发展。

第四节　蓄泄水枢纽工程

一、蓄水枢纽工程简介

随着社会的不断发展，近一百多年来人类对河流进行了大规模开发利用，兴建了一批蓄水库和跨流域调水工程，这些水利工程一方面给社会带来了巨大的经济效益和社会利益，另外也极大地破坏了人类赖以生存的自然资源和生态环境。因此，如何兴利弊害，充分发挥水利工程为人类造福的优势，减免其对环境的不利影响，水利工程对生态环境的影响是广泛而深远的，我们在兴修水利工程的同时要特别注意水利工程作为新生的环境组成与其他环境组成的协调和平衡问题。使它们组成一个更为和谐的水资源系统。当前水利工作者继续树立起环境保护的意识，充分意识到环境问题在水利工程建设中的重要地位，现代水利事业的发展方向是充分利用水利资源，达到经济效益，环境效益和社会效益的统一。蓄水灌溉工程的蓄水枢纽的重点工程，调蓄河水及地面径流以灌溉农田的水利工程设施。包括水库和塘堰。当河川径流与灌溉用水在时间和水量分配上不相适应时，需要选择适宜的地点修筑水库、塘堰和水坝等蓄水工程。在公元前6世纪于今安徽省寿县境内兴建了堤防长达百余里的坡，是中国最古老的大型蓄水灌溉工程之一。20世纪50年代后，蓄水灌溉工程发展迅速。至1985年，全国已建成水库8.3万座，总蓄水量达4000多亿立方米，占年径流量的15%。此外修建的塘堰达630多万处。蓄水工程内的水量和水质要满足灌溉用水的需要。为确保水库安全，应根据国家规定的设计洪水标准，修建溢洪道，加固大坝，不断进行检测，及时做好维修和管理工作，并继续完成各项配套工程，以充分发挥蓄水工程的效益。引水灌溉时要注意：合理进行库水调度，充分发挥灌溉效益；采取水库分层取水和其他升温措施，满足作物生长对水温的要求；做好水库上游的水土保持工作，防止泥沙淤积库内，以延长水库使用寿命；禁止生活污水和工业有毒废水排入水库，防止水质污染，保证了人类水资源的可持续发展。

（一）蓄水灌溉工程

随着社会经济的发展，我国的灌溉事业已经逐步成熟，在不同时期，灌溉发展的重点不同，灌溉工程不仅仅用于灌溉，也用于传播文化，灌溉具有多重作用，如提高作物产量、保障粮食安全、向农村提供饮用水、增加农民收入和解决农村脱贫、创造就业机会以及改善环境等。但是，随着社会经济的快速发展，中国在面临着水资源短缺和环境恶化等问题，中国的灌溉发展面临着挑战。尽管灌溉用水在总供水量中的比重在减少，但灌溉仍是中国的第一用水大户。由于中国的灌溉水利用率较低，所以灌溉的节水潜力很大。蓄水灌溉措施，包括现代灌水技术、现代农艺措施和现代管理措施，已经在中国的300个县进行了示范和推广。中国还在208个大型灌区开展了大型灌区续建配套和蓄水改造工作。大约770万公顷的灌溉面积已经发展成为蓄水灌溉面积。22.73万千米长的渠道得到了衬砌，建成了13.13万千米长的低压管道，145万公顷的喷灌面积和14.55万公顷的微灌面积。1670万公顷的灌溉面积上推广使用了非工程蓄水措施，其中800万公顷是采用控制灌水方法的水田。比如，都江堰灌区是目前全国最大的灌区，现有耕地1086万亩。往年春耕时节，灌区400多万亩秧田需要供水育秧，由于春天正值岷江枯水期，上游来水十分有限，春灌与生活、工业、环境用水矛盾突出。紫坪铺水利枢纽工程建成后，总库容11.12亿立方米的水库通过蓄水，使耕地的供水保证率由原来的30%，提高到80%，枯水期增加灌溉供水量4.37亿立方米。预计12月底水库的蓄水位将达到841米高程，届时可提供2.3亿立方米的灌溉用水。

（二）蓄水防洪工程

随着国家对防洪抗旱的重视，水利部先后颁布了多份水库工程防汛的相关章程，对当前国内水库防洪技术的提高起着有效的指导和促进作用。目前在水库的防洪问题上一般采用综合防治的方法，通过采取蓄、泄、滞、分四种措施，快捷有效地达到防汛的目的。做好防汛工作，确保城镇防洪安全对于保障经济发展和社会稳定具有重要的意义。蓄水防洪工程是利用防洪水库库容调蓄洪水以减少下游洪灾损失的措施。水库防洪一般用于拦蓄洪峰或错峰，常与堤防、分洪工程、防洪工程措施等配合组成防洪系统，通过统一的防洪调度共同承担其下游的防洪任务。用于防洪的水库一般可分为单纯的防洪水库及承担防洪任务的综合利用水库，也可分为溢洪设备无闸控制的滞洪水库及有闸控制的蓄洪水库。在水库枯水期蓄水阶段，河道里的泥沙就会全部淤积在水库蓄水区内，到水库放水时期，这些泥沙就随着水流流到水库下游河段下，长期以来，经过不断的积累就会在水库下游河段形成大量的泥沙淤积。尽管从水库工程建设运行开始，其流到下游河道的泥沙淤积逐年减少，但泥沙淤积总量会持续地增加。由于河道泥沙的大量淤积，就致使了河床在不断地抬高和展宽，当水库在紧急泄洪情况下，就会导致泄洪速度缓慢，提高了水库的防洪能力，对人民的生命财产安全提供了保证。

水库的防洪调度是蓄水防洪工程的重要组成部分，通过合理的防洪调度可以有效地降低洪水所造成的影响，甚至可以避免洪水带来的危害。当水库水位超过正常蓄水位或水库承担下游防洪任务，应及时开启全部闸门敞开泄洪，以确保水库的安全。对于一些特殊的运用方式，有时需启用临时的泄洪设施，此时操作上应该格外谨慎。拥有较大的蓄洪量的水库，以库水位作为启用条件比较安全。对于蓄洪能力较小或者是设计洪水标准较低的水库，以入库流量作为启用条件比较安全。水库本身防洪标准：从保证大坝安全出发，需要分别拟订水库防洪设计标准（正常运用）及校核标准（非常运用）。水库设计洪水，是在正常运用情况下确定水库有关参数和水工建筑物尺寸的依据。校核洪水是非常运用情况下校核大坝安全的依据。水库的防洪设计标准主要根据大坝规模、效益、失事后造成的严重后果等因素，按照有关的规程、规范选定，必要时可通过经济论证及综合分析确定。蓄水工程对人类发展意义重大，首先，单纯防洪的水库不能充分利用水资源，以防洪任务为主的水库要考虑其他兴利要求；以兴水利任务为主的水库要根据具体情况安排一定的防洪库容。其次，以水库群组成的防洪系统，能充分发挥各种防洪工程措施或非工程措施的优势，是解决防洪问题的方向。最后，水库防洪要进一步采用先进的科学调度技术和手段，蓄水防洪对人类生产生活的发展意义重大，极大地保证了人们生命财产的安全。

二、泄水枢纽系统简介

在水利枢纽工程中，泄洪闸坝既起挡水作用，又被用于下泄规划库容所不能容纳的洪水，是控制水位、调节泄洪量的重要建筑物。溢流闸坝除应具备足够泄流能力外，还要保证其在工作期间的自身安全和下泄水流与原河道水流获得妥善的衔接。西岸水电站是低水头电站，其泄水建筑物需要满足低水头、大流量的泄洪要求。泄水系统按构造可分为泄洪闸门或泄洪隧洞两类。前者通常在大坝上设置，必要时借助开启闸门泄水。后者需在大坝两侧分别设进排水口，并在水库水位超高时启用。常用的泄水建筑物有：（一）低水头水利枢纽的滚水坝、拦河闸和冲沙闸；（二）高水头水利枢纽的溢流坝、溢洪道、泄水孔、泄水涵管、泄水隧洞；（三）由河道分泄洪水的分洪闸、溢洪堤；（四）由渠道分泄入渠，洪水或多余水量的泄水闸、退水闸；（五）由涝区排泄涝水的排水闸、排水泵站。修建泄水建筑物，关键是要解决好消能防冲和防空蚀、抗磨损。对于较轻型建筑物或结构，还应防止泄水时的振动。泄水建筑物设计和运行实践的发展与结构力学和水力学的进展密切相关。近年来由于高水头窄河谷宣泄大流量、高速水流压力脉动、高含沙水流泄水、大流量施工导流、高水头闸门技术以及抗震、减振、掺气减蚀、高强度耐蚀耐磨材料的开发和进展，对泄水建筑物设计、施工、运行水平的提高起了很大的推动作用。泄水输水建筑物是水利水电枢纽工程十分重要的水工建筑物，水流冲刷作用会产生诸多地质问题。冲刷的影响因素主要有地质和水流两个方面，其中前者是根本。目前冲刷坑计算采用的是建立在室内模型试验和原型观测成果基础上提出的经验公式，最终冲刷结果还需通过水工模型试验予以验证。地基冲刷的影响因素十分复杂，地质上应综合分析和评价，注意要留有余地。同时在工程运行期间，对严重冲刷地段必须加强安全监测，为枢纽的正常运行提供安全保障。

目前我国水利工程应用的泄水建筑物用以排放多余水量、泥沙和冰凌等的水工建筑物。泄水建筑物具有安全排洪，放空水库的功能。对于水库、江河、渠道或前池等的运行起太平门的作用，也可用于施工导流。溢洪道、溢流坝、泄水孔、泄水隧洞等是泄水建筑物的主要形式。和水坝结合在一起的称坝体泄水建筑物；设在坝身以外的常统称为岸边泄水建筑物。泄水建筑物是水利枢纽的重要组成部分。其造价常占工程总造价的很大部分。所以，合理选择形式，确定其尺寸十分重要。泄水建筑物按其进口高程可布置成表孔、中孔、深孔或底孔。表孔泄流与进口淹没在水下的孔口泄流，由于泄流量分别与 $H^{3/2}$ 和 $H^{1/2}$ 成正比，所以，在同样水头时，前者具有较大的泄流能力，方便可靠，常是溢洪道及溢流坝的主要形式。深孔及隧洞一般不作为重要大泄量水利枢纽的单一泄洪建筑物。葛洲坝水利枢纽二江泄水闸泄流能力为 $84000\text{m}^3/\text{s}$，加上冲沙闸和电站，总泄洪能力达 $110000\text{m}^3/\text{s}$，是目前世界上泄流能力最大的水利枢纽工程。

三、蓄泄水工程实例——三峡工程

三峡水利枢纽是一个集防洪、发电、航运等于一体的多项综合效益的大型水利水电工程。工程建成后，荆江河段两岸地区的防洪标准将可以提高到百年一遇，减轻长江中下游洪水淹没损失和对武汉市的威胁，并为洞庭湖区的根本治理创造条件；为经济发达、能源不足的华中、华东地区提供可靠廉价的电能，每年约替代原煤 4000 万～5000 万 t；显著改善长江宜昌至重庆 660km 的航道，万吨级船队可直通重庆，航道单向年通过能力可提高到5000 万 t，运输成本可降低 35%～37%，同时，因三峡水库的调节，宜昌下游枯水季最小流量可提高到 5000m³/s 以上，将大大改善长江中下游枯水季节航运条件。另外，有利于促进旅游业的发展，有利于南水北调工程的实施。三峡水电站大坝高程 185 米，蓄水高程 175米，静态投资 1352.66 亿元人民币，安装 32 台单机容量为 70 万千瓦的水电机组。三峡电站最后一台水电机组于 2012 年 7 月 4 日投产，这意味着，装机容量达到 2240 万千瓦的三峡水电站，2012 年 7 月 4 日已成为世界上最大的水力发电站和清洁能源生产基地。

三峡工程对相关的环境产生积极的影响，三峡水库蓄水以来，目前三峡库区及相关区域生态环境状况总体良好，生态保护措施也取得阶段性的成效，与蓄水前相比基本保持稳定，蓄水后三峡坝库区生态效益明显。三峡工程主要有以下几点作用，第一，防洪，历史上，长江上游河段及其多条支流频繁发生洪水，每次特大洪水时，宜昌以下的长江荆州河段（荆江）都要采取分洪措施，淹没乡村和农田，以保障武汉的安全。在三峡工程建成后，其巨大库容所提供的调蓄能力将能使下游荆江地区抵御百年一遇的特大洪水，也有助于洞庭湖的治理和荆江堤防的全面修补。第二，发电，三峡工程的经济效益主要体现在发电。该工程是中国西电东送工程中线的巨型电源点，所发的电力将主要售予华中电网的湖北省、河南省、湖南省、江西省、重庆市，华东电网的上海市、江苏省、浙江省、安徽省，以及南方电网的广东省，可缓解我国的电力供应紧张局面。截至 2012 年年底，三峡电站历年累计发电量达到 6291.4 亿千瓦时，相当于减排二氧化碳 4.96 亿吨，减排二氧化硫 595万吨，为节能减排做出了积极贡献。第三，航运，三峡蓄水前，川江单向年运输量只有1000 万吨，万吨级船舶根本无法到达重庆。三峡工程结束了"自古川江不夜航"的历史，三峡几次蓄水使川江通航条件日益改善。2009 年，通过三峡大坝的货运量有 7000 万吨左右。自 2003 年三峡船闸通航以来，累计过坝货运量突破 3 亿吨，超过蓄水前 22 年的货运量总和。三峡工程自建立以来对周边环境产生了积极的影响，带动了周围生态环境的积极发展。

第五节　给排水工程

一、给排水工程简介

给排水工程是人类用水的一项重要基础内容，简称给排水。给排水科学与工程一般指的是城市用水供给系统、排水系统（市政给排水和建筑给排水），简称给排水。给水排水工程研究的是水的一个社会循环的问题。给水：一所现代化的自来水厂，每天从江河湖泊中抽取自然水后，利用一系列物理和化学手段将水净化为符合生产、生活用水标准的自来水，然后通过四通八达的城市水网，将自来水输送到千家万户。排水：一所先进的污水处理厂，把我们生产、生活使用过的污水、废水集中处理，然后干干净净地被排放到江河湖泊中去。这个取水、处理、输送、再处理、然后排放的过程就是给水排水工程主要研究的要内容。其中，给水工程是向用水单位供应生活、生产等用水的工程。给水工程的任务是供给城市和居民区、工业企业、铁路运输、农业、建筑工地以及军事上的用水，并须保证上述用户在水量、水质和水压的要求，同时要担负用水地区的消防任务。给水工程的作用是集取天然的地表水或地下水，经过一定的处理，使之符合工业生产用水和居民生活饮用水的水质标准，并用经济合理的输配方法，输送到各种用户。其次，排水工程为了保护环境，现代城市就需要建设一整套完善的工程设施来收集、输送、处理和处置这些污废水，城市降水也应及时排出。排水工程就是城市、工业企业排水的收集、输送、处理和排放的工程系统。排水包括生活污水、工业废水、降水以及排入城市污水排水系统的生活污水、工业废水或雨水的混合污水（城市污水）。因此，排水工程的基本任务是保护环境免受污染，以促进工农业生产的发展和保障人民的健康与正常生活。其主要内容包括：（一）收集城市内各类污水并及时地将其输送至适当地点（污水处理厂等）；（二）妥善处理后排放或再重复利用。给排水工程是人类生产生活重要的组成部分，给人类提供了许多方便。

二、建筑内部给水系统

（一）建筑内部给水系统分类与组成

建筑内部给水系统按其用途可分为：生活给水系统、生产给水系统和消防给水系统三大类。若条件许可，采用生活、生产、消防共用给水系统较节省建设费用。对于高层建筑，消防要求高的某些公共建筑和生产厂房，若消防管道与其他管道合并，在技术和经济上均不合理时，可设置专用的消防给水系统。一是生活给水系统。生活给水系统是设在工业建筑或民用建筑内，供应人们日常生活的饮用、烹饪、盥洗、洗涤、淋浴等用水的给水系统。满足水量、水压、饮用水水质要求，特别是对水质有较高的要求。划分为生活饮用水系统和生活杂用水系统。二是生产给水系统。生产给水系统是设在工矿企业生产车间内，供应生产过程用水的给水系统。生产给水因产品的种类以及生产的工艺不同，其对水质、水量和水压的要求有所不同。如冷却用水、锅炉用水。划分为循环给水系统、重复利用给水系统。三是消防给水系统。消防给水系统是设在多层或高层的工业与民用建筑内，供应消防用水的给水系统。消防给水对水质要求不高，但必须保证有足够的水量和水压，符合建筑防火规范要求，保证有足够的水量和水压。划分为消火栓灭火系统和自动喷水灭火系统。建筑内给水方式有多种，种类也不一，但目的就是方便人类的生产生活。

给水系统是建筑物内重要组成部分，一般建筑物的给排水系统包括给水系统和排水系统，它是任何建筑物必不可少的重要组成部分。给水系统主要由引入管、水表节点、给水管道、配水装置和用水设备、控制附件、增压和储水设备等部分组成。建筑内部给水与小区给水系统是以建筑物内的给水引入管上的阀门井或水表井为界。典型的建筑内部给水系统，一般有以下几点组成。

1.水源：指市政接管或自备贮水池等。主要供给人们饮用、盥洗、洗涤、烹饪等生活用水，其水质必须符合国家规定的饮用水质标准和卫生标准。

2.管网：建筑内的给水管网是由水平或垂直干管、立管、横支管和建筑物引入管组成。给水管道系统是构成水路的重要组成部分，主要由水平干管、立管和支管等组成，多采用钢管和铸铁管，也可采用兼有钢管和塑料管优点的钢塑复合管，以及以铝合金为骨架、管道内外壁均为聚乙烯的铝塑复合管等。

3.水表节点：指建筑物引入管上装设的水表及其前后设置的阀门的总称或在配水管网中装设的水表。安装在引入管上的水表及其前后设置的阀门和泄水装置总称为水表节点。其中，水表用来计量建筑用水量，常采用流速式水表；水表前后安装的阀门用于水表检修和更换时关闭管道，泄水装置用于水表检修时放空管网。为保证水表计量准确，需要水流平稳地流经水表，所以在水表安装时其前后应有符合产品标准规定的一段直线管段。寒冷地区为防止水表冻裂，可将水表井设在有采暖的房间内。

4.给水附件：指管网中的阀门及各式配水龙头等。主要指管道系统中调节水量、水压，控制水流方向以及便于管道、仪表和设备检修的各类阀件。常用的阀门有截止阀、闸阀、蝶阀、止回阀、液位控制阀、安全阀等。

5. 升压和贮水设备：在室外给水管网提供的压力不足或建筑内对安全供水、水压稳定有一定要求时，需设置各种附属设备，如水箱、水泵、气压装置、水池等升压加贮水设备。当市政给水管网压力不足，不能满足建筑物的正常用水要求，或建筑对安全供水要求较高时，需在给水系统中设置水泵、气压给水装置、水箱与蓄水池等增压和储水设备。

6. 室内消防给水设备：建筑物内消防给水设备有消火栓、水泵接合器、自动喷水灭火设施。主要供给各类消防设备灭火用水，对水质要求不高，但必须按照建筑防火规范保证供给足够的水量和水压。

（二）消防给水系统

消防给水系统是建筑物重要组成部分，首先，室外消防给水系统按消防水压要求分高压消防给水系统、临时高压消防给水系统和低压消防给水系统。由于消防水系统与火灾自动报警系统、消防自动灭火系统密切，国家技术规范规定消防给水应由消防系统统一控制管理，因此，消防给水系统由消防联动控制系统进行控制。大中城镇的给水系统基本上都是生活、生产和消防合用给水系统。采用这种给水系统有时可以节约大量投资，符合我国国民经济的发展方针。从维护使用方面看，这种系统也比较安全可靠，当生活和生产用水量很大，而消防用水量不大时宜采用这种给水系统，生产、生活和消防合用的给水系统，要求当生产、生活用水达到了最大小时用水量时（淋浴用水量可按15%计算，浇洒及洗刷用水量可不计算在内），仍应保持室内和室外消防用水量，消防用水量按最大秒流量计算。另外，室内消防系统指安装在室内，用以扑灭发生在建筑物内初起的火灾的设施系统。它主要有室内消火栓系统、自动喷水消防系统、水雾灭火系统、泡沫灭火系统、二氧化碳灭火系统、卤代烷灭火系统、干粉灭火系统等。根据火灾统计资料证明，安装室内消防系统是有效的和必要的安全措施。室内消火栓箱内一般设有水枪、水带等。为扑救初起火灾，水枪流量一般按两支水枪同时出水，每支水枪的平均用水量约按5升/秒计算。高层建筑室内消防水量，一般按室外消防用水量计算；高度在50米以上的高层公共建筑的室内消防水量应大于室外消防水量。消防给水系统是建筑物重要组成部分，关系到居民的正常生产、生活，应该加大研究力度。

三、建筑排水系统

（一）建筑排水系统概述

建筑内排水系统是建筑的主要组成部分，建筑内水系统指一栋建筑，特别是一栋高层建筑及其附属建筑构成的范围内，以其排出的生活废水或生活污水为水源，经适当处理，水质达到中水水质标准后，用专用管道回送到原建筑物及其附属建筑或邻近建筑作为低水质用水。建筑物中水宜采用原水的污、废分流，中水专供的完全分流系统。所谓"完全分流系统"，是指中水原水的收集系统和建筑物的原排水系统是完全分开，而建筑物的生活给水与中水供水也是完全分开的系统，也就是有粪便污水和杂排水两套排水管，即给水和中水两套给水管的系统。建筑内排水系统是将室内人们在日常生活和工业生产中使用过的水分别汇集起来，直接或经过局部处理后，及时排入室外污水管道。为排除屋面的雨、雪水，有时要设置室内雨水道，把雨水排入室外雨水道或合流制的下水道。建筑内部排水系统分为污废水排水系统和屋面雨水排水系统两大类，按照污水、废水的来源，污废水排水系统又分为生活排水系统和工业废水排水系统，按污水与废水在排放过程中的关系，生活排水系统和工业废水排水系统又分为合流制和分流制两种体制。另外，生活排水系统排除居住建筑、公共建筑及工业生产企业生活间的污水与废水，工业废水排水系统排除工业企业在生产过程中产生的废水，屋面雨水排除系统收集排除降落到工业厂房、大屋面建筑和高层建筑屋面上的雨雪水。建筑物排水系统适用于大型工业厂房、民房等建筑。

（二）建筑排水系统组成

排水系统是建筑重要组成部分，建筑内部污废水排水系统的基本组成部分有，卫生器具和生产设备的受水器、排水管道、清通设备和通气管道，在有些建筑物的污废水排水系统中，根据需要还设有污废水的提升设备和局部处理构筑物。其中，卫生器具又称卫生设备或卫生洁具，是接受、排出人们在日常生活中产生的污废水或污物的容器或装置，包括便溺器具、盥洗、沐浴器具、洗涤器具、地漏等。卫生器具是建筑内部排水系统的起点。因各种卫生器具的用途、设置地点、安装和维护条件不同，所以卫生器具的结构、形式和材料也各不相同。除大便器外，其他卫生器具均应在排水口处设置格栅。生产设备受水器是接受、排出工业企业在生产过程中产生的污废水或污物的容器或装置。普通外排水系统又称格沟外排水系统，由榜沟和雨落管组成，降落到屋面的雨水沿屋面集流到搪沟，然后流入到隔一定距离沿外堵设置的雨落管排至地面或雨水口。雨落管多用镀锌铁皮管或塑料管，镀锌铁皮管为方形，断面尺寸一般为 $80mm \times 100\ mm$ 或 $80mm \times 120mm$，塑料管管径为 $75mm$ 或 $100\ mm$。根据降雨量和管道的通水能力确定下根雨落管服务的房屋面积，再根据屋面形状和面积确定雨落管间距。根据经验.民用建筑雨落管间距为 $8~12m$，工业建筑为 $18~24m$。普通外排水方式适用于普通住宅、一般公共建筑和小型单跨厂房。内外排水统称为建筑排水系统，是建筑物不可或缺的重要组成部分。

（三）建筑排水系统特点

建筑给排水是一门应用技术，是研究工业和民用建筑用水供应和废水的汇集、处置，以满足生活、生产的需求和创造卫生、安全舒适的生活、生产环境的工程学科。在水的人工循环系统中，建筑给排水工程上接城市给水工程，下接城市排水工程，处于水循环的中间阶段。它将城市的给水管网的水送至用户如居住小区、工业企业、各类公共建筑和住宅等，在满足用水要求的前提下，分配到各配水点和用水设备，供人们生活、生产使用，然后又将使用后因水质变化而失去使用价值的污废水汇集、处理，或排入市政管网回收，或排入建筑中水的原水系统以备再生回收。建筑给排水工程和供热、通风、空调、供电和燃气等工程共同组成建筑设备工程，具有提高建筑使用质量，高效地发挥建筑为人们生活、生产服务的功能。比如虹吸排水系统，虹吸排水系统是建筑物给排水系统的重要组成部分，它的任务是及时排除降落在建筑物屋面的雨水、雪水，避免形成屋顶积水对屋顶造成威胁，或造成雨水溢流、屋顶漏水等水患事故，以保证人们正常生活和生产活动。虹吸排水系统的特点是横管不设坡度的情况下，形成满管流，以极快的速度排清屋面的积水。虹吸排水将是未来大屋面雨水排水的发展方向：（1）比重力系统管径小 1/2 至 2/3；（2）减少立管和雨水斗数量；（3）横管不需要坡度、管道走向灵活可根据各种设计要求设置，雨水斗布点灵活；（4）最小的地面开挖工作，雨水井少，施工简单快捷；（5）最大限度地减小天沟的进水深度、系统寿命长；（6）水流速度快具有自洁管道功能、可节省大量维护费用。因此虹吸排水系统能够有效地保护建筑物，同时保证人们的生活质量。

第十二章　水利工程管理

第一节 水库管理

一、我国水利建设基本现状

随着我国水利建设的发展，对我国的社会主义现代化建设以及新农村建设越来越重要。但是近些年以来在水利工程发展的过程当中，由于各种相关因素的干扰和限制，使得我国在水利工程在设计标准方面遭到了较大的冲击，一部分的水利设施在没有经过科学设计的前提之下就进行开建；另一部分由于建设过程缺乏规范性以及科学性，最终导致水利工程的质量整体不高，在近几十年的使用当中一部分的水利工程已经出现老化的现象，开始出现诸多的安全隐患。另外对于工程整体效益的发挥也产生了较大不利影响。甚至有可能对于人民群众生命和财产安全带来巨大的威胁。迫切的需要采取相关的措施来加强水库的管理，从而使其更好的为我们的经济发展服务。水利工程对我国农业发展起到不可替代的作用，但水利工程事业的建设往往会受到很多因素的限制，比如来自由于工程设计标准低，或者未经设计就动工修建，并且建设背离科学性、规范性，所以导致工程质量低下。再加上部分工程设备因年久失修，被损坏现象严重，施工建设中严重影响其工程项目的安全性，阻碍经济效益的提高，甚至威胁到人民群众生命财产安全，给水库管理带来麻烦，一定程度上影响经济发展。

水库的管理是我国水利建设的一项重要内容，其作为我国蓄水、调水以及洪水拦截的重要水利工程，而且水库还能够起到灌溉农田、发电以及养鱼等作用。我国的国土上分布着各种的大大小小的水库，是我国城乡发展建设过程当中具有重要意义的水利基础设施。一部分的大型水库还担负着城市的生活用水以及防洪的作用。目前，我国在进行水库管理的过程当中存在一定的问题，对于水库的正常运行产生了一定的影响。因此怎样加强水库的管理，从而使之能够更为改善防灾及弥补水资源的不足等进一步的改善。另外，我国大多数江河处于无控制或控制程度很低的自然状态，水资源开发利用水平低下，农田灌排设施极度缺乏，水利工程残破不全。60多年来，围绕防洪、供水、灌溉等，除害兴利，开展了大规模的水利建设，初步形成了大中小微结合的水利工程体系，水利面貌发生了根本性变化。主要体现在以下几个方面：一是大江大河干流防洪减灾体系基本形成，七大江河基本形成了以骨干枢纽、河道堤防、蓄滞洪区等工程措施，与水文监测、预警预报、防汛调度指挥等非工程措施相结合的大江大河干流防洪减灾体系，其他江河治理步伐也明显加快。二是水资源配置格局逐步完善，通过兴建水库等蓄水工程，解决水资源时间分布不均问题；通过跨流域和跨区域引、调水工程，解决水资源空间分布不均问题。三是农田灌排体系初步建立，通过实施灌区续建配套与节水改造，发展节水灌溉，反映灌溉用水总体效率的农业灌溉用水有效利用系数，从中华人民共和国成立初期的0.3提高到0.5。农田水利建设极大地提高了农业综合生产能力，以不到全国耕地面积一半的灌溉农田生产了全国75%的粮食和90%以上的经济作物，为保障国家粮食安全做出了重大贡献。四是水土资源保护能力得到提高，在水土流失防治方面，以小流域为单元，山水田林路村统筹，采取工程措施、生物措施和农业技术措施进行综合治理，对长江、黄河上中游等水土流失严重地区实施了重点治理；充分利用大自然的自我修复能力，在重点区域实施封育保护，总而言之，要进一步加强对我国水利的建设，从而推动我国水资源的进一步发展。

二、我国水库管理的基本现状

水库工程在整个国家经济的发展过程中发挥了重要的作用，对其内容进行整体的研究和了解，能够进一步掌握国家内部成本资金和经济发展的主要规律。首先，从内容角度出发，可以将水库工程根据自身功能性质的不同，进行不同程度的划分，主要包括内容为水库工程的灌溉投资、防洪工程投资等。我国的水利工程最大的作用就是蓄水、防洪以及灌溉。文章首先对于目前水库在闸管、灌溉渠道、溢洪道以及挡水坝等的相关问题进行阐述。第一，溢洪道普遍存在一定的安全隐患。目前国内水库大部分的溢洪道都是在原来山坡的基础上进行改造而成的，基本上都是敞开式的设计，而且在设计的过程当中没有衬底以及导墙地板，在多年的使用过程当中非常容易损坏；另外由于溢洪道本身的宽度相对较小，能够溢洪的数量也十分的有限，因此一旦遇到大暴雨等特殊情况就会导致洪水对于大坝进行冲击从而影响大坝的安全性。第二，目前国内水库挡水坝通常采用均值黏土来进行建设，并且通常在没有施工图纸时就开始施工，因此通常拦水坝具有质量相对较低的问题，一部分的拦水坝甚至达不到水利设施要求的宽度以及高度；在水库建设的过程当中，对于河坝清理不够到位，并且缺少反滤层以及排水沟等设施，使得大坝在使用过程当中产生坝基渗漏等相关的问题。我国的水库建设已经逐步成熟，极大地促进了我国水利建设的发展。

近几年来，水利事业成为我国国民经济的支柱性行业，随着改革开放政策的不断落实，农业基础设施建设得到了不断的发展。在这种背景下，不断提高农业经济水平在一定程度上能够加快国民经济整体的发展步伐。同时，水库工程的数量和规模在不断地增大，为农业种植业的发展提供了灌溉基础，提高了农业的生产力水平。据相关的调查数据显示，我国农业产量每年呈现递增趋势，农业的种植面积和范围也在不断地扩大，这种情况很大程度上解决了我国的粮食问题，并为农业专业研究者在相关领域的研究营造了一个良好的客观环境和条件。由此可见，水库工程的运用很大程度上为国民经济的发展打下了基础，解决了后顾之忧。其次，在我国目前大多的水库管理工作中存在许多的问题，比如水利工程设施建设不完善、管理主体意识淡薄，管理人员短缺、水库管理缺少经费支持等等，我们应该正确看待这些问题，及时分析解决问题的对策。那么在水库管理工作中，应不断加强工程建设本身进一步完善、成立专门的水库管理机构、加大对水库管理工作的宣传、完善水库基础设施建设来做好水库管理工作，做到切实提高水库在工农业经济发展中的作用，使工程水利事业更好造福社会。比如，我国小型水库建设，小型水库管理中最突出的一个问题就是维修养护工作不到位，使得水库在运行中出现质量问题。随着科技的不断发展，水利工程引入很多先进的设备仪器，但是早期建设的小型水库采用的设备落后，在长期的使用中，受到风雪、日晒等影响，很多设备出现老化问题，需要加强相关的维修与养护措施。但是，很多管理部门对于小型水库后期的维修养护工作重视不足，加上资金投入不足、维修养护人员较少、技术水平不达标等因素影响，小型水库的维修和养护很难实现规范化，严重影响小型水库正常工作，甚至对周围居民生活造成安全隐患。

三、我国水库工程在国民经济建设中的作用

水利工程是我国国民经济和社会发展的重要物质基础，长期以来，水利工程在防洪、防涝、防灾、减灾等方面对国民经济的发展做出了重大的贡献，同时在工业生产、农业灌溉，居民生活、生态环境等方面发挥了巨大的作用。加快水利工程管理改革的步伐，实现水资源的可持续利用，促进水利工程管理的健康发展，是我们水利人义不容辞的责任和义务。水库工程的应用很大程度上促进了我国电力行业的发展，水电事业是我国电力系统结构的重要组成部分，可以说电能影响了人们日常生活工作的方方面面，对城市文明建设和经济发展发挥了不可或缺的作用。随着我国城市建设力度的不断加大，电能被社会各个方面所需要，在这种情况下，我国成为全球发电量名列前茅的国家，具有一定的国际影响力。水库工程促进了我国水利发电的整体利用水平，在很大程度上促进了农业、畜牧业等行业的发展，并保证了农村农民种田灌溉以及后续产品包装加工电力支持，在很大程度上减缓了原本紧张的电力紧缺情况，可以说水库工程的大规模应用很大程度上代表了我国水利发电工程发展水平的不断提高。总之，水利建设为国民经济和社会发展打下了良好的基础，产生了巨大的经济效益、社会效益和环境效益，加大了农田水利建设，保障了农业生产的基础，增强了农业后劲，在国民经济持续、稳定、协调发展中发挥着极其重要的作用。实践证明，水利作为国民经济的基础产业和基础设施，不仅是农业的命脉，也是整个国民

经济的命脉，推动了我国经济与建设的和谐发展。

四、我国水库工程应用前景

（一）社会效益和环境效益

水库管理是水利工程中的重要管理内容，水利工程在过去的发展中为经济效益的增长做出了重大的贡献，在未来的发展中，将会再接再厉。首先，要加大水利水电工程的建设力度，实现水利资源的更多利用，争取达到世界水利工程的利用水平，为地区和国家经济发展贡献更多力量。其次，要加大农村水利工程的资金投入力度，加强农村水利工程的管理，改善管理人员编制，实现水利资源为农村经济发展更好的服务。还有，水利工程项目的开展将会更加有规划，除了水资源的利用，起到防洪发电的作用以外，会结合更多的地区特色和优势一起发展，使地方的产业结构更加合理，扩展航道，发展新兴产业，增强地区经济能力，形成良性循环。为此，水利的社会效益体现在水利工程设施保障了社会安全、促进了社会发展。防洪工程抗御洪水灾害，保障了国民经济稳步发展、保护人民生命安全，维护社会安定团结和人民安居乐业，有利于文化、教育、科学、卫生等事业的全面兴旺；灌溉除涝工程促进了农、林、牧、副、渔的全面发展，丰富了农副产品市场的供应，繁荣了市场经济，提高了人民生活水平，是社会安定团结的基本保证；结合水利工程，航运业的发展促进了城乡物资交流；水电工程的建设，促进了经济的发展，活跃了政治、文化生活，改变了城乡面貌；供水工程为城乡经济发展提供了基础条件，改善了人民生活。水利的环境效益体现在水利工程设施保护和改善了生态环境，使其向良性方向发展。同时还体现在提供水源、改善水质、改良土壤、美化环境、调节和改善地区小气候、降低灾害发生频率等方面，这些都为人们提供了稳定良好的生产和生活环境，极大地推动了社会和谐发展与建设。

（二）对我国水电事业的影响

水电事业是我国电力系统的主要组成部分。新中国成立以来，一批大中型水力发电站的建设在我国工农业生产和人民生活中起到了不可缺少的作用。目前，无论是我国的年发电量还是水电装机容量，均位列世界前茅。农村小水电的建设有力地推动了地方工业和乡镇企业的发展，为农田灌溉、农副产品加工和缓解电力紧张局面做出了巨大贡献。而小浪底枢纽工程的顺利竣工、三峡枢纽工程的建设，以及一批在建或待建的水力发电工程，更预示着我国水力发电建设将进入了一个新的阶段。据统计，2000年至2010年，累计水力发电经济效益价值达到了636.98亿元。但是，水利工程建成之后的运行管理对环境的影响很复杂。库区蓄水后增加了水体的表面面积，大量的水被蒸发掉，增加了水资源的损失，这种损失是非常严重的。水库周边区域地下水位抬高，导致土地盐碱化等问题；库区蓄水后，由于上游蓄水抬高水位，过水断面增大，水流速度减少，挟沙能力降低，对于多泥沙河流来说，大量的泥沙将淤积在水库中，这将使水库的有效使用库容减少，防洪标准大大降低，对水库的使用年限和航运有很大的影响；水库建成后，库区水流流速小，透明度增大，利于藻类光合作用，坝前长时间存储的水，因藻类大量生长而导致富营养化，并且还降低了水、气界面交换的速率和水体稀释扩散能力，导致水体中污染物浓度增加，使得水库水体自净能力比河流弱；水库蓄水后，水温结构发生变化，可能会出现水质分层，对下游农作物和鱼类产卵产生危害；库区淹没会影响陆生生物的生活环境，修建大坝打破了原有水系内的生物的生活环境，对水生生物特别是对洄游性鱼类将产生直接影响，可能导致濒危珍惜动植物灭种；水库建成后，由于水面增加对水库周边地区的气候可能产生影响，如降雨、湿度与温度等都会受水库的影响。

第二节　水闸管理

一、我国水利管理现状

水利建设是我国社会发展的基础，近年来在治水实践中逐步得出的可持续发展水利思路为水利事业的发展指明了方向，即以水利信息化带动水利现代化。所谓水利信息化，就是充分利用现代信息技术，提高水利信息资源的应用水平和共享程度，从而全面提高水利建设的效能及效益。对水利信息化发展现状及趋势的研究将有助于更好地为水利信息化建设提供支持。我国水利工程自改革开放以来，快速发展，在很大程度上为人们的生活提供了便利，促进了国家的经济发展。水闸工程建设是水利工程建设中一个相当重要的环节，在水利工程的整体建设中发挥着不可替代的作用。其质量的优劣直接影响日后水利工程投入使用的有效程度。因此，在水利工程建设过程中要对水闸工程建设的各个环节进行有效控制，结合工程实际情况采用有效的施工技术，以保障水闸建设质量，从而保障工程整体质量。其次，水利工程按目的或服务对象可分为：防止洪水灾害的防洪工程；防止旱、涝、渍灾为农业生产服务的农田水利工程，或称灌溉和排水工程；将水能转化为电能的水力发电工程；改善和创建航运条件的航道和港口工程；为工业和生活用水服务，并处理和排出污水和雨水的城镇供水和排水工程；防止水土流失和水质污染，维护生态平衡的水土保持工程和环境水利工程；保护和增进渔业生产的渔业水利工程；围海造田，满足工农业生产或交通运输需要的海涂围垦工程等。一项水利工程同时为防洪、灌溉、发电、航运等多种目标服务的，称为综合利用水利工程。其次，修建在河道和渠道上利用闸门控制流量和调节水位的低水头水工建筑物。关闭闸门可以拦洪、挡潮或抬高上游水位，以满足灌溉、发电、航运、水产、环保、工业和生活用水等需要；开启闸门，可以宣泄洪水、涝水、弃水或废水，也可对下游河道或渠道供水。在水利工程中，水闸作为挡水、泄水或取水的建筑物，应用广泛，对国民建设发挥了极大的作用。

二、水闸管理主要内容

水闸管理是水利工程的主要内容，水闸由闸室、上游连接段和下游连接段组成。闸室是水闸的主体，设有底板、闸门、启闭机、闸墩、胸墙、工作桥、交通桥等。闸门用来挡水和控制过闸流量，闸墩用以分隔闸孔和支承闸门、胸墙、工作桥、交通桥等。底板是闸室的基础，将闸室上部结构的重量及荷载向地基传递，兼有防渗和防冲的作用。闸室分别与上下游连接段和两岸或其他建筑物连接。上游连接段包括：在两岸设置的翼墙和护坡，在河床设置的防冲槽、护底以及铺盖，用以引导水流平顺地进入闸室，保护两岸及河床免遭水流冲刷，并与闸室共同组成足够长度的渗径，确保渗透水流沿河岸和水闸基地的抗渗稳定性。下游连接段，由消力池、护坦、海漫、防冲槽、两岸翼墙、护坡等组成，用以引导出闸水流向下游均匀扩散，减缓流速，消除过闸水流剩余动能，防止水流对河床及两岸的冲刷。水闸运行内容主要包括：(一) 正确组织水闸运行，控制水闸上下游水位、水位差和过闸流量，以发挥其分洪、引水、泄水、排涝、冲淤、挡潮、纳潮、航运等作用。(二) 严格按照操作规程启闭闸门，防止工程设备发生事故，遭受损坏。(三) 开展工程检查观测、养护维修，消除工程缺陷，维护工程完整，延长工程寿命。(四) 改善经营管理，降低管理费用，增加经济收入。(五) 开展科学研究，使用先进技术，不断提高管理水平。水闸管理工作内容可分为调度运用、工程管理和经营管理等方面。为了开展管理工作，需要制订、修订有关水闸管理的规章制度、技术规程，建立岗位责任制和计划管理、技术管理、经营管理等工作制度。水闸管理能够调节水位，控制流量，具有挡水和排水双重功能，在防洪、灌溉、供水、航运、发电等方面应用广泛。

三、水闸管理的作用

水是世界上的宝贵资源，普遍存在自然界中，但自然存在的状态的水并不能够完全符合人类的需要。因此，只有修建水利工程，才能控制水流，防止洪涝灾害，并进行水量的调节和分配，以满足人民生活和生产对水资源的需要。水闸是一种常见的水利工程，以堤围、各类水闸、电排站为代表的水利工程设施遍布各镇街，捍卫人民生命和财产安全。然而，水闸工程结构构造复杂，施工环节质量控制难度大，在施工过程中若不严把质量关，会降低工程质量，给以后的管理工作带来一定的影响，因此中小型水闸建设工程质量问题切不可马虎。水闸作用水闸是建在河道、渠道及水库、湖泊岸边，具有挡水和泄水功能的低水头水工建筑物。关闭闸门，可以拦洪、挡潮、抬高水位，以满足上游取水或通航的需要；开启闸门，可以泄洪、排涝、冲沙、取水或根据下游用水需要调节流量。通过有计划、有目的地启闭闸门，控制流量，调节水位，发挥水闸作用的重要工作。水闸调度的依据是：（一）规划设计中确定的运用指标。（二）实时的水文、气象预报。（三）水闸本身及上下游河道的情况和过水能力。（四）经过批准的年度调度运用计划和上级的调度指令。在水闸调度中，需要正确处理除害与兴利之间的矛盾以及城乡用水、航运、放筏、水产、发电、冲淤、改善环境等有关方面的利害关系。在汛期，要在上级防汛指挥部门的领导下，做好防汛、抗旱、防台风、防潮等工作。在水闸运用中，闸门的启闭操作是关键，要求控制过闸流量和时间准确、及时，保证工程和操作人员的安全，防止闸门受漂浮物的冲击或由剧烈震动以及高速水流引起的破坏。为了改进水闸的运用操作，需要积极开展有关科学研究和技术革新，如改进雨情、水情、工情等各类信息的采集、处理手段；按水闸上下游水位、闸门开度与实际过闸流量之间的关系；改进水闸调度的通信系统，改善闸门启闭操作条件；设置必要的闸门自动化监控设备；设置可靠的备用电源等。水闸建设在水利工程中占有重要的地位，应该加强水闸工程建设，以促进社会进步发展。

四、水闸管理的特点

水闸关门挡水时，闸室将承受上下游水位差所产生的水平推力，使闸室有可能向下游滑动。闸室的设计，须保证有足够的抗滑稳定性。同时在上下游水位差的作用下，水将从上游沿闸基和绕过两岸连接建筑物向下游渗透，产生渗透压力，对水闸基地和两岸连接建筑物的稳定不利，尤其是对建于土基上的水闸，由于土的抗渗稳定性差，有可能产生渗透变形，危及工程安全，故需综合考虑地质条件、上下游水位差、闸室和两岸连接建筑物布置等因素，分别在闸室上下游设置完整的防渗和排水系统，确保水闸基地和两岸的抗渗稳定性。水闸开门泄水时，闸室的宽度须保证能通过设计流量。闸的孔径，需按使用要求、闸门形式及考虑工程投资等因素选定。由于过闸水流形态复杂，流速较大，两岸及河床易遭水流冲刷，需采取有效的消能防冲措施。对两岸建筑物的布置需使水流进出闸孔有良好的收缩与扩散条件。建于平原地区的水闸地基多为较松软的土基，承载力小，压缩性大，在水闸自重与外荷载作用下将会产生沉陷或不均匀沉陷，导致闸室和翼墙等下沉、倾斜，甚至引起结构断裂而不能正常工作。为此，对闸室和翼墙等的结构形式、布置和基础尺寸的设计，需与地基条件相适应，尽量使地基受力均匀，并控制地基承载力在允许范围以内，必要时应对地基进行妥善处理。对结构的强度和刚度需考虑地基不均匀沉陷的影响，并尽量减少相邻建筑物的不均匀沉陷。对水闸的设计还要求做到结构简单、经济合理、造型美观、便于施工、管理，以及有利于环境绿化等。此外，对水闸的设计还要求做到结构简单、经济合理、造型美观、便于施工、管理，以及有利于环境绿化等。水闸管理在水利工程中有重要地位，在我国经济发展中也占有重要的地位。

五、水闸的类型

随着社会的不断进步，水利工程建设快速发展，在很大程度上为人们生活提供了便利，促进了国家的经济发展。水闸工程建设在水利工程建设中一个相当重要的环节，在水利工程的整体建设中发挥着不可替代的作用。其质量的优劣直接影响日后水利工程投入使用的有效程度。因此，在水利工程建设过程中要对水闸工程建设的各个环节进行有效控制，结合工程实际情况采用有效的施工技术，以保障水闸建设质量，从而保障工程整体质量。水闸，按其所承担的主要任务，可分为：节制闸、进水闸、冲沙闸、分洪闸、挡潮闸、排水闸等。按闸室的结构形式，可分为：开敞式、胸墙式和涵洞式。开敞式水闸当闸门全开时过闸水流通畅，适用于有泄洪、排冰或排漂浮物等任务要求的水闸，节制闸、分洪闸常用这种形式。胸墙式水闸和涵洞式水闸，适用于闸上水位变幅较大或挡水位高于闸孔设计水位，即闸的孔径按低水位通过设计流量进行设计的情况。胸墙式的闸室结构与开敞式基本相同，为了减少闸门和工作桥的高度或为控制下泄单宽流量而设胸墙代替部分闸门挡水，挡潮闸、进水闸、泄水闸常用这种形式。如中国葛洲坝泄水闸采用 $12m \times 12m$ 活动平板门胸墙，其下为 $12m \times 12m$ 弧形工作门，以适应必要时宣泄大流量的需要。涵洞式水闸多用于穿堤引（排）水，闸室结构为封闭的涵洞，在进口或出口设闸门，洞顶填土与闸两侧堤顶平，即可作为路基而不需另设交通桥，排水闸多用这种形式。水闸的类型有多种，对水利建设有积极的推进作用。

第三节 堤坝管理

一、堤坝管理简介

堤防管理是水利建设的重要环节，能够维护堤防工程完整，确保工程安全，充分发挥地方工程的防洪、排涝、抗风浪和风暴潮的作用，通过技术、经济、行政、法律的手段对堤防进行管理的工作。堤防工程是防洪的屏障，堤防的安全与否直接关系保护区内的千百万人民生命财产安全和经济建设。由于堤防线长面广，易受到自然的和人为活动的影响及损坏，所以堤防的管理既有工程技术层面的管理，又有社会层面的管理，相对来讲社会管理难度更大。水库大坝的作用。第一，防洪保安。我国是一个洪涝灾害频繁的国家。

如果没有中华人民共和国成立以来不断建立完善的以水库、堤防、分滞洪区等构成的防洪工程体系对洪水进行调控，形成的洪灾损失将十分巨大。这些防洪工程体系不仅有效保护了人民的生命和财产安全，也保卫了国家经济建设秩序和改革开放的成果。第二，保障供水。水库大坝是调节配置河流水量，保障饮水安全、粮食安全和城乡经济社会发展用水安全的重要基础设施。近些年粮食持续丰收，与水库有效发挥灌溉保障作用是密切相关的。第三，保障能源供给。我国经济社会快速增长和能源紧缺的矛盾今后将会越来越突出，如果过度依赖火电必将引发二氧化碳过量排放，因此大力发展包括水能、风能、太阳能和生物质能等在内的各种可再生能源已成为我国基本的能源政策，有重大的指导意义，极大地推动了我国的经济与科技的和谐发展。

二、我国堤坝建设中存在的问题

我国筑坝历史悠久，但大规模的水库大坝建设却起步较晚。中华人民共和国成立前，我国坝高15m以上的大坝仅22座，占当时全世界的万分之四。20世纪50~70年代世界性的筑坝高潮形成时期，也正是我国百废待兴的时期，我国政府和人民自力更生、大干快上，开展了大规模的水利建设，建成了一大批关系国计民生和经济社会发展全局的水库大坝工程。其后几十年，我国的水库大坝建设不断丰富、发展，到目前为止已建或在建各类水库达到8.7万多座，筑坝技术和工程质量均居世界先进水平。坝体受损通常是由渗透破坏与变形破坏造成的。渗透破坏或渗透变形现象是指坝基下的渗透水流改变岩土体中的某些颗粒的位置或者改变颗粒成分与结构。变形破坏是指因为渗流作用的影响，导致坝体抗剪强度降低，部分部位出现不均匀变形、下滑、裂缝，很有可能造成滑坡、崩岸等危险情况出现。水库堤防渗透一般是指水体渗流到护区（库盆、堤防保护区）以外的地区从而导致漏失水量的现象出现。一旦这种渗流量较大，在严重影响水库效益的同时，还会降低软弱结构面强度，诱发某些岩体或断裂带充填物发生渗透改变，使得相邻低谷、洼地压力大增，抬升下游地下水水位，这样的现象会导致地下水浸没建筑物地基，使地基失稳。

三、堤坝的作用

堤坝工程是水利工程体系的重要组成部分，是水利为国民经济和社会发展提供水安全保障的重要基础设施。水库大坝作为水利工程的的重要组成部分，其建设过程中的安全和后期的使用安全管理，是我们应该关注的重点，因此对水库大坝安全管理进行研究具有深刻的现实指导意义。水库大坝的功能是对水体进行囤积，在需要的时候泄洪来保证各项用水需求。但是正由于其体积大和位置特殊，很多单位会将水库兼做其他功能使用，通常最多的就是将坝顶作为道路通行。在大量车辆行驶过程中，会给坝体带来较大活荷载。而原水坝设计的时候根本就没有考虑这部分荷载，结构自然会受到破坏。因此如果相关部门想将水坝兼作其他功能使用，必须通过设计单位对荷载和安全性能进行验算，只有在满足坝体安全和基本作用的情况下，才允许进行其他功能的改造，对我国水利事业有积极的推进作用。

四、堤坝工程建设中存在的主要问题

随着我国的经济迅速发展，国民生活水平大幅度提高。各项制度也在不断完善，在水利设施建设上也大刀阔斧地进行开发。随着经济的高速发展，能源需求也急速增加，水力资源无疑成为一个很好的选择，以水库为研究对象的水利工程规划。水库有山谷水库、平原水库、地下水库等，以山谷水库，特别是其中的堤坝式水库，为数最多。通常所称的水库工程多指这一类型。它一般都由挡水、泄洪、放水等水工建筑物组成。这些建筑物各自具有不同作用，在运行中，又相互配合形成水利枢纽。水库工程规划通常应在流域规划、地区水利规划或有关专业水利规划的基础上进行。堤坝工程建设与普通的住宅建设不同，在投入使用的过程中，不但要对基础设施建设的基本形变和性能的稳定性进行定期检测检验，而且要从堤坝工程的实际情况出发，充分考虑其在蓄水防洪的过程中是否可能产生渗漏这一安全隐患。千里之堤，溃于蚁穴。正是堤坝渗漏事故的有力写照，这一安全问题看似很小，但是它可以引发一系列的严重水利工程灾害。产生渗漏的原因主要有以下几个方面：首先，在整体水利工程施工作业过程中未严格按照有关规定进行施工，或者是没有根据堤坝所在地的地质情况、水文特征做出判断分析，将合理设计方法应用到实践中。其次，在自然地质灾害发生以后，堤坝主体受到强烈的冲击而出现损坏，坝基出现裂痕等等。再者就是堤坝运营时期过长，而且维护监测工作不到位，工作人员安全意识不强，对于险情的出现，勘探不够仔细，使用弥补方法不合适等诸多原因。因此，我国的发展需要水力资源的大力支持，为东部的经济建设提供源源不断的动力，从而为我国的可持续发展提供源源不断的动力。

（一）生态堤坝工程

堤防工程最原始的意义是抵御洪水潮水对人类的正常活动和生存环境带来的人类无法抗拒的自然灾害而修筑的水利防护工程。河道堤防的主体是人们众所周知的各种挡水堤、墙等。当前，随着社会经济的不断发展，我国堤防建设也在迅速发展，大量的工程建设在造福人类的同时，也对生态环境带来了很大的负面影响。如工程施工时的工前清场、搭建临时的设施设备、货物运输以及完工清场等，都有可能产生水、空气噪声污染以及损坏植物等各种环境影响。这些负面影响涉及广泛，具有长期性和不可逆性，所以在进行河道堤防建设的时候，必须对这些潜在影响采取相应的保护措施，这样才能使堤防建设真正的利国利民。其次，生态堤防是指恢复后的自然河岸或具有自然河岸水土循环的人工堤防。主要是通过扩大水面积和绿地、设置生物的生长区域、设置水边景观设施、采用天然材料的多孔性构造等措施来实现河道生态堤防建设。在实施过程中要尊重河道实际情况，根据河岸原生态状况，因地制宜，在此基础上稍加"生态加固"，不要作过多的人为建设。生态堤防工程是融现代水利工程学、环境科学、生物科学、生态学、美学等学科为一体的综合水利工程，从而使我过生水利事业进一步发展与壮大。

（二）大坝对河流生态系统的影响

生态水利工程积极保护与恢复了河流生态环境，实现了经济发展和环境保护的双重目的。在环境日益恶化的今天，只有认识到水利河道与生态环境之间的关系，才能在河道治理中充分地应用到生态水利。其次，生态堤防是指恢复后的自然河岸或具有自然河岸水土循环的人工堤防。主要是通过扩大水面积和绿地，设置生物的生长区域，设置水边景观设施，采用天然材料的多孔性构造等措施来实现河道生态堤防建设。在实施过程中要尊重河道实际情况，根据河岸原生态状况，因地制宜，在此基础上稍加生态加固，不要作过多的人为建设。其中，河流的生态系统包括河源，河源至大海之间的河道、河岸地区，河道、河岸和洪泛区中有关的地下水、湿地、河口以及其他淡水流入的近岸环境。大坝对流域生态系统环境的影响主要体现在河流非生态变量及生态变量变化两个方面，非生态变量是指流域水文、水量、水情、泥沙、水质、地貌、河道形态、下层地层构造、区域气候等流域特征。生态变量是指初级生产量及高级营养级。二者的变化是相互联系、相互作用的。另外，天然河流是蜿蜒弯曲、分叉不规则的，宽窄不一、深浅各异，在以往的堤防建设中，过多地强调裁弯取直，堤线布置平直单一，使河道的形态不断趋于直线化，岸坡坡脚附近的河床深潭一般也被填平，深潭、浅滩不复存在，导致整个河道断面变为规则的矩形或组合梯形断面，使河道断面失去了天然的不规则化形态，从而改变了原有河道的水流流态，对水生生物产生不良影响。总之，生态堤坝水河流生态环境有积极的作用，国家应该加大力度推进。

第四节　引水工程管理

一、引水工程简介

水利工程有利于控制和调配自然界中的水资源，达到除害兴利目的而修建的工程。也称为水工程。水是人类生产和生活必不可少的宝贵资源，但其自然存在的状态并不完全符合人类的需要。只有修建水利工程，才能控制水流，防止洪涝灾害，并进行水量的调节和分配，以满足人民生活和生产对水资源的需要。水利工程需要修建坝、堤、溢洪道、水闸、进水口、渠道、渡漕、阈道、鱼道等不同类型的水工建筑物，以实现其目标。引水工程管理是指通过一定的组织机构，采取技术的、经济的、法律的和行政的措施，以实现引水工程的安全、正常运行，发挥其预期效益。其主要内容为工程安全监控、养护修理、水量调节调配、水质监测与保护、实时操作运行和经济管理等。其中，引水工程的水源多采白天然河湖或经过水库、水利枢纽调节控制的水域。有本流域引水和跨流域引水；引水线路有的利用天然河道，有的为人工渠道或管道；沿线可能有泵站、调节水库以及分水、跌水、交叉水工建筑物等。引工程线路长，建筑物种类繁多，运行管理工作比较复杂。另外，世界各国已有不少大型跨流域引水工程投人运行。例如美国已建跨流域引水工程10余处，年调水量200多亿立方米。苏联1972年建成的额尔齐斯河向努拉河的调水工程，年调水量25亿立方米。中国已建成的跨流域引水工程有引滦入津、引黄济青、东深供水等。

二、引水工程意义——以南水北调为例

引水工程是跨流域调水，是人类运用现代科学技术，改造自然，改变人类生存环境，保护生态平衡和促进经济发展的伟大壮举。南水北调工程的兴建对华北的经济环境、生态环境以及社会环境都将带来巨大的改善，并带动全国经济和社会的持续发展与稳定。南水北调对农业的根本意义在于：用人力改变自然的水资源不匹配的现状，增加土地的自然生产力。实际上也是为了更加充分地利用太阳能，通过光合作用生产更多的生物产品满足人们的需要。我国南涝北旱，南水北调工程通过跨流域的水资源合理配置，大大缓解我国北方水资源严重短缺问题，促进南北方经济、社会与人口、资源、环境的协调发展，分东线、中线、西线三条调水线。西线工程在最高一级的青藏高原上，地形上可以控制整个西北和华北，因长江上游水量有限，只能为黄河上中游的西北地区和华北部分地区补水；中线工程从第三阶梯西侧通过，从长江中游及其支流汉江引水，可自流供水给黄淮海平原大部分地区；东线工程位于第三阶梯东部，因地势低，需抽水北送，极大地改善了北方地区水资源短缺的问题。

三、引水灌溉工程

引水灌溉工程是从水源自流取水灌溉农田的水利工程设施。根据河流水量、水位和灌区高程的不同，可分为无坝引水和有坝引水两类。引水枢纽的规划布置应满足以下要求：适应河流水位涨落变化，满足灌溉用水量要求；进入渠道的灌溉水含沙量少；引水枢纽的建筑物结构简单，干渠引水段较短，造价低且便于施工和管理；所在位置地质条件良好，河岸坚固，河床和主流稳定，土质密实均匀，承载力强。就当前我国的状况而言，水利灌溉在我国的经济发展以及农业生产中的占据的地位和发挥的作用越来越重要。所以，

水利灌溉制度建设工作的开展就变得至关重要。为了更加有效的促进国家经济和农业快速发展，各个灌区应该不断地提高灌溉的保证率。水利灌溉管理制度应尽可能地规范用水秩序，减少其水资源浪费现象的发生。实行水利灌溉管理制度后，由于灌溉用水的管理方式公正、民主、透明化，灌溉秩序规范化，这就使得许多在过去用水过程中出现的矛盾也可以在内部得到较为妥善的处理，从而避免出现矛盾激化的现象，减少了用水纠纷。对农业的发展进行灌溉管理后，可以结合有关的收费制度来进行水资源综合管理利用。让农民在从事农业生产生活中可以逐渐地认识到保护水资源的重要性，这样就可以使农民彻底地增强他们的节水意识。这样一来，通过节约用水就可以对农业自身的现代化种植进行协调运作，推动了农业产业的有序发展。

四、引水灌溉工程——以黑龙江垦区水稻种植为例

（一）节水灌溉目的与意义

在我国，由于独特的地理环境及气候，降雨时空分布不均，农业生产对水的依赖性很强，有水才能做到稳产高产。目前，我国灌溉用水量的比例在经历明显的下降过程后，呈稳定态势，但从长远看，随着工业，城市，生活，生态用水的不断增加，由于新增加水资源的开发潜力越来越小，开发代价越来越大，因此乃将有一部分灌溉用水转为其他行业用水。目前，农业用水占全国总有用水量的70%，由于受工程配套状况和管理水平所限，灌溉用水效率是水资源短缺的主要对策之一。节水农业的目标就是在农业灌溉区同等条件下，不增加用水量，通过各类防渗渠道等设施，采取滴灌、喷灌、低压管道等灌溉节水措施，以最少的水量最大限度地扩大灌溉面积，总体目的就是节约用水量。这一工程不仅能在计划用水、定额分配、"两水"并用、统一管理等方面提供方便，同时将会大大节约用水成本，为减轻农民负担，提高农民收入等，产生良好的经济效益和社会效益。比如，黑龙江垦区水稻由于特有的气候、地理、灌排和土壤条件。品质好、产量高，在全国富有盛名。水稻的发展对垦区农业经济发展具有极为重要的意义，据调查，垦区水利工程总供水量为71.13亿立方米，其中，农业用水总量达70.46亿立方米，水稻灌溉用水量达50.98亿立方米，占农业总用水量的80.87%，占社会总水量的80.11%。水资源是水稻种植业的重要基础。水稻具有很强的水分适应性，在已经进行的水稻覆膜旱作、旱作等试验研究中得已证明。水稻控制灌溉技术正是按照不同生育阶段水稻需水规律和对水分需求的敏感性。在全面发挥水稻适应能力和自身调节机能的基础上，适量适时地科学供水的节水灌溉新技术。这是一个主要的节水方法，推动了农业产业的新发展，以达到增产增收的目的。

（二）水稻控制灌溉技术理论

水稻控制灌溉是先进的水稻种植技术，指秧苗本田移栽后，田面保留 0.5 ~ 2.5cm 薄水层返青，返青以后的各个生育阶段田面不再长时间建立灌溉水层，而是以根部土壤水分为控制指标，确定灌水时间和灌水定额。控制灌溉技术既不属于充分灌溉，也不属于非充分灌溉范畴，认为在水稻生长发育过程中，适度进行水分胁迫，会使水稻产生一定的耐旱性，而且不会导致减产。其基本原理是：基于作物的生理生化作用受到遗传特性和生长激素的影响，认为如果在其生长发育某些阶段主动施加一定程度的水分胁迫，可以发挥水稻自身调节机能和适应能力，同时能够引起同化物在不同器官间的重新分配，降低营养器官的生长冗余，提高作物的经济系数，并可通过对其内部生化作用的影响，改善作物的品质，起到节水、优质、高效的作用。此灌溉技术是按照水稻在不同生育阶段对节水灌溉条件下水稻新的需水规律和水分需求的敏感程度，在发挥水稻适应能力和自身调节机能的基础上，开展适量适时科学供水的灌水新技术。在水稻非重要需水期，经过控制土壤水分导致适度的水分亏缺，改变水稻生态生理活动。让水稻株型和根系生长更为合理。在水稻主要需水期，经过合理供水提升根系土壤中热、气、水、养分状况及田面附近小气候，让水稻对养分和水分的吸收更为有效合理，推动水稻生长。经过合理的土壤水分控制和调节，既降低了灌溉水量和灌水次数，还极大地节省了用水量，并且可推动水稻根系发达生长，防止水稻地上部株型的无效生长。增加水肥利用的实效性。适量适时的灌溉供水，可较全面地发挥水稻生长的补偿效应，进而形成较理想的株型和较合理的群体结构，达到高产节水的目标。灌水后无水层的田间土壤水分状况。提高了长期淹水条件下的根部土壤环境。水肥的合理利用程度、净光合率、根系发育都显著提升，水稻质量得以增加。所以，水稻控制灌溉技术具有节水、抗病虫害、抗倒伏、低耗、优质、高产等优势，从而达到增产增收的目的。

第五节　灌溉工程管理

一、灌溉工程简介

随着我国农业产业的不断发展，灌溉工程已经成为重点水利工程。水利灌溉工程在改善人民生活水平和促进农业发展两方面起着不可忽视的作用，特别是对于我国农村的人民来说，水利灌溉工程的作用更是不容小觑。但是，随着人们生活水平的不断提高和人口数量的不断增长，水利灌溉工程的压力不断加大，而水利灌溉工程出现的一系列问题也越来越突出。因此，加强水利灌溉工程的建设与管理迫不及待。加强水利灌溉工程的建设与管理，不仅是环境保护工作的一项重要工作任务，同时也是建设社会主义新农村的重要工作内容。所以，水利灌溉工程的建设和管理十分重要。只有这样，才能加快我国国民经济的发展，同时，还能实现我国水利产业的可持续发展。鉴于我国水资源日益紧缺的趋势，20世纪70年代以来，特别是改革开放以来，我国大力发展节水灌溉。作为节水灌溉技术之一的喷灌技术得到了大规模的发展。国产喷灌设备也从无到有，并形成了一定的生产能力，对推动我国节水灌溉的发展起到了重要的作用。中国的灌溉事业始终随着社会经济的发展而得到发展。在不同时期，灌溉发展的重点不同。灌溉工程不仅用于灌溉，也用于传播文化。灌溉具有多重作用，如提高作物产量、保障粮食安全、向农村提供饮用水、增加农民收入和解决农村脱贫、创造就业机会以，以及改善了我国的生态环境等。

二、水利灌溉工程的基本要求

我国水资源短缺，供需矛盾突出，严重制约我国社会经济的发展和新农村的建设。因此，要坚持科学的发展观，在水利灌溉必须做到：应以节水为中心，作到水资源高效利用，提高灌溉水的利用率和水分生产效率。要与所在区域的国民经济发展规划、土地利用规划、流域综合利用规划、农业区划等规划相协调。要从总体角度优化配置灌区的水土资源，充分挖掘资源潜力，实现水资源的可持续利用。要按社会主义市场经济规律和自然条件，因地制宜地确定改造的方向、重点、内容和措施，用较少的投资取得尽可能大的经济效益、社会效益和生态环境效益。其中，农田水利以改善农业生产用水为目的的水利工程措施，主要有灌溉和排水，兼及中小型河道整治，地方农水重点县工程建设，低产田水利土壤改良，农田水土保持、土地整治以及农牧供水等。灌溉系统是实现灌溉的基础设施，可分为渠道灌溉系统和管道灌溉系统。一般由灌溉渠首工程、渠道或输水管道、渠系建筑物和灌溉泵站组成。最常见的渠系建筑物有配水建筑物和渡槽、涵洞、倒虹吸管、跌水、陡坡、量水建筑物以及沉沙池等。在使用地下水灌溉或无法实现自流灌溉而需提水灌溉时，或低洼地区不能自流排水时，应兴建排灌泵站进行机电排灌。灌区应进行有效的灌溉管理，注意渠道防渗，加强用水管理，提高渠系有效利用系数。排水系统是实现排水的基础设施，一般包括各级排水沟道及其建筑物、排水容泄区、排水泵站等。排水沟道建筑物的种类、结构和功能同灌溉渠系建筑物，组成了健全的灌溉系统，为农作物的生长提供了充足的水源。

三、灌溉工程基本技术

水利灌溉直接推动了农业现代化生产方式的发展与进步，对国民经济效益增收的作用越来越大。从维持粮食生产安全和农业产业结构调整角度看，对农业建设实施规模化、集约化方案，能加快区域农业经济发展；而水资源短缺问题的日趋严重，对于水利灌溉产生了制约作用，导致工农业争水、用水户之间争水矛盾日益剧烈。鉴于这些，必须要做好水利灌溉管理，充分利用好水资源。主要任务是保证适时适量供给农作物用水，提高灌溉水的利用率。内容包括分析和预测水源供水情况，正确地编制和执行用（供）水计划，合理调配水量，及时地组织田间灌水，并通过灌溉试验，改进灌水技术，节约用水。节水灌溉是科学灌溉，发展节水灌溉是推动传统农业向现代农业转变的战略性措施，是田间用水的一场革命。目前生产上应用的主要有沟灌、沟中覆膜灌、低压管灌、滴灌、渗灌、喷灌、微喷等。其中沟中覆膜输水和管道输水等，可节水20%~30%，喷灌可节水50%，微灌可节水60%~70%，滴灌和渗灌可节水80%以上，并且有利于提高农产品产量、质量和经济效益，有利于节约土地、节省能源、节约肥料、节省劳力、节本增效，有利于发展农业机械化。在大田生产应用中，各地根据不同作物生长发育需要，配套不同灌溉时期、不同灌溉次数、不同灌水量的调控技术，如水稻的浅、湿、晒用水模式，其浅水层标准为15~30毫米，湿润标准为土壤水分保持在土壤饱和含水量或饱和含水量的80%~90%，分蘖后晒田。有的作物采取定时、定量或间歇性灌溉的措施等。精准度和标准化、自动化程度大大提高。节水灌溉技术是比传统的灌溉技术明显节约用水和高效用水的灌水方法、措施和制度等的总称。是否节约灌溉用水，用水是否高效是以单位作物产量总耗水量（从水源算起直到田间）多少来衡量，或者，以单位耗水量所取得的产值多少来衡量。现在我国采用过的和正在研究或推广使用的节水灌溉技术达数十种之多。各种技术都各有利弊，各有不同的适用条件。节水灌溉技术大致可分为灌水方法、输水方法、灌溉制度和田间辅助措施四大类别。

（一）灌水方法

我国农田水利灌溉工程在实施的过程中也存在许多的问题，传统的土渠输水发生渗漏将会有50%~60%的水没有得到利用。因此，渠道输水渗漏损失是农田灌溉用水损失中最为严重的一个部分，渠道防渗是防止水资源在渠道输送中因渗漏而产生损失的工程措施。渠道防渗节水措施的特点是：减少水资源在渠道输水过程中的渗漏损失，提高水的利用率，增加渠道的输水能力。农田灌溉是用人工设施将水输送到农业土地上，补充土壤水分，改善作物生长发育条件称为灌溉。在特定情况下，灌溉还可减少霜冻危害，改善土壤耕作性能，稀释土壤盐分，改善田间小气候。根据灌溉水源和灌溉水质（见灌排水质）的不同，可分为地表水灌溉、地下水灌溉、地表水地下水联合运用，以及污水灌溉、咸水灌溉、肥水灌溉、引洪淤灌等。根据灌水技术，可分为地面灌溉、地下灌溉、喷灌、微灌（包括滴灌、微喷灌等）、局部灌溉和节水灌溉等。为实现科学用水，应根据作物需水量和需水时间、有效降雨量、土壤水状况以及水文情况，选定灌溉保证率，制订灌溉制度。灌水方法即田间配水方法，就是如何将已送到田头的灌溉水均匀地分布到作物根系活动层中去。按灌溉水是通过何种途径进入根系活动层，灌水方法可分为地面灌溉、喷灌、微灌和地下灌溉，在实施过程中为农作物提供了充足的水资源。

（二）输水方法

农田灌溉输水方式是灌溉工程的重点内容，管道输水灌溉是以管道代替明渠输水灌溉的一种工程形式，水由分水设施输送到田间。直接由管道分水口分水进入田间、沟畦。管道输水有多种使用范围，大中型灌区可以采用明渠水与管道有压输水相结合，有专门为喷灌供水的压力输水管道，还有为田间沟畦灌溉的管道。其次，作为我国农田灌溉的主要输水方式，在实施的过程中也存在许多的问题。传统的土渠输水发生渗漏将会有50%~60%的水没有得到利用。因此，渠道输水渗漏损失是农田灌溉用水损失中最为严重的一个部分，渠道防渗是防止水资源在渠道输送中因渗漏而产生损失的工程措施。渠道防渗节水措施的特点是：减少水资源在渠道输水过程中的渗漏损失，提高水的利用率，增加渠道的输水能力。输水。管道灌溉的特点是出水口流量大，出口不会发生堵塞，仍属地面灌溉技术。渠道渗漏水量占渠系损失水量的绝大部分，一般占渠首引水量的30%～50%，有的灌区高达60%～70%。渠系水量损失不仅降低了渠系水利用系数，减少了耕地面积，浪费水资源，并且引起地下水位抬升，招致农田渍害。渠道防渗工程和管道输水可以减少水量损失。杜绝或减少由渠道或渠床而流失的水量的各种工程，减少渠道渗漏损失，节省灌溉用水量，更有效地利用水资源；提高渠床的抗冲能力，防止渠坡坍塌，增加渠床的稳定性；减少渠道渗漏对地下水的补给，有利于控制地下水位和防止土壤盐碱化。农田灌溉系统提高了灌溉工程的利用率，减少了作业工作量，为农业发展提供了便利条件。

四、农田灌溉工程简介

（一）农田灌溉工程的重要性

我国部分地区水资源严重短缺，供需矛盾突出，严重制约我国社会经济的发展和新农村的建设。因此，要坚持科学的发展观，在水利灌溉必须做到：应以节水为中心，做到水资源高效利用，提高灌溉水的利用率和水分生产效率。要与所在区域的国民经济发展规划、土地利用规划、流域综合利用规划、农业区划等规划相协调。要从总体角度优化配置灌区的水土资源，充分挖掘资源潜力，实现水资源的可持续利用。要按社会主义市场经济规律和自然条件，因地制宜地确定改造的方向、重点、内容和措施，用较少的投资取得尽可能大的经济效益、社会效益和生态环境效益。其次，目前，我们国家的经济呈现出非常良好的发展态势，其中农业做出的贡献是非常大的，可以说是功不可没。然而要想发展好农业，必然离不开水源，也就是离不开水利灌溉项目。只有积极开展项目建设过程中的管理工作，才能够确保工程的作用得以发挥，才能够保证作物生长正常。除此之外，还能够提升水的利用率，避免浪费现象发生。同时，通过对项目的合理管控，还可以确保农业用水情况更为清晰，避免随意收水费的现象出现，这样广大农户就能够更加安心地开展农业建设工作，推动了我国农业产业的积极发展。

（二）我国灌溉工程存在的问题

目前我国灌溉工程建设中还存在很多不足需要改进，主要问题：一是对农村农田水利灌溉工程的规划不合理。在农田节水灌溉工程进行规划的时候，依据的资料常常是过时的，已经不能适应现如今农田水利灌溉工程的建设，从而使得设计的水利灌溉工程并不合理。二是不够重视农田水利灌溉节水工程的管理工作。农田水利节水灌溉工程的工艺要求相对比较高，工程管理人员比较重视对灌溉节水工程的施工阶段，然而在节水灌溉工程建成以后，出现会有很长一段时间没有人对其进行管理的现象。三是农田节水灌溉工程的种植结构不是十分合理。建立农田节水灌溉工程的主要目的是提高当地农民的收入。然而因为受传统的种植方式以及种植观念的影响，节水灌溉工程的种植结构没有多少变化，采用的种植方式还以小麦和玉米为主，这就使得农田节水灌溉工程不能充分地发挥增效以及增产的作用。为了有效地提高农民的经济水平，在农田的节水灌溉工程的区域之内，节水灌溉工程的管理工作人员一定要认真做好宣传工作，努力改变农民的思想观念，进而改变农田水利节水灌溉工程的种植结构。尤其是一些区域的水利机构在管理农业用水的时候，出现了政事不明确的现象，这就导致农业的发展受到极大的干扰。同时，由于缺少全面的管控体系，加之一些农户的素养不是很高，没有意识到节水的重要性，就导致在开展灌溉工作的时候，无法很好地节水，导致水费变多，最终导致资源得不到有效的利用。目前我们国家建设了很大一批灌溉工程，它们的存在带动了农业的发展，取得了显著的成就，不过还面对一些问题，比如项目的质量较差，没有做好平时的维护工作等。身为工作人员，我们一定要认识到存在的不足之处，积极应对，切实发挥出水利工程的存在意义，极大地推动了农业的稳定有序发展。

（三）我国灌溉工程发展趋势

近几年，我国灌溉工程发展迅速，传统农业在我国的发展过程中依旧占据较大的比重面对当前大量农田水利工程的兴建以及管理。通过引进节水灌溉技术。优化对农田水利资源的利用就显得十分重要。灌溉排水泵站的建成对土壤改良、冲污排咸、水质改善、环境保护、血吸虫病防治、遏制沙漠化等起到重要作用。随着国民经济的发展，农村城镇化进程不断加快，人民生活水平进一步提高，农村产业结构得到调整，灌溉排水区生态旅游得到开发和利用，灌溉排水泵站的功能将进一步增强。另外，我国是一个贫水国和农业大国，因此在推广节水灌溉领域时，从技术上将充分发挥喷灌、滴灌、管道输水等灌溉渠道，采用节水的灌溉技术、科学灌溉，在减轻农民的灌溉负担的同时，也保护可耕种土壤。而且通过培训，农民的节水意识会不断得以觉醒。因此，节水灌溉未来在我国将会得到充分的运用。同来的节水灌溉技术会与生物技术相结合的作物调控灌溉技术。它将运用全球卫星定位系统和计算机控制系统等通信技术给农作物进行灌水，将有效地提高水资源的利用率，而且把生物学、人工智能等高新技术相结合的智能化节水灌溉装备技术会按照农作物不同的用水量来进行灌溉，从而达到节水灌溉的效果，促进了我国水利建设的快速发展。

结束语

　　在中国步入社会主义新时代的征途中，可持续快速发展、绿色、生态和环保已成为衡量社会进步与发展的重要标准。顺势而动，贯彻和渗透绿色生态意识与可持续发展理念，全面构建绿色生态国家，则成为引领人类步入生态文明新时代的重要责任。在工程技术不断发展的今天，水利工程在国家建设和人们物质生活的应用更加广泛，越来越深刻地影响着国家发展和人们的生活水平。伴随着经济社会的不断进步，水利工程所带来的环境保护效益也越来越明显，受到更多的关注。如何才能令水利工程建设更加高效高质，在环境保护、防洪工程、新能源工程等前沿领域做出更大贡献的同时，创造出更多的环境效益和经济价值，正是人们所关注的焦点。

　　为了帮助大家更好地了解、学习、掌握环境保护和水利建设相关知识，我们紧跟时代技术前沿发展的步伐，结合多年研究的经验和成果，编写了这本书。希望通过我们的努力，能够帮助大家对环境保护和水利见从基础理论到实践应用再到成果转化有一个全方位、立体式的了解和认识。同时，也旨在通过这种将环境研究和经济研究集于一体的创新方式，为读者将理论与实践相结合探索出一条新的学习和研究路径。希望未来环境保护工作和水利工程建设发展越来越快、越来越好，同时为国家和社会带来更多的效益，也衷心希望本书能够给大家带来一些启发和受益。

　　本书在编写过程中，参考了大量相关的书籍、资料和文献，在参考文献中一并列出，在此向其作者们表示感谢！在编写此书的过程中也得到了相关部门和个人的大力支持，在此一并表示由衷的谢意。

参考文献

[1] 田士豪，陈新元 . 环境保护工程概论 [M]. 北京：中国电力出版社，2014.

[2] 许宝树 . 水利工程概论 [M]. 北京：水利电力出版社，2015.

[3] 王英华 . 水工建筑物 [M]. 北京：中国水利水电出版社，2014.

[4] 祁庆和 . 水工建筑物 [M]. 北京：中国水利水电出版社，2014.

[5] 张彦法，陈尧隆，刘星翼 . 水利工程 [M]. 北京：水利电力出版社，2015.

[6] 郑万勇，杨振华 . 水工建筑物 [M]. 郑州：黄河水利出版社，2016.

[7] 陈永忠 . 水工建筑物基础知识 [M]. 郑州：黄河水利出版社，2012.

[8] 董邑宁 . 水利工程施工技术与组织 [M]. 北京：中国水利水电出版社，2015.

[9] 周志远 . 环保水利学 [M]. 北京：中国水利水电出版社，2014.

[10] 罗全胜，梅孝威 . 治河防洪 [M]. 郑州：黄河水利出版社，2014.

[11] 栾鸿儒 . 水泵与水泵站 [M]. 北京：水利电力出版社，2015.

[12] 马善定 . 水电站建筑物 [M]. 北京：中国水利水电出版社，2016.

[13] 匡会健 . 水电站 [M]. 北京：中国水利水电出版社，2015.

[14] 王英华 . 环境保护监理概论 [M]. 北京：中国水利水电出版社，2016.

[15] 王世夏 . 水工设计的理论和方法 [M]. 北京：中国水利水电出版社，2012.

[16] 张占庞 . 水利经济学 [M]. 北京：中央广播电视大学出版社，2013.

[17] 丁红岩 . 工程经济与管理 [M]. 天津：天津大学出版社，2013.

[18] 许志方，沈佩君 . 环境工程经济学 [M]. 北京：水利电力出版社，2016.

[19] 唐德善，王锋，段力平 . 水资源综合规划 [M]. 南昌：江西高校出版社，2015.

[20] 江志农 . 灌溉排水工程学 [M]. 北京：中国农业出版社，2014.

[21] 宋国防，贾湖 . 工程经济学 [M]. 天津：天津大学出版社，2015.

[22] 谢吉存 . 水利工程经济 [M]. 北京：中国水利水电出版社，2014.

[23] 韩慧芳，郑通汉 . 水利工程供水价格管理办法讲义 [M]. 北京：中国水利水电出版社，2015.

[24] 陈春玲 . 浅析基层农业水利建设与管理 [J]. 黑龙江科学，2017，8(11) :168-169.

[25] 张建华，安华 . 农田水利工程建设与管理的措施性分析 [J]. 农业开发与装备，2017(05) :104+180.

[26] 黄小松 . 分析小型农田水利建设管理存在的问题以及应对策略 [J]. 低碳世界，2017(10) :113-114.

[27] 李勇刚 . 对小型农田水利建设及管理维护的研究 [J]. 农业与技术，2017，37(03):69-70.

[28] 徐光明 . 农村水利工程的建设与管理策略研究 [J]. 江西建材，2016(22) :126-130.

[29] 赵斌韬 . 我国农田水利建设管理问题及对策探讨 [J]. 南方农业，2016，10(16) :65-69.

[30] 古力吉克热·卡迪尔 . 新疆小型农田水利建设与管理情况调查探析 [J]. 珠江水运，2016(10) :16-17.

[31] 自治区水利厅全面部署推进水利建设与管理工作 [J]. 内蒙古水利，2016(04) :81.

[32] 邓志平 . 小型农田水利建设与管理建议 [J]. 南方农业，2016，10(12) :242-244.

[33] 张凯，马培衢 . 农田水利建设与管理：国际经验与启示——以中国河南省为例 [J]. 世界农业，2016(02) :51-55.

[34] 孙继昌 . 改革创新 狠抓落实 全力做好新形势下水利建设与管理工作 [J]. 中国水利，2015.